Die Katzenflüsterin

Genehmigte Lizenzausgabe für Verlagsgruppe Weltbild GmbH,
Steinerne Furt, 86167 Augsburg
Copyright der Originalausgabe © 2007,
Franckh-Kosmos Verlags-GmbH & Co. KG, Stuttgart
Titel der Originalausgabe:»Cat Confidential – The book your cat would want you to read«, erschienen 2004 bei Bantam Press, a division of Transworld Publishers
Copyright © Vicky Halls, 2004.
Umschlaggestaltung: Atelier Seidel, Teising
Umschlagmotiv: © mauritius images/imagebroker/Simon Belcher
Gesamtherstellung: GGP Media GmbH, Pößneck
Printed in the EU
978-3-8289-3094-0

2012 2011 2010
Die letzte Jahreszahl gibt die aktuelle Lizenzausgabe an.

Einkaufen im Internet:
www.weltbild.de

Vicky Halls

Die Katzen-flüsterin

Erfolgreiche Kommunikation,
vertrauensvolles Miteinander

Weltbild

Inhalt

Warum dieses Buch?

Für Katzenbegeisterte, genauer gesagt für Ailurophile, gibt es nichts Schöneres als über ihre Lieblinge zu plaudern. Katzenliebhaber schmücken ihr Zuhause mit Katzen-Bildern, Katzen-Geschirrtüchern, Katzen-Büchern, Katzen-Kalendern und Katzen-Nippes; ihre eigene Katze ist die Liebste, Schönste, Geschickteste und Klügste auf der ganzen Welt, und sie haben unzählige Geschichten parat, für jeden, der sie hören möchte. Den meisten Menschen fällt es allerdings leichter, diese entzückenden Anekdoten zu erzählen als ihnen zuzuhören – ich gehöre nicht dazu.

Ich verdiene meinen Lebensunterhalt nämlich damit, Menschen daheim zu besuchen, aus deren Katzen-Tassen Tee zu trinken und solchen Erzählungen zu lauschen. Nie wird mir dabei langweilig. Ich mag jede Einzelne von ihnen. Manche sind traurig, manche lustig, aber alle sind sie wichtig für meine Arbeit. Denn ich gehöre zu einer kleinen Gruppe von „Missionaren", die ihre Zeit damit verbringen, Menschen zu helfen, ihre Katzen zu verstehen. Ich selbst bezeichne mich als Katzenverhaltensberaterin. Andere nennen mich Katzenpsychiaterin, Miezendoktor (oder so ähnlich), Katzentherapeutin oder -verhaltensforscherin. Wie auch immer die Bezeichnung – das, was ich tue, ist dasselbe.

Seit ich lebe, hat sich die Katzenhaltung dramatisch verändert. Als ich noch ganz klein war, habe ich mir die Nachbarskatze „ausgeliehen"; so konnte ich die angenehmen Seiten einer Freundschaft genießen ohne jedoch Verantwortung übernehmen zu müssen, die eine Haltung mit sich bringt. Als käufliches Katzenfutter gab es nur ein paar wenige Dosenprodukte, und mein „Teilzeithaustier" Jenny bekam gewöhnlich etwas von diesem Futter aus der Dose und ein paar Brocken vom Tisch. Eingelegter Lachs und Schlagsahne waren die „Reste", die Jenny – eine Siamkatze mit untadeligem Stammbaum – besonders gern mochte! So, wie ich es damals als Kind sah, beschränkte sich der weitere Umgang mit dem Tier darauf, es herein- oder hinauszulassen, sobald es an der Tür miaute, sowie auf gelegentliches Liebkosen oder Streicheln. Ein kurzer Plausch beim Zubereiten der Mahlzeit – und die typische Halter-Katzen-Beziehung der 1960er-Jahre war besiegelt. In jener Zeit gab es viel weniger Katzen als heute und weit weniger Menschen. Die Familienbande waren fest, die Menschen arbeiteten hart ohne die vielen technischen Hilfsmittel, die uns heute zur Verfügung stehen, und Fernsehen war ein kurzes Extravergnügen und kein Hauptzeitvertreib. Die Nachbarn waren nett, die Leute vertrauensvoll und das tägliche Leben ging seinen Gang. Sicherlich blicke ich hier mit Kinderaugen zurück, trotzdem hatten Menschen wie Katzen damals vermutlich ein eher stressfreies Auskommen. Katzen waren Katzen, und die Menschen behandelten sie auch als solche. Im Vergleich zu heute wurden sie kaum tierärztlich versorgt. Man legte wenig Wert auf Vorsorge und eine allgemeine Rundumpflege. Die Menschen brauchten kaum Beratung, und die Katzen hatten keinen Psychiater; sie brauchten einfach keinen.

Was also ist schiefgelaufen? Was passierte innerhalb dieser 40 Jahre, die alles veränderten? Das Konsumverhalten? Zu viele Menschen? Stress, der durch die hohen Erwartungshaltungen des modernen Lebensstils entsteht? Der Zerfall der Familienbande? Tausend Mal schon habe ich mir diese Fragen gestellt, während ich – auf dem Weg zu einem weiteren seelischen Katzenwrack – im Verkehrsstau feststeckte. Ich glaube, dass es die Kombination aus vielen Faktoren war, die im 21. Jahrhundert zu einer gänzlich anderen Art der Heimtierhaltung und Pflege geführt hat. Wir arbeiten mehr als jemals zuvor. Und oft leben wir in sozialer Isolation. Zu keiner Zeit gab es so viele Singles wie heute – auch ich gehörte dazu. Trotzdem haben wir immer noch das Verlangen nach Gesellschaft, und noch mehr sehnen wir uns danach, zu lieben und geliebt zu werden. Deshalb schaffen wir uns eine Katze an. Diese setzen wir dann mit einigen anderen zusammen in unsere vier Wände (wir können nämlich nicht genug von ihnen bekommen, denn die Liebe, die wir zu vergeben haben, ist ja riesengroß) oder entlassen sie einfach in ein Freilaufareal, das bereits von einer großen Zahl Katzen anderer Leute bevölkert wird. Schlimmstenfalls erwarten wir eine gefühlsbestimmte gegenseitige Beziehung, zu deren Aufbau eine Katze aber niemals in der Lage ist. All dies nimmt zwangsläufig erheblichen Einfluss auf die kleinen Karnivoren mit der Folge von emotionalen Problemen oder Verhaltensauffälligkeiten, die zuvor weder beobachtet noch entsprechend erforscht wurden.

Aus diesem Grund gibt es Katzenverhaltensberater wie mich. Wir sind aber bloß Spezialisten mit Geduld und Fachkenntnis, die dem Halter helfen, das Problem zu verstehen und sich einfühlsam und effektiv damit auseinander zu setzen. Als ich damit begann, mich mit solchen Problemen zu befassen, gab es nur sehr wenige Praktiker auf diesem Gebiet. Viele waren Studenten der Tiermedizin, der Zoologie oder der Psychologie und die Begründer der wissenschaftlichen Verhaltensberatung. Ich hatte das Glück, dass ich schon damals – als es nur wenige Leute gab, die andere zu Hause besuchten, um deren Probleme zu lösen – enorme praktische Erfahrungen auf diesem Feld gesammelt hatte. Seit den frühen 1990er-Jahren ist dieser Berufszweig unglaublich beliebt geworden. Hunderte von Studenten schreiben sich an Universitäten für den Studiengang der Verhaltenswissenschaften von Haustieren ein oder studieren über Fernlehrgänge. Auch in den Medien besteht ein starkes Interesse an diesem Thema, vor allem in Fernsehsendungen wie *Barking Mad* und *Pet Rescue*. Trotz alledem gibt es immer noch Leute, die das, was ich tue, als lächerlich erachten. Sie sagen zum Beispiel: Wie kann man bloß eine Katze erziehen wollen? Wie soll das funktionieren? Andere Kommentare werden hier besser nicht wiedergegeben. Dennoch muss ich akzeptieren, dass meine spezielle Arbeitsweise den Leuten nur schwer nahe zu bringen ist.

Aus diesem Grund habe ich mich entschlossen, dieses Buch zu schreiben. Denn ich möchte erklären, was ich tue, und weshalb Menschen meine Dienste überhaupt brauchen. Während der Lektüre werden Sie sehen, dass ich häufig Analogien aus dem menschlichen Bereich verwende, um die verschiedenen Aspekte zu beleuchten. Auch bei meinen Besuchen mache ich das so. Denn erst dadurch wird es möglich, auch komplizierte Verhaltensprinzipien einer so komplexen Tierart aus unserer eigenen Perspektive heraus zu begreifen. Somit kann der Halter entsprechende Gefühlsreaktionen nachempfinden und er erkennt: „So habe ich das ja noch nie betrachtet. Wie furchtbar für mein Tier!"

Es kostet mich viel Anstrengung, immer wieder klarzustellen, dass ich Anthropomorphismen, also im Grunde menschliche Denkweisen auf Tiere zu übertragen, ablehne. Denn diese sind eigentlich falsch (Katzen sind keine kleinen Menschen mit Pelz). Trotzdem können die meisten von uns nicht umhin, Anthropomorphismen mehr oder weniger häufig zu benutzen. Oft sind sie Grundlage für vielerlei zwischenartliche Beziehungen. Und wenn auf solchen Vergleichen basierende Beispiele helfen, emotionale Probleme von Heimtieren zu beheben, dann gestehe ich ein, dass auch ich diese benutze!

Einige der Schwierigkeiten, die Halter mit ihren Katzen haben, sind nicht medizinischer Natur. Sie können nicht mit Tabletten oder einer Operation behoben werden (das an sich ist für viele Menschen schon schwer einzusehen). Es handelt sich vielmehr um Verhaltensauffälligkeiten und psychologische sowie emotionale Probleme, welche die Besitzer ständig zu entschuldigen und zu kaschieren versuchen, die aber schließlich und endlich den ganzen Haushalt beherrschen und zu Disharmonien führen. Oft erstaunt es mich, wie tolerant wir Katzenhalter doch sind.

Schon häufig habe ich Menschen besucht, die über Jahre hinweg ein Reinlichkeitsproblem mit ihrem Tier hatten. Doch nach vielleicht sechs oder sieben Jahren konnten sie es plötzlich nicht mehr ertragen. Von einem Tag auf den anderen wurde es zum Notstand, gegen den es etwas zu unternehmen galt. Häufig suchen Katzenhalter erst nach so langer Zeit Hilfe, weil sie dann erst erfahren, dass es überhaupt Hilfe gibt. Einmal besuchte ich einen Haushalt in London, in dem es ein hartnäckiges Problem mit einer der Burmesen gab. Die Katze hatte eine Zeit lang im ganzen Haus Urin verspritzt, und man wusste sich schließlich nicht mehr zu helfen. Im Verlauf meines Besuches bückte ich mich und tippte auf die Wand direkt über der Fußbodenleiste, um auf den Urin hinzuweisen. Als mein Finger die Wand berührte, verschwand er bis zum Hohlraum dahinter im Gips, der dabei vollkommen zerbröckelte. Soweit ich mich erinnere, war es nicht eben einfach, über die offensichtliche

Tatsache, dass ich soeben das Eigentum meines Kunden beschädigt hatte, hinwegzusehen. Aber nun wissen wir es: Katzenurin zersetzt den Putz!

Mit Rührung erinnere ich mich einer Dame, die mich rief, weil sich eine ihrer Katzen nicht ans Katzenklo gewöhnen ließ. Als ich während des Besuchs feststellte, dass die süße kleine Mieze schon 16 Jahre lang in die Diele pinkelte, drängte sich mir der starke Verdacht auf, dieser Zustand würde wohl auch in Zukunft so bleiben. Man hat mich in der Vergangenheit zwar der Zauberei und Hexerei bezichtigt, doch Wunder vollbringen kann ich nun wirklich nicht.

Es besteht kein Zweifel daran, dass Probleme, die unmittelbar erkannt und angegangen werden, einfacher zu lösen sind. Die Tatsache, dass die meisten Fälle, die ich zu sehen bekomme, Verhaltensprobleme betreffen, die schon jahrelang bestehen, ist nur der Beweis dafür, wie viel der typische Katzenhalter toleriert und vergibt. Wir lieben unsere Tiere so sehr, dass wir ihnen fast alles verzeihen!

Diese überwältigend großzügige Liebe ihren Katzen gegenüber ist allen meinen Kunden eigen – ausnahmslos. Es ist dies eine ganz besondere Art der Liebe, die aus Fürsorge besteht, Selbstaufopferung und totaler Willfährigkeit. Was die Mieze will, bekommt sie auch. Logisch! Unglücklicherweise geht dabei hin und wieder etwas schief, und die Katze verhält sich so, dass klar wird: In ihrer Welt ist eben doch nicht alles in Ordnung. Wenn sich die Halter dann an mich wenden, werden sie häufig von unglaublichen Versagens- und Schuldgefühlen geplagt. Sie glauben, die Schwierigkeiten seien nur aufgetreten, weil sie selbst etwas übersehen, etwas versäumt und ihr über alles geliebte Heimtier vernachlässigt hätten. Das trifft allerdings nur selten zu. Wenn sie sich überhaupt etwas vorzuwerfen haben, dann das, dass sie ihre Katzen *zu* sehr lieben.

Eine äußerst tief greifende Erfahrung machte ich, als ich in den frühen 1990er-Jahren einen unglaublichen Blick hinter die Kulissen einer ganz besonderen Mensch-Katze-Beziehung werfen konnte. Die Besitzerin war eine Frau Anfang Vierzig; ich nenne sie Frau X und das aus gutem Grund. Frau X wollte meine Ratschläge, weil ihre Katze so abhängig von ihr war. Sie wollte bald verreisen, und deshalb musste ihre Katze für kurze Zeit in einer Katzenpension untergebracht werden. Weil die beiden während der letzten elf Jahre nie voneinander getrennt geschlafen hatten, glaubte sie, dass dies eine große Belastung für ihr Tier sein könnte. Ich fand dieses Eingeständnis ihrer nächtlichen Gewohnheiten ziemlich beunruhigend und machte mich für meinen Besuch auf allerhand gefasst. Angst hatte ich aber nicht.

Frau X lebte in einer kleinen Wohnung im zweiten Stock eines riesigen viktorianischen Gebäudes. Als ich eintrat, bemerkte ich sofort, dass dies kein typisches Zuhause einer Katzenliebhaberin war. Außer einem überdimensionalen Ölgemälde, das ihren über alles geliebten Stubentiger darstellte, gab es weder Katzen-Bilder noch Katzen-Nippes. Während ich ins Wohnzimmer ging, um mich hinzusetzen, musterte mich ihre Katze kritisch. Als ich dann mit der Hand in die Aktentasche griff, um meinen Notizblock herauszuholen, zwickte sie sofort fest zu. Später vertraute mir Frau X an, dass ich erst der zweite Besucher sei, der in diesem Jahr ihre Wohnung betrat (der erste war der Gasmann). Im Verlauf des Beratungsgesprächs wurde mir klar, dass es hier nicht in gewohnter Manier laufen würde. Bei meiner Arbeit ist es nämlich äußerst wichtig, dass ich es bin, die die Gesprächsführung übernimmt. Andernfalls werden wichtige Fragen gar nicht gestellt, und die Anamnese bleibt unvollständig. In diesem Fall aber war es offensichtlich, dass Frau X sozusagen ein fertiges Manuskript über die Beziehung zu ihrer Katze im Kopf hatte, und dass nichts auf der Welt sie davon abhalten würde, ihrem geladenen Auditorium dieses auch zu Gehör zu bringen. Also lehnte ich mich zurück und lauschte.

Frau X war eine sehr gefühlsbetonte und redegewandte Dame, die ihre Geschichte unter den gestrengen Blicken ihrer Katze vortrug. Sie hatte das Tier als Welpe von einem Züchter in ihrer Nähe erworben. Zu Hause angekommen, stellte sie dem Kätzchen einen kleinen Korb in ihrem Schlafzimmer auf und erlaubte ihm, sein neues Daheim zu erkunden. Weil das Kätzchen in der ersten Nacht sehr aufgeregt war, nahm es Frau X behutsam hoch zu sich ins Bett, wo es bequemer für das Kleine war. Wen wundert's, dass sie von Stund an immer so schliefen? Sehr viel von dem, was Frau X sagte, war charakteristisch für eine Halterin, die ihrem Tier übermäßig zugetan war. Sie tat alles nur Erdenkliche für ihre Katze, und sie verbrachte mehr Zeit mit ihr als mit sonst irgendwem oder irgendetwas. Die Mahlzeiten erhielt stets zuerst die Katze. Sie bekam Mineralwasser und täglich frisch gegarten Fisch. Wenn Frau X von ihr sprach, verwendete sie sehr intime Ausdrücke und schrieb der Katze viele menschliche Züge und Gefühle zu. Manchmal war es schwer zu glauben, dass sie da von einer Katze sprach und nicht von einem menschlichen Partner. Als sie dann von der überwältigenden Liebe zu ihrer Katze erzählte, begann ich, mir doch etwas Sorgen zu machen. Seit sie die Katze von der Mutter weg zu sich genommen hatte, verspürte Frau X ein ungeheuer großes Verantwortungsgefühl. Sie war der festen Überzeugung, für ihre Katze der Gott zu sein, der Mittelpunkt einer Welt, die sie für das Tier geschaffen hatte. Etwas pikiert fügte sie hinzu, ihre eigene Mutter habe angedeutet, sie sei besessen von ihrer Katze. Aber, so beteuerte sie vehement, das sei nicht wahr. Es sei lediglich die Liebe zweier Lebewesen zueinander. Liebe in ihrer reinsten Form sei dies und so einzigartig, weil weder körperliches noch sexuelles Verlangen dabei mitspiele. Es wäre das Recht der Katze, Futter, Zuneigung und Streicheleinheiten einzufordern. Auch in ihrem Bett zu schlafen, stünde der Katze einfach zu. Nie dürfe sie ihr das verweigern. Auch wurde Frau X von dem Gedanken gequält, dass sie, falls sie *vor* ihrer Katze sterben würde, im Leben nach dem Tod dafür bestraft würde. Dadurch entstand ein Dilemma, denn die Katze durch deren Tod verlieren zu müssen, würde sie ebenso wenig ertragen können. Abgesehen von ihrer unheilbar kranken Mutter im örtlichen Pflegeheim hatte sie keine Lebensinhalte.

Dies wird wohl der bestürzendste Fall bleiben, mit dem ich jemals zu tun hatte. In den vergangenen Jahren habe ich eine Vielzahl von Katzen in extremen Notlagen gesehen, und ebenso viele Besitzer erlebt, die über die Probleme mit ihren Tieren klagten. Aber das Leben von Frau X hat mir etwas äußerst Wichtiges über die Beziehungen zwischen Mensch und Tier gelehrt: Extreme Verzweiflung, Trauer und das Gefühl des Verlassenseins kann uns alle treffen; eine Katze kann dann eine wichtige, aber vermutlich nur schwache Stütze sein. Denn Katzen sind damit einfach überfordert.

Ich versuchte Frau X vernünftig klingende und überzeugende Ratschläge zu geben, mit denen sie das Selbstvertrauen ihrer Katze fördern konnte, etwa indem sie ihr andere Aktivitäten außerhalb der gegenseitigen Beziehung anbot. Ich hatte aber nicht die geringste Hoffnung, dass dies ihr komplexes Problem tatsächlich beheben würde. Mehrere Wochen hatte ich nichts von Frau X gehört, als sie eines Tages in der Tierarztpraxis anrief, in der ich damals arbeitete. Sie sagte, sie spreche vom Apparat im Zimmer ihrer Mutter im Pflegeheim. Im Hintergrund hörte ich eine Männerstimme, und Frau X klärte mich darüber auf, dass dies der Priester sei, der ihrer Mutter gerade die Krankensalbung gab. Sie meinte, ich sei ihre einzige Freundin und sie wolle mich beim Tod ihrer Mutter unbedingt dabei haben. Niemals werde ich diesen Tag vergessen.

Derart tragisch wie diese sind nicht alle meine Geschichten. Meist handeln sie von den positiven Dingen, die man selbst in den schwierigsten Situationen noch erzielen kann. Mein Büro ist über und über mit Postkarten und Geschenken von Haltern dekoriert, von denen fast alle betonen, ich hätte ihr Leben verändert. Hat man den Kummer angesichts der negativen Verwandlung eines geliebten Tieres nicht miterlebt, ist es schwer, die Spannungen zu begreifen, die diese Veränderungen für die gegenseitige Beziehung und das tägliche Leben mit sich bringen. Das Ehepaar Joy und Ian zum Beispiel hatte zwei Jahre lang mit einem Problem bei der Stubenreinheit ihrer Katze zu kämpfen, welches ihr ganzes Leben beherrschte. Beide liebten ihren kleinen Kater Whiskey sehr, doch dieser begann sich auf einmal schlecht zu benehmen. Er machte sich ein Vergnügen daraus, hinters Sofa zu pinkeln, und keine noch so harte Strafe, kein gutes Zureden und auch keine an diesem Platz ausgelegte, abschreckend knisternde Alufolie zeigten Wirkung. Joy und Ian hatten keine Sozialkontakte mehr. (Wer will schon in einem Zimmer, in dem es riecht wie in einem Pissoir, Drinks nehmen oder geistreiche Konversation führen?) Und, da ihre Nerven blank lagen, und sie zudem unterschiedlicher Meinung hinsichtlich ihres Katers waren, hatte auch ihre eigene Beziehung gelitten. „Ganz Mann" wollte Ian eine Lösung nach dem Motto Schwarz oder Weiß: „Wenn wir Whiskeys Problem nicht in den Griff bekommen, wird er abgegeben oder eingeschläfert." Joy wollte keine der beiden Möglichkeiten auch nur in Betracht ziehen – und Ian in Wirklichkeit auch nicht. Beide waren ungeheuer aufgewühlt und entmutigt, und lebten fortan abgeschieden von all ihren Freunden, die sich wunderten, dass Joy und Ian nicht mehr an den wechselseitigen Besuchsterminen teilnahmen.

Eines Tages las Joy in einem Zeitschriftenartikel über meine Arbeit. Sofort rief sie mich an. Wir redeten lange, und als sie plötzlich Licht am Ende des Tunnels sah, hob sich ihre Stimmung. Ich versprach nichts, außer, dass ich mein Bestes tun würde. Nachdem sie beim Tierarzt gewesen war und einen Urintest hatte machen lassen, um ein medizinisches Problem des Katers auszuschließen, trafen wir uns. Der Tierarzt hatte Whiskey zwar körperliche Gesundheit bescheinigt, aber nachdem ich mich eine Weile mit dem Kater beschäftigt hatte, bemerkte ich, dass es ihm psychisch sehr schlecht ging. Er litt unter dem permanenten Zwist, den er mit einem Nachbarskater hatte. Dieser starrte ihn oft durch die Terrassentür hindurch an und schlug mit der Pfote auf die magnetische Katzenklappe, um ins Haus einzudringen. Whiskey hatte große Angst vor diesem Kater und die nervliche Belastung schlug ihm geradewegs auf die Blase. Er hielt seinen Urin immer solange zurück, bis ihm fast die Blase platzte, und als er eines Tages dabei hinter dem Sofa Zuflucht suchte, entleerte sie sich einfach ganz automatisch. So nahm das Problem seinen Anfang. Denn Whiskey kehrte immer wieder an diesen Platz zurück, wenn er pinkeln musste, weil er sich dort sicher fühlte.

Ich entwarf einen Plan, wie wir vorgehen konnten. Zunächst wurden die durchnässten Teppiche weggeräumt, dann an strategisch günstigen Plätzen Katzentoiletten aufgestellt und eine kleine Spieltherapie mit einer an einem Stock befestigten Feder durchgeführt. Und siehe da, es wirkte. Joy and Ian waren verblüfft. Natürlich hatten auch sie es schon mit Katzentoiletten probiert, nur hatten sie diese nicht an den richtigen Stellen platziert. In den kommenden Wochen befolgten Joy und Ian alle meine Ratschläge und Whiskey entspannte sich zusehends und wurde verspielt. Beide waren wieder überglücklich mit ihm. Als sie begannen, sich wieder mit ihren

Freunden zu treffen und ein Stück Normalität in ihren Haushalt zu bringen, spürten sie, wie sich ihr Leben verändert hatte. Jedes Jahr an Weihnachten bekomme ich von Whiskey und vielen anderen Ex-Patienten Grußkarten; vermutlich gehöre ich zu den wenigen Leuten, die mehr Glückwünsche von Katzen bekommen als von Menschen! Neben vielem anderen ist dies der Lohn für meine so ganz besondere Arbeit.

Im Lauf der Jahre bin ich mit Tausenden von Katzen und deren Besitzern in Berührung gekommen. Ausnahmslos alle haben mir ganz individuelle Lektionen erteilt und täglich lerne ich noch dazu. Ich hoffe, dieses Buch wird Sie ermutigen, die Beziehung zu Ihrer Katze zu würdigen und sie dafür zu lieben.

KAPITEL 1
Ein Kätzchen kommt ins Haus

Annies Geschichte

Annie war zwar nicht meine erste Katze, aber sie war das allererste Kitten, das ich besaß. Wie meistens in meinem Leben machte ich meine Erfahrungen dadurch, dass ich einfach ins kalte Wasser sprang. Denn ich entschied, ein gut geprägtes Hauskätzchen aus einem fürsorglichen Zuhause wäre schlichtweg zu unkompliziert für mich. Es wäre doch sicherlich eine größere Herausforderung und brächte mehr Nutzen, wenn ich auch gleich noch Ersatzmutter spielte. Als Annie in mein Leben trat, arbeitete ich beim RSPCA (RSPCA = Royal Society for the Prevention of Cruelty to Animals; international agierende Vereinigung, die sich der Verhinderung von Tiermisshandlungen verschrieben hat; Anm. d. Ü.) in einem Tierheim, das sich durch Spenden der Bevölkerung am Ort finanzierte und immer voll belegt war. Ich erinnere mich noch gut, wie eines Morgens ein Herr hereinkam, der einen alten Pullover umklammerte, in dem sich irgendetwas Lebendiges befand. Wir waren daran gewöhnt, dass alles Mögliche von Möwen bis Schlangen auf diese Art und Weise bei uns ankam und schlossen üblicherweise Wetten darüber ab, was die Kleidung wohl enthalten möge. In diesem speziellen Fall waren es Tausend Flöhe mit einem kleinen zehn Tage alten schwarz-weißen Katzenbaby daran. Die arme Mieze lief Gefahr, wegen all der Blut saugenden Parasiten, für die sie den Wirt spielte, an Anämie (Blutarmut; Anm. d. Ü.) zu sterben. Deshalb bestand meine erste Arbeit darin, so viele wie möglich zu entfernen, außerdem das Kätzchen zu wärmen und mit Welpenaufzuchtmilch, die ich aus Pulver anrührte, zu füttern. Der nette Herr hatte Little Orphan Annie (kurz Annie) mutterseelenallein auf einem Feld gefunden, und er war ein ordentliches Stück gefahren, um sie zu uns zu bringen. Rex, mein Chef im Tierheim, meinte, es wäre doch eine gute Übung für mich, diese Katze von Hand aufzuziehen.

Rückblickend verstehe ich, wie wahr doch diese Redewendung ist „Wer nicht alles weiß, macht sich weniger Sorgen". In der Tat hatte ich die enorme Verantwortung, eine winzige neugeborene Katze ausreichend auf ihr Leben vorzubereiten, nicht richtig eingeschätzt. Ich war ja viel zu sehr damit beschäftigt, sie am einen Ende zu füttern und am anderen die notwendigen Körperfunktionen mit warmem Wasser, einem Baumwollläppchen und gutem Zuspruch anzuregen.

Zu dieser Zeit teilten wir unser Heim mit einem älteren Kater namens Hoppy (von ihm später mehr), der sich für eine fürstliche Entlohnung – nämlich ein Platz am Kamin und Dauerverpflegung mit Garnelen – bereit erklärt hatte, den Haushalt zu übernehmen. Mit seinen außerordentlich guten väterlichen Instinkten, die er dem winzigen Neuankömmling gegenüber zeigte, errang Hoppy beim Großziehen von Annie unschätzbaren Wert. Sofort übernahm er die Anregung von Annies Verdauung und das Beseitigen ihrer Exkremente (das war endgültig das letzte Mal, dass er mein Gesicht lecken durfte). Und während sie heranwuchs diente er Annie als kätzische Fitness-Institution. Gerade eben sehe ich ihn vor mir, wie er, während dieses kleine schwarz-weiße Kitten wie ein Schmuckstück von einem seiner Ohren herabbaumelt, versucht, würdevoll auszusehen.

* * *

Handaufgezogene Kätzchen

Die Aufzucht von Hand ist nie der ideale Start für ein Kitten, aber für Waisen oder solche Tiere, die von ihrer Mutter verstoßen wurden, ist sie überlebenswichtig. Eine bessere Alternative wäre freilich, eine Ersatzmutter zu finden, die einen Wurf in ähnlichem Alter hat. Denn solche Weibchen adoptieren oft andere Kitten und ziehen sie auf wie ihre eigenen. Gibt es keine Katzenfamilie, müssen eben wir Menschen die Kleinen möglichst angemessen versorgen. Einzelkinder aufzuziehen kann oft problematisch werden, weil diese natürlich nicht die Möglichkeit haben, mit Geschwistern oder gleichaltrigen Katzenkindern zu interagieren. Junge Katzen lernen auch sehr viel von ihren Müttern, besonders effektiv geschieht dies durch Nachahmung. Neue Verhaltensweisen können sie sich einfach dadurch aneignen, dass sie die Vorgehensweisen einer anderen Katze beobachten. Ich frage mich, was sie lernen, wenn sie uns beobachten. Einzelkindern mangelt es im späteren Leben manchmal an sozialen Fähigkeiten, sodass es ihnen schwer fällt mit ihren eigenen Artgenossen zu kommunizieren. Annie hat wohl oft einiges falsch gemacht, wenn sie unbeholfen zu meinen anderen Katzen hintapste, und sich wegen dieser Belästigung eine Ohrfeige einhandelte.

Bei ausgewachsenen, von Hand aufgezogenen Katzen kommt es auch zu aggressiven Verhaltensweisen, die sehr beunruhigend sind. Forschungsergebnisse deuten darauf hin, dass dies auf die Unfähigkeit des Menschen zurückzuführen ist, das Verhalten der Katzenmutter während des Entwöhnungsprozesses mimisch exakt nachzuahmen. Wenn ein Katzenkind anfängt, feste Nahrung zu sich zu nehmen, kommt es trotzdem hin und wieder zu Mutters Milchbar zurück, um sich eine Extraportion abzuholen. Entweder wird das dem kleinen Welpen gestattet oder eben nicht – je nach Laune der Mutter. Dies lehrt die Youngsters eine sehr wichtige Lektion: Frustration! Man bekommt nicht immer, was man will, und man muss lernen, damit umzugehen ohne einen „Koller" zu kriegen. Wenn dieser Prozess nicht ganz nach Plan verlaufen ist, weil Mensch und Nuckelflasche die Mutterrolle übernommen haben, kann es zu Problemen kommen. Jedes Mal, wenn die erwachsene Katze nicht bekommt, was sie will, kann sie nicht einfach im Katzenkodex unter „Wie geht man mit Frustration um?" nachlesen, weil sie dies als Kitten nie gelernt hat. Das Ergebnis ist bisweilen enttäuschend und schmerzhaft.

Neben den praktischen Anforderungen an eine Ziehmutter gibt es noch viele andere Aspekte zu bedenken. Betrachtet man den unglaublichen Wachstumsfortschritt, den ein Katzenkind in wenige kurze Wochen packt, sowohl physisch als auch was seine Verhaltensweisen betrifft, kann man sich nur schwer eine anspruchsvollere und bedeutsamere Rolle vorstellen als die einer Mutter.

Die frühe Entwicklung

Nehmen Sie sich einmal einen Moment Zeit, und führen Sie sich vor Augen, wie schnell sich ein Katzenwelpe entwickelt.

Von der Geburt bis zum Alter von zwei Wochen
In ihren ersten beiden Lebenswochen zeigen Katzenwelpen kaum Reaktionen auf äußere Reize. Sie sind während dieser Zeit vollkommen von ihrer Mutter abhängig und reagieren nur auf deren Körperwärme und Berührungen. Ein ausgeprägtes Instinktverhalten leitet die Kleinen mittels Duftinformationen zur Milchquelle. Oft entwickeln Katzenkinder eine Vorliebe für eine bestimmte Zitze, ihr vorzüglicher Geruchssinn macht dies möglich. In diesem Alter sind Katzenbabys noch recht unbeweglich und können sich nur langsam watschelnd fortbewegen und dabei nur sehr kurze Entfernungen innerhalb des Nestes und um ihre Mutter herum zurücklegen. Bis zu einem Alter von drei Wochen ist Muttermilch ihre einzige Nahrung. Das Säugen wird ausschließlich von der Mutter eingeleitet. Irgendwann zwischen dem 2. und 16. Lebenstag öffnen sich die Augen der Babys, gewöhnlich geschieht dies zwischen dem 7. und 10. Tag. Auch die Zähne beginnen im Alter von rund zwei Wochen durchzubrechen, um die Kleinen auf die Aufnahme anspruchsvollerer Mahlzeiten vorzubereiten.

3.–4. Lebenswoche
Während ihrer 3. und 4. Lebenswoche verlassen sich die kleinen Katzenkinder nicht mehr darauf, ihre Mutter nur mithilfe des Temperatur- und Geruchsvermögens zu finden, sondern sie beginnen nun auch ihren Gesichtssinn einzusetzen. Im Laufe der 3. Woche fangen sie an, schwankend umherzulaufen und mit vier Wochen können sich die Katzenbabys schon ein gutes Stück vom Nest weg bewegen. Um diese Zeit herum beginnt sich auch der Stellreflex auszubilden, der es ihnen bei einem Sturz ermöglicht, sich beim Fallen der Schwerkraft entsprechend auszurichten und abzufangen (wie nützlich für all die waghalsigen Katzenartigen). Bei frei lebenden Katzen bringen die Mütter ihren Kindern ab einem Alter von

vier Wochen lebende Beute mit, damit sie das Fangen und Fressen üben können. In diesem Alter nehmen Katzenkinder normalerweise erstmals feste Nahrung zu sich (oder sie tapsen wenigstens durch diese hindurch und lassen sich deren Duft in die Nase wehen).

5.–6. Lebenswoche

In der 5. Woche spazieren die Kitten schon überall herum und haben dabei immer wieder kurze Rennanfälle. Mit sechs Wochen bewegen sie sich schon wie kleine Erwachsene. Mit Fortschreiten des Entwöhnungsprozesses sind es die Kitten, die die Säugeepisoden einleiten – nicht alle Versuche werden von der Mutter auch geduldet. Nun können die Kleinen ihre Blase spontan entleeren, müssen also nicht mehr von der Mutter durch Lecken zur Harnabgabe stimuliert werden. (Jetzt sollte man die Kleinen unbedingt an die Katzentoilette gewöhnen).

7.–8. Lebenswoche

Jetzt reagieren die Katzenkinder auf bedrohlich wirkende Umgebungsreize wie erwachsene Tiere. Auf Angst einflößende optische Reize, Geräusche und Gerüche zeigen sie wie die Mutter entweder aggressives Verhalten, oder sie flüchten oder erstarren. Der Entwöhnungsprozess ist mit sieben Wochen fast abgeschlossen.

Ab 9 Wochen

Komplexe motorische Fähigkeiten, wie etwa auf einem schmalen Zaun zu balancieren und zu wenden, brauchen noch Zeit für ihre Entwicklung. Manchmal sind solche Fertigkeiten erst im Alter von zehn oder elf Wochen vollständig ausgeprägt. Die Sehschärfe verbessert sich laufend und erreicht mit 12–16 Wochen Erwachsenenstatus. Mit ungefähr einem halben Jahr (teilweise sogar früher) werden die Tiere geschlechtsreif. Ausgewachsen – und damit erwachsen – sind Katzen mit 18 Monaten bis zu vier Jahren. Das heißt also: Die gesamte Entwicklung einer Katze spielt sich in zwei kurzen Jahren ab.

Sozialspiel

Das Spiel mit den Wurfgeschwistern beeinflusst das spätere Sozialverhalten. Katzenkinder, die keine Erfahrungen mit Geschwistern
sammeln konnten, sind zwar zu Sozialkontakten fähig, sie lernen
die dazu nötigen Fertigkeiten aber grundsätzlich langsamer als normal aufgewachsene Tiere. Weil sie ausschließlich mit menschlichen Händen zu tun haben, können Einzelkinder auch keine
Beißhemmung erlernen, wie dies beim Kampfspiel mit Geschwistern möglich wäre. Ein Mensch ist ja nicht wie ein anderes Kitten in
der Lage, die Grenzen dessen, was physisch erlaubt ist, richtig auf-
zuzeigen.

Im Alter von vier Wochen nimmt das Sozialspiel deutlich zu, bleibt
bis zur 12. bzw. 14. Woche auf einem hohen Niveau und lässt dann
wieder nach. Kampfspiele können manchmal in ernste Auseinandersetzungen ausufern, vor allem während des 3. Lebensmo-
nats. Das Spielen mit Objekten entwickelt sich sobald die Mutter lebende Beute ins Nest bringt und wenn die Kitten mit sieben bis acht
Wochen die Auge-Pfote-Koordination entwickelt haben, die es ihnen ermöglicht, zielsicher mit kleinen beweglichen Objekten zu
hantieren.

Im Sozialspiel üben die kleinen Katzen agonistisches Verhalten sowie den Beutefang. Es gibt jedoch keine Beweise dafür, dass Katzenkinder, die spielen, als Erwachsene bessere Beutejäger sind. Das
Beutefangverhalten scheint eher durch Beobachten der Mutter beeinflusst zu werden, durch eigene Erfahrungen mit Beuteobjekten
im Jugendalter und möglicherweise auch durch das Konkurrenz-
verhalten der Wurfgeschwister um die Beute. Ungeachtet dessen
werden die meisten Katzen zu erfolgreichen Jägern, allerdings mit
verschiedenen Vorlieben beim Beutetyp.

Die Entwicklung der Katzenpersönlichkeit

Jeder, der mit Katzen zu tun hat, weiß, wie deutlich sich die einzelnen Tiere hinsichtlich ihres Charakters unterscheiden. Das Schöne
an meiner Arbeit ist, dass sich weder zwei Katzen noch zwei Probleme gleichen. Katzenkinder zeigen ebenso wie erwachsene Kat-

zen erhebliche Unterschiede in ihrer Menschenfreundlichkeit, entweder sind sie zutraulich oder sie sind es nicht. Sogar Kätzchen aus einem Wurf können da deutlich voneinander abweichen. Beobachtet man zum Beispiel eine Gruppe mit sechs Kitten, sieht man bald, dass eines scheu ist und ein Paar recht selbstsicher, dass eines den Raum erkundet und Sachen umstößt, und dass die letzten beiden die Gesellschaft des Menschen suchen und dabei schnurren wie Nähmaschinen. Jede Katze reagiert also anders auf eine gegebene Situation. Dadurch bekommt sie ihre Individualität.

Die Bedeutung frühzeitiger Sozialisation

Die Persönlichkeit einer Katze ist das Ergebnis genetischer Faktoren einerseits und umweltbedingter Einflüsse andererseits. Die Gene „programmieren" ein Individuum mit dem Potenzial, auf bestimmte Umstände in einer ganz bestimmten Art und Weise reagieren zu können. Die individuellen Lebenserfahrungen beeinflussen dann, ob die entsprechende Reaktion tatsächlich erfolgt, und in welchem Ausmaß. Die bedeutendsten Schritte der emotionalen und Verhaltensentwicklung finden in einer sehr frühen Lebensphase statt. Das sensible Zeitfenster vermutet man im Alter von zwei bis sieben Wochen. Während dieser Phase ermöglichen positive Erfahrungen mit Menschen und anderen Tierarten dem Kätzchen soziale Beziehungen mit unterschiedlichsten Arten zu knüpfen – von Hühnern bis zu Hunden. Dieser Prozess wird als Frühsozialisation bezeichnet und liegt ausschließlich in der Verantwortung des Züchters. Katzenkinder sollten im Idealfall erst nach der 12. Lebenswoche in ihr neues Heim umziehen. Dies ermöglicht ihnen, so viel Zeit wie möglich mit Mutter und Geschwistern zu verbringen, von denen sie viel lernen können.

Um herauszufinden, wie viel und welche Art von Handling Katzenkinder für einen bestmöglichen Start ins Leben brauchen, wurden in dieser sensiblen Phase umfassende Untersuchungen durchgeführt. Das Ergebnis war, dass Katzen, die während dieser Zeit Kontakt zu vielen unterschiedlichen Leuten hatten, in der Regel eine bessere Sozialkompetenz Menschen gegenüber entwickelten. Positive Erfahrungen mit Umweltreizen wie Lärm, Kindern, Hun-

den, unterschiedlichen Umgebungen und sogar Autofahrten bereiten die Tiere besser darauf vor, gut mit ihrem künftigen Leben zurechtzukommen. Wenn Sie auf der Fahrt zum Tierarzt aus dem Katzenkorb Missklänge vernehmen, gepaart mit dem berauschenden
Aroma übereilter Darmbewegung, wünschen Sie sich dann nicht
auch, Ihre Katze hätte als „Kleinkind" den Transport im Auto gelernt?
Auch wenn der Halter normalerweise auf die Zeitspanne zwischen
der 2. und 7. Woche keinen Einfluss hat, ist es wichtig, auch das drei
Monate alte Kitten immer noch (so oft es geht) mit möglichst vielen
Herausforderungen zu konfrontieren. Denn egal wie alt eine Katze
ist: Lernen und positive Assoziationen knüpfen kann sie immer –
vorausgesetzt, die entsprechenden genetischen „Rohzeichnungen"
liegen parat.

Verschiedene Persönlichkeiten

Es gibt eine Vielzahl an Möglichkeiten, um die Charaktereigenschaften und Persönlichkeiten von Katzen wissenschaftlich zu ka-
tegorisieren. Doch zwei grundsätzliche Typen, nämlich den nervös-
reizbaren und den ruhig-schwerfälligen Typus kann man auf jeden
Fall voneinander abgrenzen. Der Unterschied bei diesen beiden
Grundtypen kann durchaus erblich bedingt sein, etwa in der unterschiedlich hohen Ausschüttung von Adrenalin auf Umweltreize
hin. (Katzen entscheiden instinktiv, ob sie bei Gefahr kämpfen oder
flüchten, und diese Entscheidung wird durch den Adrenalinausstoß
beeinflusst, der das Blut in die Muskeln pumpt, also weg von un-
wichtigen Stellen wie dem Darm.) Wenn Sie das nächste Mal vor
dem Fernseher sitzen, können Sie dies in einem kleinen Experiment nachprüfen. Bewegen Sie Ihre Füße schnell mehrere Zentimeter von einer Seite zur anderen über den Teppich. Ist Ihre Katze
jetzt auf 180, zählt sie zum nervös-reizbaren Typ; bleibt sie schnar-
chend auf dem Rücken liegen, gehört sie zum ruhig-schwerfälligen
Typ. Können Sie sich das vorstellen?
Oft werden bestimmte Rassen anhand ihres Temperaments beschrieben. Zum Beispiel gelten Siamesen als gesellig, liebevoll,
empfindsam und gesprächig. Auch neigen sie dazu, Wolle zu fres-

sen, sich das Fell auszureißen und ihre Besitzer mit Harn zu markieren, um deren Aufmerksamkeit zu erlangen – aber das ist eine andere Geschichte. Burmesen sind üblicherweise anspruchsvoll, lieben Gesellschaft, neigen aber zu Aggressivität und starkem Territorialverhalten. Perser schließlich sind gemütlich, lassen sich allerdings nur schwer an die Katzentoilette gewöhnen. Solche Beschreibungen machen deutlich, dass diese Eigenschaften erblich bedingt sind. Wenn man sich die Verhaltensmerkmale betrachtet, muss man aber doch in Rechnung stellen, dass dies persönliche Beobachtungen sind, die ich im Laufe meiner Arbeit in den letzten zehn Jahren gemacht habe, und keine abfälligen Bemerkungen über drei der beliebtesten (und wunderbarsten) Katzenrassen in Großbritannien.

Überlegungen vor der Anschaffung

Künftigen Katzenhaltern würde ich niemals empfehlen, mit einer solch herausfordernden Aufgabe wie einem zweiwöchigen Katzenbaby zu beginnen. Mit einem älteren Kitten anzufangen, ist viel besser und bringt auch viele Monate Spaß mit einem kleinen Kätzchen. Sie können zu einem Züchter, zur Katzenhilfe oder ins Tierheim gehen und ohne große Planung und Vorbereitung ein Kitten kaufen. Dazu rate ich allerdings nicht! Es würde mich freuen, wenn ich Katzeninteressierte für das Vergnügen, das die Katzenhaltung bereitet, begeistern könnte. Doch es ist eine Beziehung, die gut bedacht und geplant werden sollte, damit möglichst viele Fallstricke umgangen werden können und das Zusammenleben für alle befriedigend wird. Ein Beispiel: Wir halten es für selbstverständlich, dass alle Katzen stubenrein werden, also ist die erfolgreiche Gewöhnung an ein Katzenklo einfach unvermeidbar. Obwohl die meisten Katzen ihr ganzes Leben lang wunderbar sauber bleiben, gibt es immer welche, die auf der Strecke bleiben. Es können Vorlieben für recht ungeeignete Oberflächen auftreten. Sollte es sich dabei um ihr Gänsedaunenbett handeln, bin ich sicher, würden Sie alles in Ihrer Macht stehende tun, um ihre Katze zu verstehen und ihre Toilettengewohnheiten sofort wieder ins Lot zu bringen.

Daisy und Puff – Gewöhnung an die Katzentoilette

Der Fall, von dem ich im Folgenden erzählen will, war aus mehreren Gründen ein voller Erfolg. Er zeigt, welche Fehler sich einschleichen können, und wie sich diese mit dem richtigen Rat relativ schnell wieder beheben lassen. Er war auch einer der wenigen Fälle, bei dem die wundervollen Abessinier die Hauptrolle spielten (eine Rasse, die sich meiner Erfahrung nach niemals schlecht benimmt).

Es war, wie ich finde, ein prächtiges Haus (oh, wie ich es doch liebe, in den Häusern der Reichen und Berühmten umherzuwandeln), schön und anmutig, zentral in London gelegen und sechs Stockwerke hoch. Das Kellergeschoss hatte mehrere Wohnzimmer. Die Küche und ein privates Esszimmer bildeten das Erdgeschoss. In den anderen vier Geschossen befanden sich offizielle Empfangs- und Gesellschaftszimmer (wow! In einige durfte ich nicht einmal eintreten...) sowie mehrere Schlaf- und Badezimmer. Ich kann mich noch gut daran erinnern, dass es ein richtiges Fitnesstraining war, die vielen Stufen hoch und hinunter zu laufen, um auf den unterschiedlichen Böden die Schäden zu begutachten, die von der ätzendsten aller Flüssigkeiten verursacht worden waren: von Katzenurin.

Daisy und Puff waren zwei entzückende, freundliche Abessinier-Kätzinnen, Schwestern, ungefähr fünf Monate alt und im Alter von zwölf Wochen von der Familie als Heimtiere für ihre zwei kleinen Kinder angeschafft worden. Die Kinder waren noch sehr klein, und so überrascht es nicht, dass sie von den Transportboxen mehr begeistert waren als von den Katzen selbst. Daher war es Aufgabe von Alice, ihrer Mutter, die Neuankömmlinge zu versorgen und zu unterhalten. Alice hatte, so schien es, alles richtig gemacht: Sie hatte mehrere Spielsachen, Kratzbäume und Futternäpfe gekauft und Daisy und Puff ein überdachtes Katzenklo in einer verschwiegenen Ecke der Küche aufgestellt. Da sie in einem sehr belebten Stadtteil wohnten und meinten, für zwei ausgelassene Katzen im Haus genügend Platz zu haben, hatte die Familie beschlossen, die Tiere als reine Wohnungskatzen zu halten. Man war übereingekommen, den Katzen in die Gesellschaftsräume keinen Zutritt zu gewähren. Doch allein die Treppen stellten schon eine riesige Spielfläche dar. Die Kätzchen waren sehr keck und neugierig, erkundeten bald das ganze Haus, und die Familie lachte darüber, welchen enormen Lärm doch acht kleine Katzenfüßchen auf den Stufen verursachen konnten.

Als man nach ein paar Tagen eine kleine Urinpfütze auf einer Badmatte in einem der Badezimmer in der 3. Etage entdeckte, ebbte das Lachen ab. Man murmelte etwas von „Babys" und „Unfällen" und vergaß den Zwischenfall – bis einige Wochen später eines der Kitten bei einem turbulenten Spiel am Morgen auf das Federbett im großen Schlafzimmer pinkelte. Alice und ihr Mann waren nicht gerade begeistert, und noch weniger begeistert waren sie, als im Lauf der nächsten Wochen einige Pfützen und dann auch Häufchen auf anderen Betten, Sofas und Teppichen abgesetzt wurden. Um der Ausbreitung des Problems Einhalt zu gebieten, ließ man die Kitten bald nur noch im Erdgeschoss und im Keller herumlaufen und stellte ihnen in der Küche ein zweites Katzenklo auf. Unglücklicherweise verwendeten Daisy und Puff den Teppich im Kellergeschoss auch weiterhin als Gelegenheitstoilette. In ihrer Verzweiflung wandte sich Alice an mich.

Das Problem war schnell ausgemacht, und es zeigt eindringlich, wie entscheidend wichtig für Katzenkinder die ersten paar Wochen in ihrem neuen Zuhause sind.

Das Bedürfnis, sich auf einem weichen Untergrund zu lösen, ist bis zu einem gewissen Grad in jedem kleinen Hauskatzengehirn vorprogrammiert (lebte doch ihre Vorfahrin, die afrikanische Falbkatze, in der Wüste). Wenn die Kitten beginnen, ihre Darm- und Blasenfunktion selbst zu kontrollieren, ist es für die Mutter recht einfach, ihnen den Übergang zur Katzentoilette beizubringen. Beobachtet man eine kleine Katze in einer Katzentoilette, sieht man, dass sie augenscheinlich weiß, was man von ihr erwartet. Dies ist schon der erste Schritt bei der Konditionierung der Katze auf die Funktion der Katzentoilette – bei welcher sie lernen soll, dass Katzenstreu oder ein ähnliches lockeres Substrat, in dem man scharren kann, dazu da ist, sich darin zu lösen. Schließlich entscheidet die Katze nahezu unterbewusst, wohin sie geht. Es wird für sie so selbstverständlich, wie wenn wir noch schlaftrunken im Dunkel der Nacht den richtigen Weg ins Badezimmer nehmen.

Wenn man sich einmal vor Augen führt, wie dieser spezielle Lernschritt im Gehirn vonstatten geht, kann man Daisys und Puffs Verwirrung besser verstehen. Gewohnheiten sind Pfade, die sehr gut ausgetreten sind; sie sind Wege im Unterholz des Gehirns, die so oft beschritten werden, dass sie breite Furten blanker Erde bilden. Es ist völlig klar, wo's lang geht. Möchte man einen neuen Pfad etablieren, ist dort zunächst einmal ein Dickicht, durch das man sich hindurcharbeiten muss. Der Weg voran ist weniger gut ersichtlich. Will man nun diesen Pfad beschreiten, so ist es leicht, sich in eine andere Richtung zu wenden und eine neue Route auszutreten. Die Pfade im Gehirn von Daisy und Puff, die zur richtigen Toilette führten, waren noch recht neu. Mussten sie (drei Stockwerke weiter oben lustig spielend) plötzlich pinkeln, waren sie sich nicht sicher, wo dieser Pfad verlief. Also mussten sie sich unterwegs etwas einfallen lassen. Als der Untergrund auf einmal weich wurde, sagten ihnen ihre Gehirne, dass es nun an der Zeit wäre, sich zu lösen. Jedes Mal, wenn sie den gleichen Wechsel des Untergrundes spürten, dachten sie: „Toilette!" Von nun an bildete sich ein neuer Pfad. Je häufiger er benutzt wurde, desto wahrscheinlicher wurde es, dass er der richtige war. Ist es Ihnen klar geworden, wie einfach es für Katzenkinder ist, in einer frühen Lebensphase Vorlieben für andere Oberflächen auszuprägen?

Ich erklärte Alice dieses Prinzip, so gut ich konnte, und sie bemerkte mit einem Mal, dass die Freiheit, die sie ihren Tieren gewährt hatte, leider doch nicht so optimal gewesen war. Ich ersann einen Plan, der sich darauf konzentrierte, die Gehirne der winzigen Wesen wieder so umzuschulen, dass sich die Kätzchen *nur dann* lösten, wenn auch das passende Klo vorhanden war. Leider kann ich mit meinen Patienten diese Dinge nicht einfach durchsprechen. Stattdessen muss ich ihre Umgebung derart umgestalten, dass Situationen geschaffen werden, die sie veranlassen, das zu tun, was man haben möchte. In diesem Fall mussten wir für die Miezen die Katzentoilette derart attraktiv gestalten, dass sie, mussten sie pinkeln, ausschließlich diese wählten. Alice ließ Daisy und Puff weiterhin nur im Keller- und Erdgeschoss laufen (ein Areal, das nach wie vor größer war als die meisten Einfamilienhäuser). Sie stellte ihnen insgesamt drei Katzentoiletten bereit, eine in der Küche und zwei an verschiedenen Stellen im Kellergeschoss – womit sie meiner Faustregel folgte: ein Klo mehr als Katzen im Haus sind. An den überdachten Katzentoiletten entfernte ich die Eingangsklappen; wir wollten es ihnen ja nicht gleich zu schwer machen. Zudem experimentierte ich mit einer großen offenen Kloschale in einer Kellerecke. Alice stellte den Miezen eine herrlich feine, sandähnliche Katzenstreu zur Verfügung (trotz allem sind Katzen im Grunde ihres Herzens Wüstenbewohner), die sie offensichtlich sogleich sehr lieb gewannen.

Doch all dies (genügend Toiletten mit Supereinstreu an attraktiven Plätzen) reichte immer noch nicht dafür aus, dass die Youngsters jene Pfade in ihrem Gehirn verließen, die sie zum Teppich im Keller führten. Restgerüche früherer „Missetaten" sind ebenfalls ein starker Auslöser, sich wieder dort zu lösen. Also war es erforderlich, jeglichen Geruch solcher kleinen verunreinigten Flächen im Haus zu entfernen. Dies allein ist eine ziemliche Herausforderung, denn es gibt so viele „Geruchskiller" auf dem Markt, dass man leicht durcheinander kommt. Schließlich endet alles in einem Glibber, der noch wesentlich abscheulicher stinkt als Urin. Viele stark verunreinigte Teppiche mussten mitsamt der Unterlage vernichtet werden. Allgemein gilt: Hat sich der Geruch noch nicht allzu sehr eingefressen, können solche Flecken recht gut entfernt werden (in Kapitel 5 finden Sie weitere Informationen zum Thema Unsauberkeit im Haus). Also reinigten wir die einstmals besuchten „Löseplätze". Außerdem rückten wir im Kellergeschoss die Möbel um, damit es wieder neu und aufregend wurde und die Katzenkinder möglichst viel in einer veränderten Umgebung zu lernen hatten. Geplant war, den Indoor-Freilauf der Kitten acht Wochen lang einzuschränken und zudem sicherzustellen, dass jedes „Pipi" und jedes „Häufchen" genau dort landete, wo es sollte. Die Zeit verging und Daisy und Puff machten tolle Fortschritte. Es ist erstaunlich, welchen Riesenapplaus jeder Besuch eines Katzenklos doch auslöst; für jemanden, der ein solches

Problem nie hatte, sicher nicht ganz nachvollziehbar! Nach und nach gestatteten wir den Miezen Zutritt zu anderen Bereichen im Haus, mit Ausnahme der Gesellschaftsräume natürlich. Ihre bevorzugten Routen sahen bald aus wie beliebte Wanderpfade. Weil ich mein Schicksal nicht herausfordern wollte, empfahl ich Alice an einem verschwiegenen Plätzchen auf dem obersten Stockwerk eine zusätzliche Katzentoilette aufzustellen – für den Fall der Fälle. Bingo! Dieses Klo wurde schon am ersten Tag eingeweiht. Es gab keine weiteren Vergehen auf Federbetten oder Badmatten. Daisy und Puff sind nun ausgewachsen und immer noch die reinsten Engel.

Die Entscheidung für ein Kätzchen

Wenn Sie die Komplexität dieser kleinen Wesen nicht bereits völlig überwältigt hat, können Sie jetzt über den Kauf Ihres allerersten Kätzchens nachdenken. Doch bevor Sie sich auf eine Beziehung, die zwei Jahrzehnte dauern kann, einlassen, sollten Sie sich folgende Fragen stellen:
▶ Kann ich mir eine Katze leisten?
Viele Leute glauben, mit den Kosten für das Futter sei es getan. Doch es fallen noch viele weitere an, etwa solche für jährliche Impfungen, regelmäßige Entwurmungen und Flohbekämpfung, außerdem für die Kastration, das Chippen und für tierärztliche Behandlungen bei Krankheiten oder nach Unfällen. Nicht zu vergessen sind die Kosten für Katzenspielzeug, Kratzbäume zur Ertüchtigung, Katzenkuschelkissen mit Leopardenmuster, Heizkörperhängematten, Fischbecken, diamantbesetzte Halsbänder ... Sehen Sie, wie schnell man da die Kontrolle verlieren kann?
▶ Welche Vorbereitungen muss ich für den Urlaub treffen?
Katzenpensionen und Katzensitter kosten Geld und der Urlaub muss viele Monate im Voraus geplant werden, möchte man solche professionellen Dienste in Anspruch nehmen. Ist die Bindung zur Ihrer Katze so eng, dass Sie glauben, sie könne unmöglich ohne Sie auskommen, dann könnte es sogar sein, dass Sie ganz auf den Urlaub verzichten müssen!

▶ Lebe ich in einer katzenfreundlichen Gegend?

Nicht jeder von uns lebt in einer ländlichen Umgebung mit idyllischen Jagdgründen abseits von Gefahren durch den Straßenverkehr. Stattdessen wohnen die meisten von uns in dicht besiedelten Gebieten, die an Straßen grenzen. Viele Menschen leben in Etagenwohnungen oder Appartements, die nicht im Erdgeschoss liegen.

Kann ich die Katze nachts ruhigen Gewissens rauslassen? Ist es herzlos, sie Tag und Nacht in einer kleinen Wohnung zu halten? Dies sind entscheidende Themen, zu denen Sie in Kapitel 4 Antworten finden.

▶ Was weiß ich über die Katze als Art?

Stellen sich Leute jemals diese Frage, bevor sie sich eine Katze anschaffen? Ich bezweifle es. Dennoch ist es sehr sinnvoll, etwas über das Tier zu erfahren, mit dem man sein Heim teilen möchte.

Ein Besuch beim Tierarzt

Für die Katze von heute sind regelmäßige tierärztliche Untersuchungen ein Muss. Viele künftige Katzenbesitzer lassen sich allerdings von Leidensgeschichten anderer Katzenliebhaber abschrecken, deren Katzen panische Angst vor jedem weißen Kittel und jedem Rektalfieberthermometer haben (tut mir Leid, aber Katzen werden zur Messung ihrer Körpertemperatur ein Fieberthermometer wohl nicht unter ihrer Zunge halten).

Es gibt ein Wort, das erstaunlicherweise jede Katze zu verstehen scheint, nämlich Tierarzt. Man braucht es bloß zu flüstern, und der potenzielle Patient stürmt sogleich durch die Katzenklappe davon – und ward für den Rest des Tages nicht mehr gesehen. Ist es wirklich dieses Wort, auf das die Tiere so prompt reagieren? Oder ist es gar ein anderes Signal, das auf den bevorstehenden Tierarztbesuch hinweist? In der Tat: Es ist der Anblick des Katzentransportkorbes, der diese Fluchtreaktion verursacht! Das größte Problem, dem wir hier begegnen müssen, ist, dass der Katzentransportkorb die meiste Zeit in einem Schuppen oder Schrank aufbewahrt und nur hervorgeholt wird, wenn es normalerweise gleich zum Tierarzt geht, dorthin also, wo die Katze das Trauma einer Untersuchung durchlebt oder eine schmerzhafte Erfahrung macht. Ähnlich beunruhigend kann es für einige Katzen auch sein, in einer Katzenpension zu bleiben und für eine Weile alles Vertraute und Sicherheit verheißende zurücklassen zu müssen. Wie auch immer: Es bedeutet eine Autofahrt, die bei Katzen gewöhnlich viele negative Gefühle hervorruft!

Die beste Möglichkeit, diesen Schwierigkeiten zu begegnen, ist, vorauszuplanen. Man kann seiner Katze später viel Leid ersparen, wenn man sie als Kitten so vielfältige Lebenserfahrungen wie möglich machen lässt. Zudem kann man die Katzentransportbox immer herumstehen lassen und sie mit einem verlockenden Kuschelkissen auspolstern. Statt zu einem Vorboten drohender Grausamkeiten wird sie so zu einem netten kleinen Ruheplatz, an dem sich die Mieze nach einem arbeitsreichen Tag beim Schmetterlinge-Jagen gemütlich zusammenrollen kann. Regelmäßige kurze Autofahrten können ebenfalls unternommen werden, nach denen die Katze ohne schlechte Erfahrungen wieder zu Hause ankommt. Eine solche Katze wird dann als erwachsenes Tier Autofahrten dulden und die Transportbox kaum als gefährlich einstufen.

Gut zu wissen. Was aber, wenn Ihre Katze zum Tiger wird, wenn die Box auftaucht, und kein noch so schönes Kuschelkissen sie heranlocken kann? Eine solche Katze hat eine starke Verbindung zwischen Transportkorb und Gefahr aufgebaut, und ihre leistungsstarken Überlebensinstinkte sagen ihr: Sobald der Korb auftaucht, rette sich wer kann! Auch hier wiederum gilt es, vorauszuplanen. Steht zum Beispiel zwecks Routinekontrolle oder Impfung bald ein Besuch beim Tierarzt an, dann sollte der Transportkorb bereits eine Woche vorher seinen großen Auftritt haben. Ganz zufällig stellt man ihn mit geöffneter Tür an einer Stelle auf, an der die Katze oft vorbeikommt. Ein Adrenalinschub bei Ihrer Katze ist sicher: Wahrscheinlich wird sie abhauen. Doch die Fütterungszeit wird kommen und alles im Haus wird verwirrend normal sein: kein hastiges Flüstern, keine drängende bange Körpersprache, niemand der versucht, einen im Nacken zu packen ... einfach nur der Korb. Die Tage werden vergehen und die Katze wird sich allmählich entspannen.

Werden Tiere einem Reiz ausgesetzt, den sie bereits als negativ eingestuft haben, ereignet sich dann in Gegenwart dieses Reizes aber nichts Schlimmes, reagieren sie nach und nach immer weniger auf ihn, bis er irgendwann bedeutungslos wird. Bis zum nächsten Mal!

Es gibt auch noch eine andere mögliche Vorgehensweise, bei der man sich des leistungsfähigen Geruchssinnes der Katze bedient. Gerüche sind für unsere Vierbeiner äußerst wichtige Kommunikationsmittel. Bestimmte zarte Düfte können sogar ihre Stimmung beeinflussen. Wenn Ihre Katze sich liebevoll an Sie schmiegt und ihr Köpfchen an Ihrer Hand reibt, hinterlässt sie eine solche Duftnachricht. In den Wangen einer Katze befinden sich Drüsen, die ein Sekret produzieren, die so genannten Pheromone. Dies sind Düfte, die spezifische Informationen für die anderen Artgenossen enthalten. Der Duftcocktail aus den Gesichtsdrüsen der Katze übermittelt positive und Sicherheit verheißende Gefühle. Daher reibt eine Katze, die glücklich und selbstsicher ist, ihre Wangen an Möbeln und Türrahmen im ganzen Haus. Bei Ihrem Tierarzt bekommen Sie ein Spray, das eine synthetische Form dieser natürlich vorkommenden Pheromone enthält. Wenn Sie dieses eine halbe Stunde bevor die Katze in den Korb gesetzt werden soll, sparsam innen und außen aufsprühen, wird Ihr Tier dort eine überwältigende Sicherheit und Vertrautheit empfinden. Das kann die Fahrt zum Tierarzt für Sie beide ein bisschen weniger stressig machen!

Urlaubsplanung mit Katze

Der Aufenthalt in einer guten Katzenpension während Ihrer Ferien braucht für Ihre Katze nicht unbedingt traumatisch zu enden, vorausgesetzt, sie wurde vom ersten Tag an genügend darauf vorbereitet.

Eine rechtzeitige Anmeldung ist wichtig, da alle bekannten Katzenunterkünfte bereits viele Monate im Voraus ausgebucht sind. Möchten Sie eine Katzenpension aussuchen, so ist es ratsam, wenn sie sich diese zuerst anschauen und nicht einfach anhand ihres wohlklingenden Namens (etwa „Fünf-Sterne-Hotel STUBENTIGER für

den anspruchsvollen Kunden") entscheiden. Besuchen Sie die Katzenpension während der offiziellen Öffnungszeiten, oder rufen Sie zuerst an, um einen Besichtigungstermin zu vereinbaren. Bitten Sie darum, dass Ihnen alle Räume gezeigt werden, und achten Sie bei Ihrem Rundgang besonders auf die Sicherheitsvorkehrungen und die Sauberkeit. Der Geruch von Desinfektionsmittel könnte ein Warnsignal sein: Soll damit vielleicht ein genereller Hygienemangel verschleiert werden? Die Katzenvolieren sollten so groß sein, dass sie für einen abgetrennten Schlafbereich gleichermaßen Raum bieten wie für einen eingezäunten Auslauf im Freien. Diese Aufenthaltsbereiche sollten zur Vermeidung von Krankheitsübertragung (etwa durch Tröpfcheninfektion) durch Trennwände voneinander abgeschirmt sein. Gibt es auch Heizungen bzw. Klimaanlagen zur ausreichenden Kühlung, mit deren Hilfe die Temperatur in den Schlafbereichen so reguliert werden kann, dass sich der Bewohner dort wohl fühlt? Die Katzenpension sollte in einem guten Erhaltungszustand sein und die Betonbereiche dürfen keine grünen Verfärbungen durch Algenbewuchs aufweisen. Die Fress- und Trinkschalen sollten sauber sein und die Katzentoiletten regelmäßig gesäubert werden. Während Ihres Besuchs sollten Sie sich auch gleich die Bewohner ansehen: Sehen sie einigermaßen zufrieden aus?
Ein guter Katzenpensionsbetreiber wird auch Fragen stellen: Wird Ihr Tier regelmäßig geimpft? Sind bei seiner Fütterung Diätvorschriften zu befolgen? Hat Ihr Tier besondere Bedürfnisse, auf die es zu achten gilt? Nur wenn Sie sicher sind, dass alle Ihre Anforderungen erfüllt werden können, sollten Sie Ihre Katze anmelden.

Die richtige Katze für Sie

Grundlegende Fragen wurden gestellt und Planungen gemacht – nun kann die Anschaffung des neuen Familienmitglieds in Angriff genommen werden. Doch es sind noch längst nicht alle Fragen beantwortet. Sie müssen sich noch über viel mehr Gedanken machen. Jetzt nämlich müssen Sie entscheiden, ob Sie ein Kitten oder eine erwachsene Katze zu sich nehmen möchten und ob es eine Hauskatze oder ein Stubentiger mit einem edlen Stammbaum sein soll.

Auch über die Fellstruktur und -länge Ihres künftigen Hausgenossen sollten Sie jetzt nachdenken.

Kitten contra erwachsene Katze

Für Leute, die schon eine Katze haben, sind Kitten meist die bessere Wahl. (Um herauszufinden, ob „Tigger" tatsächlich einsam ist oder lieber sein Single-Dasein weiterführen möchte, lesen Sie das Kapitel 5.) Katzenbabys machen viel Freude, können aber, solange sie klein sind, echte Nervensägen sein. Viele Züchter und Tierheime geben Kitten nur paarweise ab, vor allem wenn der künftige Halter tagsüber zur Arbeit außer Haus ist.

Erwachsene „second-hand"-Katzen haben bereits ausgeprägte Persönlichkeiten, die sich in dem begrenzten Lebensraum ihrer Tierheimunterkunft allerdings nur erahnen lassen. Hat man Glück, zieht die schnurrende süße Mieze zu Hause ein und verhält sich genau so, wie man es von ihr erwartet – wird also das perfekte Haustier. Hat man Pech, verwandelt sie sich in ein fauchendes Monster, das eine Woche lang unter dem Gästebett untertaucht, und, sobald sie die Katzenklappe entdeckt hat, nur noch gelegentlich vorbeischaut. Um ehrlich zu sein: Es ist ein Glücksspiel! Von meinen Katzen hatten außer Annie und Bink alle Vorbesitzer, manche einige Jahre lang. Also kann ich mit Fug und Recht behaupten, diese Lotterie gespielt zu haben: jedes Mal mit dem Hauptgewinn. Es gibt zahllose Katzen unterschiedlichen Alters (ist es nicht komisch, dass sämtliche Tierheimkatzen ausgerechnet drei Jahre alt sind?), die dringend ein gutes Zuhause brauchen. Scheuen Sie sich nicht, so viel wie möglich über deren früheres Leben herauszufinden.

Rassekatze contra rasselose Katze

Da die meisten Rassen recht typische Charaktereigenschaften besitzen, haben künftige Halter die Wahl, etwa zwischen einer äußerst geselligen Burmakatze, einer schelmischen Devon Rex, einer ruhigen Perserkatze und all den Varianten dazwischen. Besonders wichtig ist aber in jedem Fall, dass die Katzenkinder angemessen sozialisiert und an Menschen und andere Tiere gewöhnt sind, und dass der Züchter sie mit den Freuden und Gefahren der Zivilisation bekannt gemacht hat. Rassekatzen neigen zu angeborenen Krankheiten. Bevor Sie Ihre endgültige Entscheidung fällen, sollten Sie die entsprechenden Risikofaktoren unbedingt mit Ihrem Tierarzt besprechen. Rasselose Hauskatzen sind eher so, wie die Natur sie geschaffen hat. Auch sie können so liebevoll und schön sein wie jede teure Rassekatze.

Langhaarkatze contra Kurzhaarkatze

Kurzhaarkatzen neigen weniger zur Haarballenbildung (die vom Grooming ihres Fells herrührt), außerdem können sie ihr Fell mit der Zunge selbstständig in Ordnung halten. Langhaarkatzen müssen täglich gestriegelt werden, vor allem die Rassekatzen unter ihnen. Und ironischerweise hassen gerade solche Tiere häufig dieses spezielle Handling. Manche Besitzer sind dann oft nicht in der Lage, das Verfilzen des Fells zu verhindern, sodass ein Besuch beim Tierarzt oder im Trimmstudio nötig wird. Die betroffene Katze muss dann die Schmach ertragen und solange wie ein geschorener Pudel herumlaufen, bis das Fell wieder nachgewachsen ist. Halblanghaarkatzen scheinen besser mit ihrer Haarpracht zurechtzukommen und können sie selbst recht gut vor dem Verheddern und Verfilzen bewahren.

Herz contra Hirn

Wenn man ein Kätzchen aussucht, sollte man immer den Verstand walten lassen und nicht nur aus dem Bauch heraus handeln. Beim Anblick eines Wurfes von Katzenbabys neigen wir nämlich dazu, unsere Auswahl nach dem Motto zu treffen: „Es sieht doch genau wie die Mieze aus, die ich vor 20 Jahren hatte". „Es spielt ja gar nicht mit den anderen, es tut mir so Leid". „Ein graues Kätzchen wollte ich immer schon". Zur wirklichen Entscheidungsfindung dient dies aber ebenso wenig, wie wenn Sie eine Münze werfen. Nichtsdestotrotz ist natürlich auch auf dieser Basis eine lange und angenehme Beziehung zu einer Katze möglich. Doch um die Chance auf einen Erfolg zu erhöhen, ist es besser, die folgenden Ratschläge zu beherzigen.

Informieren Sie sich schon vor Ihrem Besuch über die kleinen Kätzchen. Denn ohne deren niedliche Gesichtchen gesehen zu haben, fällt es Ihnen leichter, vom Kauf Abstand zu nehmen, sollte sich etwas nicht wie erwartet darstellen. Hegen Sie bei einer der folgenden Fragen Zweifel, ist es günstiger, wenn Sie sich nach einem anderen Züchter umschauen:

▶ Wachsen die Kitten drinnen im Haus auf oder draußen in einem Käfig?

▶ Wurden die Kätzchen ab einem Alter von zwei Wochen von mehreren Menschen betreut?

▶ Lebt die Mutter bei ihren Kleinen?

▶ Welches Temperament hat die Mutterkatze?

▶ Wurden die Kätzchen von einem Tierarzt untersucht? Wurden sie entwurmt und gegen Flöhe behandelt?

Leben die Katzenkinder in einem Tierheim, heißt es, möglichst viel über ihre Vorgeschichte in Erfahrung zu bringen. Lassen Sie sich nicht von wilden Kitten „verführen", die fauchen und zischen und sich dagegen sträuben, angefasst zu werden. Solche Tiere werden viel Einsatz kosten und sollten nur aufgenommen werden, wenn die ganze Familie einsieht, dass sie vielleicht nie zu idealen freundlichen Haustieren heranwachsen.

Entscheiden Sie im Voraus, ob sie eine oder zwei Kätzchen haben möchten. Einzelkitten eignen sich gut, wenn bereits andere Katzen im Haushalt leben. Wenn Sie tagsüber arbeiten gehen, ist es günstiger, zwei Kätzchen aufzunehmen, die dann miteinander toben und gemeinsame Streifzüge unternehmen können. Wählen Sie Wurfgeschwister aus, die sich offensichtlich gut verstehen und miteinander spielen.

Wählen Sie am besten ein Tier aus mit

▶ klaren Augen ohne Ausfluss

▶ sauberem After ohne Anzeichen von Durchfall

▶ sauberen Ohren ohne Ohrenschmalzauflagerungen

▶ glänzendem Fell

▶ einem nicht aufgetriebenen Bauch (anderenfalls läge ein Wurmbefall vor)

- aufgewecktem Wesen und Interesse an der Umwelt
- neugierigem Verhalten Besuchern gegenüber
- das mit den Wurfgeschwistern spielt.

Planung ist wichtig

Ist die Entscheidung gefallen, geht es mit der Mieze nach Hause in ihr neues Heim. Hält man auf dem Nachhauseweg an, um erst jetzt Katzentoilette, Futterschüssel und ein Glitzerhalsband einzukaufen, zeugt dies nicht gerade von guter Planung. Denn schon bevor der neue Mitbewohner einzieht, sollte ein passender Raum mit folgenden Utensilien ausgestattet werden:

- einem weichen Schlafplatz (am besten nehmen Sie etwas von der Einlage aus dem alten Zuhause Ihres Kittens mit, damit es sich gleich heimisch fühlt)
- einem Futternapf und einem separaten Wassernapf
- einer Katzentoilette und Katzenstreu (nehmen Sie dieselbe Marke, die das Kitten kennt, damit es sich nicht umgewöhnen muss)
- Pappkartons zum Verstecken und Spielen
- Spielsachen (einige Spielsachen können Sie herumliegen lassen, aber alles, was an einer Schnur baumelt, darf nur in Ihrem Beisein zum Einsatz kommen)
- einem Katzenkratzbaum

Soll das Kätzchen einer bereits bestehenden Katzenfamilie zugesellt werden, nehmen Sie sich schon vor der Eingewöhnung einen Moment Zeit, und lesen Sie den nächsten Fall.

Boris und Chivers – ein Katzenkind an eine erwachsene Katze gewöhnen

Kathy, Trevor und ihre zwei kleinen Kinder Tamsin und Harry lebten im Süden Londons. Bis vor kurzem hatten sie ihr Heim mit zwei 8-jährigen Hauskatzen namens Boris und Karloff geteilt. Beide hatten ein glattes, kurzes, schwarzes Fell und gaben ein Furcht einflößendes Gespann ab, wenn sie in ihrem Territorium auf Patrouille gingen. Trotz dieses Erscheinungsbildes waren Boris und Karloff drollige Katzenjungs, die in ihre Menschenfamilie ebenso vernarrt waren wie ineinander. Vor drei Monaten aber war es zu einer Tragödie gekommen: Karloff wurde von einem Auto überfahren, das durch die gewöhnlich ruhige Seitenstraße gerast war. Die Familie war am Boden zerstört. Vor allem die arme Tamsin, die Karloffs Lieblingsbezugsperson gewesen war, trauerte sehr. Ihr Kummer war genauso groß wie der von Boris, der schreiend ums Haus herumschlich und seinen verloren gegangenen Bruder suchte. Nach ein paar Wochen jammerten Tamsin und Boris zwar nicht mehr, trotteten aber immer noch mit finsterer Miene umher. Die Familie setzte sich zusammen und kam überein, dass der einsame Boris einen neuen Kumpel brauchte.

Als besonnene Menschen, die sie waren, planten Kathy und Trevor alles mit großer Sorgfalt. Sie besuchten das örtliche Tierheim und schauten sich einige der infrage kommenden Kätzchen an. Schließlich entschieden sie sich für ein liebenswertes, acht Wochen altes, apricotfarbenes Katerchen mit einem stattlichen Bäuchlein. Kathy fand, es sähe eher einer pelzigen Mandarine ähnlich als einem potenziellen Ersatz für eine verlorene Liebe. Doch Tamsin ließ nicht locker. Und so wurde der Übernahmevertrag unterschrieben, und man nahm das Katerchen mit nach Hause. Chivers sollte es heißen. Daheim herrschte eine ungeheuer erregte Atmosphäre. Man hatte schon Boris vor Augen, wie er mit einem breiten Lächeln, Tränen der Freude in den Augen und offenen „Armen" herbeistürmte, um seinen neuen Freund willkommen zu heißen. Doch es sollte ganz anders kommen ... Kathy, Trevor und Harry gingen direkt ins Wohnzimmer, wo Boris nichts ahnend schlief. Boris wachte auf, streckte sich genüsslich, gurrte und schlenderte zu Trevor, um sich zwecks nachmittäglicher Kraulorgie auf dessen Schoß zu werfen. Kathy gab das vereinbarte Signal und Tamsin betrat den Raum – das kleine apricotfarbene Kätzchen vorsichtig in ihren Armen haltend. Was nun geschah, werden die Familienmitglieder ihr Leben lang nicht mehr vergessen (leider). Tamsin ging auf den entspannten Boris zu, bückte sich und hielt ihm das rundliche Katerchen direkt vors Gesicht. Im selben Augenblick stieß Chivers einen Furcht erregenden fauchenden Laut aus und verdoppelte seine Ausmaße. Gleichzeitig erstarrte Boris, seine Augen weiteten sich und wurden tief dunkel. Jede einzelne seiner Krallen grub sich dabei tief in Trevors Oberschenkel. Trevor und Boris schrien auf, und Boris schlug mit der Pfote heftig nach dem Kitten. Chivers flog aus Tamsins Armen und landete hinter dem Sofa. Fauchend, knurrend und Katzenobszönitäten fluchend rannte Boris aus dem Raum. Die Familie erstarrte. Kathy war die Erste, die sich wieder bewegen konnte. Voller Angst, was sie dort vorfinden würde, rannte sie hinter das Sofa. Chivers lag auf der Seite, atmete heftig und zitterte am ganzen Körper. Behutsam nahm sie ihn auf, wickelte ihn in eine Decke und brachte ihn eiligst zum Tierarzt. Chivers wurde untersucht und zur Beobachtung über Nacht da behalten. Daheim konnte keines der Familienmitglieder Boris in die Augen schauen, als der in die Küche schlenderte und, als wäre nichts gewesen, dort sein Abendessen erwartete. Chivers erholte sich vollständig, und der Tierarzt stimmte zu, dass er abgeholt werden dürfe. Die Familie setzte sich erneut zusammen, und man war sich einig, dass Chivers unmöglich ins Tierheim zurückgebracht werden könne. Man wollte unbedingt, dass die Vergesellschaftung funktionierte, spürte aber, dass das nicht ohne professionelle Hilfe zu schaffen war. Glücklicherweise hatte Kathys Freundin bereits einige Monate zuvor meinen Rat gesucht. Und so wurde ich gebeten, auch hier zu helfen und die Familie dabei zu unterstützen, die Zusammenführung der Katzen auf diplomatischere Weise zu bewerkstelligen.

Ich bat Kathy und Trevor einen großen „Katzenlaufstall" (einen so genannten Zimmerkennel; Anm. d. Ü.) vom Tierarzt zu mieten, der die Vergesellschaftung erleichtern sollte. Als Chivers nach Hause kam, brachte man ihn zunächst in ein separates Zimmer, in dem es Futter, Wasser, Spielzeug, eine Katzentoilette und einen Schlafplatz für ihn gab. Dies alles befand sich noch innerhalb dieses Kennels, dessen Tür offen stand, damit er das Zimmer erkunden konnte. Ich erklärte, dass die Wahl des Zimmers sehr wichtig sei, wenn wir erreichen wollten, dass auch Boris mitspielte. Damit er sich nicht sofort aus einem seiner Lieblingsaufenthaltsbereiche ausgeschlossen fühlte, musste es ein Raum sein, in dem sich der Kater normalerweise nicht aufhielt. Die Familie entschied sich für das Musikzimmer an der Rückfront ihres weitläufigen viktorianischen Hauses. Da die musikalischen Talente der Kinder nicht ganz so ausgeprägt waren wie erwartet, verbrachten die beiden nur wenig Zeit mit dem Üben am Klavier. Dementsprechend selten hielten sich Menschen wie Mieze in diesem Raum auf. Dies war der richtige Ort, um Chivers fürs Erste unterzubringen.

Chivers passte sich gut an seine neue Umgebung an und zeigte keine sichtbaren Nachwirkungen seines kürzlich erlittenen Traumas. Tamsin verbrachte viel Zeit damit, mit ihrem neuen Freund zu spielen, und dieser schätzte seinen Kennel sehr; er war für ihn ein behaglicher Platz zum Futtern und zum Einkuscheln für den reichlich benötigten Schlaf. Die ganze Familie beschäftigte sich liebevoll mit dem kleinen Chivers im Musikzimmer und ebenso mit Boris im Rest des Hauses. Wichtig war es herauszufinden, wie viel Aufmerksamkeit Boris tatsächlich brauchte. Ein üblicher Fehler in einer solchen Situation ist nämlich, einer Katze mehr „Schmuse-Zuwendung" zukommen zu lassen als diese eigentlich will. Dadurch akzeptiert der Alteingesessene den Neuzugang nicht etwa besser. Ein solches Verhalten macht den Vergesellschaftungsprozess stattdessen nur noch viel komplizierter. Wenn ihm danach war, genoss Boris die Schmuseeinheiten. Doch auch Fleisch hatte es ihm über die Maßen angetan. Deshalb wurde beschlossen, ihn künftig nur noch zu knuddeln, wenn er dazu aufforderte, und ihm außerdem öfter als sonst kleine köstliche Fleischhappen zu geben.

So verfuhren die Familienmitglieder eine ganze Woche lang. Dann waren sie soweit, um auf die Stufe Zwei unseres Planes überzugehen. Chivers bekam fünf Mal am Tag eine Mahlzeit, von der er restlos begeistert war. Boris fraß Trockenfutter, das ihm rund um die Uhr in der Küche zur Verfügung stand. Doch er liebte es auch, wenn man ihm ein Döschen Gourmet-Katzenfutter oder ein bisschen mit Honig angebratenes Fleisch kredenzte. Der Tag kam, da Boris Chivers zu Gesicht bekommen sollte. Chivers blieb dazu in seinem sicheren Kennel, sodass sich niemand verletzen konnte – sollte wie beim letzten Mal alles schief gehen. Während dieser Zeit der Eingewöhnung war die Familie angehalten, beide Katzen gleichzeitig zu füttern, Chivers in seinem Kennel und Boris etwas entfernt davon im Türdurchgang. Sie lockten Boris also mit einer kleinen Untertasse voll Kabeljau in Garnelengelee herbei und stellten diese Köstlichkeit dann in den Eingangsbereich des Zimmers in Sichtweite des Kittens in seinem „Laufstall". Chivers schmatzte lautstark und achtete überhaupt nicht auf den älteren Kater. Die ganze Familie hielt den Atem an, denn sie erwartete von Boris eine weitaus deutlichere Reaktion. Man war positiv überrascht, als sich Boris, nachdem er Chivers zunächst mit weit aufgerissenen Augen fixiert hatte, plötzlich anders besann und seinen Teller leerte. Boris hatte die erste Hürde genommen, und: Es sah gut aus!

Die Zeit verging – mit einer Reihe weiterer „gewaltfreier" Fütterungsbegegnungen, bei denen Boris' Futterschale jedes Mal etwas näher an Chivers' Kennel herangeschoben wurde. Nach ein paar Wochen stellte die Familie Chivers' Kennel in ein anderes Zimmer und man begann das ganze Prozedere von vorn. In der 5. Woche fraßen die beiden Kater rund einen halben Meter voneinander entfernt, und Boris begann sogar, ohne dass man ihn mit Futter anlocken musste, in den Raum zu schlendern. Er fand Gefallen daran, dem kleinen Katerchen beim Spielen zuzusehen. Kathy, Trevor und die Kinder waren geduldig und meinen Maßnahmen gegenüber sehr aufgeschlossen. In der 8. Woche war es für Chivers an der Zeit, „geweihten" Boden zu betreten: die Küche. Abermals beeindruckte Boris die Familie, als er stolzen Schrittes am Kennel vorbei und durch die Katzenklappe ging, ohne einen einzigen Blick auf Chivers zu werfen. Jetzt war der Moment gekommen, dass sich beide Katzen ohne Kennel begegnen sollten. Harry und Tamsin wurden zu ihren Freunden geschickt, und Kathy und Trevor bereiteten sich auf das vor, was da kommen mochte. Sie bewaffneten sich mit einer Videokamera (um ein freudiges Ereignis aufzuzeichnen) und mit einem Kopfkissen (um die Kämpfenden zu trennen, sollte der Ausgang des Ereignisses nicht so erfreulich werden). Die Kenneltür wurde geöffnet und man hörte Kathys und Trevors Spannung förmlich knistern. Ohne die Tragweite der Situation zu erkennen, tapste Chivers (jetzt ein langbeiniges 4-monatiges Kätzchen) aus seinem Kennel heraus, um sich in der Küche umzusehen. Er erspähte Boris, der in der Ecke bei der Katzenklappe saß, lief sofort auf ihn zu, reckte sein kleines apricotfarbenes Köpfchen hoch und stupste seine winzige nasse Nase in Boris' Gesicht. Boris hob seine Pfote und quetschte Chivers langsam auf den Boden. Trevor musste Kathy zurückhalten, die schon mit dem Kopfkissen auf die beiden zugehen wollte, weil er ahnte, was kommen würde. Chivers drehte sich auf den Rücken, Boris ließ sich plumpsen, und sie begannen wunderbar und aufs Herzlichste miteinander zu spielen: Ihre Freundschaft war besiegelt!

Einige Jahre später (denn wir blieben miteinander in Kontakt): Boris und Chivers sind immer noch gute Freunde. Seit Chivers erwachsen ist, ist er zwar unabhängiger, trotzdem gehen beide stets miteinander auf die Jagd und kommen auch jedes Mal wieder zusammen heim. Boris ist nun schon etwas älter und Chivers ärgert ihn manchmal, was beide aber nicht daran hindert, sich immer noch gemeinsam in ihrer ausgeleierten Heizungshängematte zu einem schwarz-apricotfarbenen Knäuel zusammenzukuscheln.

Ein neues Kätzchen eingewöhnen

▶ Katzenkennel zunächst in für die ansässige Katze unbedeutendem Raum aufstellen, dann durchs ganze Haus bewegen.

▶ Dem Kitten, wenn die andere Katze nicht da ist, innerhalb des jeweiligen Raumes Freilauf gewähren.

▶ Fütterung des Kittens innerhalb und gleichzeitige Fütterung der älteren Katze außerhalb des Zimmerkennels.

▶ Bei der Fütterung tägliche Verringerung des Abstands zwischen den Tieren in kleinen Schritten.

▶ Austausch der Schlafunterlagen, damit die Tiere den Geruch des jeweils anderen kennen lernen können.

▶ Auch der ansässigen Katze genügend Aufmerksamkeit schenken, jedoch nicht mehr als sie verlangt!

▶ Für den direkten Kontakt der Katzen die Kenneltür erst nach mehreren Wochen öffnen.

▶ Kissen in greifbare Nähe legen, um es bei Streitigkeiten zwischen die Tiere werfen zu können (Katzen niemals mit bloßen Händen zu trennen versuchen!).
▶ Geduld walten lassen – etwas mehr Einsatz am Anfang kann einen lebenslangen Einfluss auf die Beziehung der Tiere haben.

* * *

Annie ist inzwischen eine schöne zwölf Jahre alte Katze, die mich richtiggehend verehrt und die mit den Jahren immer anhänglicher geworden ist. Sie verträgt sich gut mit den anderen Katzen (um genau zu sein: sieben an der Zahl). Wenn sie mich begrüßt, richtet sie sich stets auf ihre Hinterbeine auf und gibt an meiner Hand Köpfchen. Zurzeit hat sie ein paar Gramm zu viel auf den Rippen, und ihre Beine sind morgens steif und die Gelenke knirschen, trotzdem wird sie für mich immer ein Kitten bleiben.

KAPITEL 2
Die ängstliche Katze

Spookys Geschichte

Meine eigenen Erfahrungen mit Katzen begannen mit Spooky, einer jungen ausgewachsenen Tabby-and-White-Mieze mit den schönsten Augen, die ich jemals gesehen habe. Weil ich sicher gehen wollte, dass ich auch tatsächlich diejenige Katze aufnahm, die am besten zu mir und meiner Lebensweise passte, beschäftigte ich mich viele Monate lang mit dem Thema Katze, bevor ich schließlich Spooky aus dem örtlichen Tierheim zu mir nach Hause holte. Damals leitete ich einen gut gehenden Modeversandhandel und war kaum zu Hause. Schon von frühen Kindesbeinen an wollte ich eine Katze haben, doch alles Bitten und Drängen bei meinen Eltern war erfolglos geblieben. Als ich ungefähr neun Jahre alt war, schmuggelte ich oft die Katze meiner neuen Nachbarn in mein Schlafzimmer, nur um meiner Mutter klar zu machen, dass genau dies mein Herzenswunsch war. Jenny, so hieß die Mieze, lag bei mir unter der Bettdecke und ich erinnere mich noch genau, dass es mir kaum gelang, ihr Schnurren zu unterbinden und sie geheim zu halten, wenn meine Mutter hereinkam. Jenny war eine schöne Sealpoint Siamkatze; der altmodische Typ mit dem volleren Gesicht und dem robusten Körperbau. Ich liebte sie leidenschaftlich und war der festen Überzeugung, dass auch sie mich liebte. Wenn ich aus der Schule kam, rannte ich normalerweise gleich aus der Hintertür und rief ihren Namen. Sie trottete dann durch den Garten und begrüßte mich mit ihrem typischen Miauen, das mit jedem Schritt, den sie tat, rhythmisch unterbrochen wurde. Danach sprang sie in meine Arme (für eine Neunjährige war ich groß, sonst hätte sie mich umgeworfen), und ich drückte und küsste sie und erzählte ihr von meinem Tag. Wenn es draußen nass war und sie von der Jagd zurückkam, war es *meine* Tür, vor der sie gewöhnlich schreiend um Einlass bat. Sie wollte, dass ich sie vor der Heizung trocken rieb. Ich machte das unheimlich gern, weil es mir das Gefühl gab, wichtig zu sein und Mutterfunktion zu haben. Wer braucht schon Puppen, wenn er eine Jenny hat! Etwa 18 Monate nachdem ich Jenny kennen gelernt hatte (ich war nun zehn), zogen wir um. Ich war am Boden zerstört. Meine Eltern freuten sich sehr auf den Umzug in ein wesentlich größeres Haus, das noch dazu nahe bei meiner Schule lag. Ich nicht. Denn ein Leben ohne Jenny konnte ich mir nicht vorstellen. Doch meine Mutter und Jennys Besitzer beteuerten, dass ich regelmäßig vorbeikommen könnte, um sie zu besuchen.

Kurz nachdem wir weggezogen waren, verschwand Jenny und kehrte nie mehr zurück. Sie hatte ständig vor unserer Hintertür gesessen und gejammert, und eines Tages war sie fortgegangen, um, so wurde vermutet, ihre Menschenfreundin zu suchen. In dieser Nacht hörte unsere Nachbarin einen Fuchs. Bis zum heutigen Tag glaubt sie, dass Jenny von ihm angegriffen und getötet worden ist. Ich denke immer noch, dass ich sie irgendwie im Stich gelassen habe.

Es lohnt sich durchaus, die zahlreichen Vermutungen und Diskussionen über die Gefahr, die von Füchsen ausgeht, ernst zu nehmen. Viele Leute berichten über Begegnungen zwischen Füchsen und Katzen, die von friedlichen sozialen Interaktionen der Tiere bis hin zu tatsächlichen Angriffen reichen. Es deutet einiges darauf hin, dass Füchsinnen hin und wieder Jagd auf Hauskatzen machen. Dies könnte der Grund dafür sein, weshalb zu bestimmten Jahreszeiten und in Gegenden, wo Füchsinnen ihre Jungen aufziehen, immer wieder ganze Gruppen von Katzen verschwinden. Wie gefährlich Füchse generell für Katzen sind, weiß ich nicht genau, nur testen wollte ich es nicht. Ich muss nämlich immer an Jenny denken.

Bis zu meiner Heirat lebte ich in einem katzenfreien Haushalt. Danach konnte ich selbst entscheiden, ob ich mir eine Katze anschaffen wollte. Doch gleich zu Beginn war mir klar, dass unser Zuhause für die Katzenhaltung nicht optimal war. Ich wollte die perfekte Besitzerin sein. Solange ich aber viele Stunden außer Haus arbeiten musste, war es unmöglich, einem Kitten ein gutes Heim zu bieten. Über die Möglichkeit, eine ältere Katze anzuschaffen, hatte ich überhaupt nicht nachgedacht, bis mich ein Freund auf diese Idee brachte. Also las und las ich, und versuchte mir so viel Wissen über die Haltung von Katzen anzueignen, wie nur möglich. Nachdem ich in der Zeitung eine Anzeige gelesen hatte, ging ich zwecks „Interview" ins örtliche Tierheim. Offensichtlich hatte ich die Vorstellung mit Bravour gemeistert, denn man bot mir an, ein kleines Aufzuchtgebäude im hinteren Teil einer Gartenanlage im ländlichen Kent zu besuchen, um mir dort „meine" Katze auszusuchen. Die Betreiberin, eine enthusiastische sympathische Dame namens Daphne steuerte mich direkt zu einer ganz speziellen Katze, die schwer zu vermitteln war. Eine süße kleine Tabby-and-White-Kätzin saß hinten im Häuschen und kehrte uns den Rücken zu. Sie atmete schnell und war sehr angespannt; ich konnte spüren, wie unbehaglich sie sich fühlte. Sie hatte scheinbar als streunende Katze gelebt, bis man sie zusammen mit ihren Jungen entdeckte und hierher brachte. Die Kitten konnten vermittelt werden. Doch die Mutterkatze, die in der Zwischenzeit kastriert worden war, zeigte sich von Tag zu Tag bedrückter und zog sich immer mehr zurück. Als ich sie hochnahm, spürte ich, wie ihr steifer kleiner Körper förmlich erstarrte, und ich fühlte mich mitschuldig daran. Ich unterhielt mich weiter mit Daphne und fing dabei unwillkürlich an, die Katze sanft in meinen Armen zu wiegen. Mir fiel plötzlich auf, dass sie sich an mich geschmiegt und zu schnurren begonnen hatte. Verkauft!

Wir nannten sie Spooky (englisch: schreckhaft, Anm. d. Ü.), weil sie genau so war. An einem kalten Tag im März holten wir sie zu uns nach Hause und richteten ihr in der Küche neben der Heizung ein weiches Lager her. Kurz nachdem Spooky bei uns eingezogen war, ging mein Mann Peter auf Geschäftsreise. So lag die Pflicht allein bei mir, sie an ihr neues Daheim zu gewöhnen. Ich nahm mir eine Woche frei, legte mich einfach neben Spooky auf den Boden, redete mit ihr, streichelte sie und fütterte sie aus der Hand. Nichtsdestotrotz mochte sie ihren Korb kaum verlassen. Nur im Schutz der Nacht kam sie heraus, um zu fressen und ihre Katzentoilette zu benutzen. Ich war enttäuscht, dass all meine Liebe nicht fruchtete. In diesen ersten Wochen mit Spooky lernte ich allerdings eine wertvolle Lektion: Einer Katze bloß Liebe zu schenken, reicht nicht immer aus – die richtige Art von Liebe muss es nämlich schon sein. Weil ich mittlerweile vollkommen erschöpft war, ignorierte ich Spooky einige Tage lang und ging wie gewohnt meiner Arbeit nach. Als ich dann eines Morgens vor dem Fernseher saß und Toastbrot mit Marmite (eine dunkle Paste aus Hefe- und Gemüseextrakt; Anm. d. Ü.) aß, schlenderte eine kleine Tabby-and-White-Katze ins Wohnzimmer und sprang neben mir auf das Sofa. Dieser Tag läutete den Beginn einer wundervollen Liebesbeziehung ein – zwischen Spooky und mir, und: zwischen Spooky und Marmite!

Ich verstand wirklich nicht, was der Grund für Spookys Nervosität war. Wie viele Leute dachte auch ich, sie sei einmal misshandelt worden. In diesem speziellen Fall traf dies ironischerweise vermutlich auch zu. Ein Einbruch, drei Umzüge und die Vergesellschaftung mit sechs weiteren Katzen folgten, und Spooky blieb ein Angsthase. Sie liebte die Routine und erfreute sich offensichtlich einfach daran, dass sie existierte, beobachten konnte und gelegentlich liebkost wurde. Niemals war sie den anderen Katzen oder Menschen gegenüber aggressiv. Wenn sie erschrak, erstarrte sie zur Salzsäule und wurde dabei so steif, dass man sie wie ein Holzspielzeug umdrehen konnte, ohne dass sie ihre Form veränderte. Sie war die Königin der Schweißfüße.

* * *

Das Leben mit Spooky hat mich scheuen Katzen gegenüber besonders feinfühlig werden lassen. Viele solcher Tiere habe ich in den letzten Jahren kennen gelernt, und vielen konnte ich helfen. In meinem Beruf kann man eine Katze nicht einfach als ängstlich oder furchtsam einstufen ohne die Entstehungsweisen solcher Gefühlszustände zu verstehen. Es sind nämlich nicht, wie oft angenommen wird, notwendigerweise Misshandlungen durch einen Menschen, die solche Reaktionen zur Folge haben.

Ängstlichkeit und Furcht äußern sich auf unterschiedliche Weise. So kann eine Katze ängstlich sein, ohne dass man dies bemerkt, wenn man sie nur kurze Zeit beobachtet. Ängste werden oft verinnerlicht, sodass die Katze solange eine recht normale Fassung zur Schau trägt bis etwas Bestimmtes passiert, das dieses veränderte Verhalten zum Vorschein bringt. Furcht ist meist viel offensichtlicher; ich glaube, dass niemand von Ihnen eine richtig furchtsame Katze missdeuten würde.

Im Folgenden finden Sie einige typische Verhaltensmerkmale:

Anzeichen von Furcht und extremer Angst

- Geweitete Pupillen
- Rasche Atmung
- Schneller Puls
- Angespannter oder steifer Körper
- Geduckte Körperhaltung
- „Bürste", also aufgestellte Haare auf dem Rücken und dem Schwanz
- Schweißfeuchte Füße
- Zittern
- Angriff
- Flucht
- Verstecken / Erstarren / Aus dem-Weg-gehen
- Unkontrollierte Abgabe von Harn und Kot

Anzeichen von Unsicherheit und Ängstlichkeit

- Angespannter Körper
- Sich-die-Lippen-lecken
- Erweiterte Pupillen
- Überempfindlichkeit gegenüber Lärm / Bewegungen / Berührung
- Harn verhalten
- Urin verspritzen
- Urinieren an unpassenden Orten
- Übertriebene Körperpflege
- Veränderung der gewohnten Routine / des normalen Verhaltensmusters

Bei meiner Arbeit habe ich es mit einer Vielzahl nervöser und scheuer Katzen zu tun, und ebenso mit solchen, die äußerst furchtsam sind. Bei einigen lassen sich die jeweiligen Gefühlszustände abbauen. Bei anderen muss man sich einfach damit abfinden. Denn bei diesen Tieren sind die entsprechenden Verhaltensäußerungen und Emotionen grundlegender Teil ihres individuellen Charakters. Der nächste Fall zeigt, wie schwer es für junge, nicht rechtzeitig sozialisierte Kätzchen ist, ihre Ängste zu überwinden.

Joey und Jessie – die ängstlichen Kätzchen

Viele Verhaltensprobleme scheinen sich während des Erwachsenwerdens zu entwickeln, also in einer Zeit, in der die Katzen ihre soziale Reife erlangen. Es betrifft den Zeitraum zwischen dem 18. Lebensmonat und dem 4. Lebensjahr. Dies ist oft die Phase, in der etwa bis dato ausgeglichene Katzen zu Einzelgängern werden. In räumlicher Nähe zu anderen ausgewachsenen Katzen leben zu müssen, empfinden sie mit einem Mal als äußerst unangenehm, oder sie können es nun gar nicht mehr ertragen. Dass erwachsene Katzen dennoch meist nicht in dieser Weise reagieren, zeigt, dass es vermutlich starke Unterschiede im Grad der Verträglichkeit mit Artgenossen gibt.

Manchmal werde ich zu jungen Katzen gerufen, die in ihrer Jugend nicht ausreichend sozialisiert wurden. Im städtischen Raum ist ein wachsender Trend zu beobachten, wilde Katzen geradewegs von der Straße weg in eine häusliche Umgebung eingewöhnen zu wollen. Wilde Katzen sind im Grunde genommen verwilderte Hauskatzen bzw. deren Nachkommen, die nun ein freies Leben in der Natur führen. Häufig sind sie von menschlichen Futterquellen abhängig. Trotzdem sind sie scheu und Menschen gegenüber sehr aggressiv, wenn sie in die Enge getrieben werden. Erwachsene Tiere können oft nicht mehr erfolgreich als Hauskatzen gehalten werden. Sie werden kastriert und wieder in ihr angestammtes Revier entlassen. Die Kitten jedoch können sich anpassen. Allerdings erfordert es häufig sehr viel Geduld und Betreuung, will man ihnen ein glückliches Zusammenleben mit uns Menschen ermöglichen.

Ein solcher, äußerst typischer Fall betraf zwei Kitten, die von einer liebevollen alleinstehenden Frau namens Mary adoptiert worden waren. Mary lebte in einer Erdgeschosswohnung in London und arbeitete Vollzeit. Immer schon hatte sie sich Katzen gewünscht und meinte, genügend Liebe und Geduld aufbringen zu können, um mit ein paar Kätzchen mit schwieriger Vorgeschichte zurechtzukommen. Joey (ein Kater) und Jessie (eine Kätzin) waren etwa fünf Monate alt, als Mary sie zum ersten Mal in deren Pflegefamilie zu Gesicht bekam. Die beiden waren Nachkommen einer Hauskatze, die mit Menschen gut vertraut war. Sie wurden allerdings draußen geboren und wuchsen unglücklicherweise auch im Freien heran, weil ihre Mutter während dieser Zeit weiter streunte. Dies hatte zur Folge, dass die Katzenbabys während ihrer Hauptprägungsphase zwischen der zweiten und siebten Lebenswoche offensichtlich keinen Kontakt zu Menschen hatten. Als man sie zusammen mit ihrer Mutter entdeckte, waren sie äußerst nervös und aggressiv. Sie wurden gleich zu einer erfahrenen Pflegefamilie gebracht, wo sie ans häusliche Umfeld gewöhnt werden sollten. Was Mary als Erstes von den beiden sah, waren die Schwanzspitzen – die Kätzchen selbst blieben hinter den Möbeln verborgen. Doch Mary ließ sich nicht abschrecken. Zum Glück war sie eine sehr vernünftige Frau und bat mich um Hilfe, kurz nachdem sie die Kitten nach Hause geholt hatte.

Obwohl sie in ihrem ersten Zuhause Fortschritte gemacht hatten, waren die Katzenkinder bei ihrer Ankunft in Marys Wohnung extrem scheu. Man hatte ihr geraten, die Kleinen zunächst nur in einem einzigen Raum zu halten, sodass sie sich erst an einen kleinen Bereich gewöhnen konnten. Üblicherweise wählen neue Besitzer die Küche als den idealen Ort, um Katzen einzugewöhnen. Doch tatsächlich gibt es keinen ungeeigneteren Platz dafür. Eine Küche ist voller Mobiliar und elektrischer Geräte, die allesamt Schlupflöcher bieten, die für Menschen völlig unzugänglich sind. Ich muss zugeben, auch ich habe diese Fehlentscheidung getroffen als Spooky zu uns kam, und dann (für mich) qualvolle 24 Stunden verbracht, während sie sich hinter der Waschmaschine versteckt hielt. Unnötig zu sagen, dass Joey und Jessie hinter dem Gefrierschrank verschwanden – und tiefe Wunden in die Finger einer Freundin bohrten, die Mary dabei half, die Katzen zu befreien. Kein guter Start!

Die bedauernswerten Geschwister waren als winzige Kitten der so unendlich wichtigen Möglichkeit beraubt gewesen, sich mit den Herausforderungen eines abwechslungsreichen Umfeldes auseinanderzusetzen. Sie hatten sich zu schnell erregbaren Jungkatzen entwickelt, für die jede neue Situation Furcht auslösend und äußerst belastend war. Ihnen fehlten einfach die entsprechenden Erfahrungen, um angemessen darauf zu reagieren.

Als ich ankam, hatte Mary die beiden Katzen in ihrem Schlafzimmer eingesperrt. Ich beschloss daher, das erste Gespräch auf dem Schlafzimmerfußboden zu führen, in der Hoffnung, dass Joey und Jessie aus ihrem Versteck unter dem Bett hervorkommen und sich zeigen würden. (Während meiner Laufbahn habe ich auf vielen Fußböden gelegen, angefangen von Prachtvillen bis hin zu Sozialwohnungen, einfach deshalb, weil dies eine sehr günstige Position ist, aus der heraus es gelingt, selbst noch die widerwilligste Katze anzulocken.)

Obwohl keines der beiden Kätzchen in der frühen Kindheit Kontakt zu Menschen gehabt hatte, wurde bald klar, dass sie eigentlich mutig und neugierig waren. Während ich mich mit Mary unterhielt, und wir beide ganz ins Gespräch vertieft waren und die Katzen dabei vollständig ignorierten, empfanden diese uns offensichtlich nicht mehr als Bedrohung. Je länger wir so redeten, umso ungefährlicher und damit umso interessanter wurden wir für sie. Als ich eine kleine „Reizangel" (bestehend aus einem Stab mit Schnur und einer Feder daran) aus meiner Aktentasche zog, konnten sie sich nicht länger zurückhalten. Ich bewegte dieses Spielzeug neben dem Bett lustig hin und her, und im selben Augenblick sauste ein geschecktes Fellknäuel aus seiner Deckung und „tötete" es. Schließlich und endlich saßen Mary und ich mit ausgestreckten Beinen auf dem Boden und die Katzen stürmten hin und her und „benutzten" uns als spannenden und herausfordernden Hindernisparcours. Behutsam führte Mary die Kätzchen nun in die Freuden ein, die die menschliche Gesellschaft zu bieten hatte. Dabei sorgte sie dafür, dass jede Interaktion angenehm und stressfrei verlief. Damit wollten wir erreichen, dass Jessie und Joey Marys Gegenwart mit der Zeit als immer selbstverständlicher hinnahmen. Damit die Katzen ihr Vertrauen nicht ausschließlich einer Person schenkten, war es wichtig, dass auch andere Menschen so mit den Tieren umgingen. Also bat Mary ihre Freundinnen um Mithilfe – sogar die mit der „perforierten" Hand sagte bereitwillig zu. Sie sollten sich Zeit nehmen – einfach nur für die Katzen. Ich klärte sie vorher auf, wie sie mit den scheuen Tieren umgehen sollten. Beispielsweise sollten sie die beiden ignorieren und sich nicht auf sie konzentrieren, etwa dadurch, dass sie auf sie zugingen oder sie ansahen. Lässt man Katzen „links liegen", gibt ihnen das ein Gefühl von Sicherheit und sorgt gleichzeitig dafür, dass Menschen weniger gefährlich wirken. Immer wenn man mit scheuen Katzen zu tun hat, gilt es, ihre Furcht nicht noch zu verstärken. Häufig reagieren solche Katzen nämlich auf etwas ganz Alltägliches, sodass ihre Angst eigentlich unbegründet ist. Es liegt in unserer Natur, unsere Haustiere zu trösten, sobald sie sich beunruhigt zeigen. Wir sagen dann zum Beispiel: „Mami ist doch da. Gaaanz ruhig. Da ist doch gar nichts Schlimmes." Unglücklicherweise deuten die Tiere ein solches Verhalten falsch. Was wir ihnen mit unseren Worten tatsächlich vermitteln, ist: „Dein Beschützer ist hier. Oh ja, deine Angst ist begründet. Doch ich werde dich schützen." Viel besser ist es, die Routine fortzuführen und dadurch klarzumachen: „Eine Notlage? Was für eine Notlage?" Das ist eine viel eindeutigere Aussage. Schwierig zu begreifen, aber es funktioniert. Auch Mary habe ich geraten, so vorzugehen. Bisher war sie um ihre Katzen herum geschlichen, um sie nicht zu verängstigen. Wenn sie und ihre Freundinnen sich stattdessen völlig normal verhielten, trugen sie dabei eine viel entspanntere Körpersprache zur Schau. Führen Sie sich einmal vor Augen, was passiert, wenn Sie Ihrer Katze eine Pille eingeben möchten oder sie in einen Transportkorb setzen wollen, um sie zum Tierarzt zu bringen. Glauben Sie mir, Ihre Bewegungen und Ihre Mimik werden sich verändern, und das heißt: Probleme für die Mieze!

Zudem brauchten Joey und Jessie neue Herausforderungen, mit denen sie ganz allgemein ihr Selbstvertrauen steigern konnten. Dazu tüftelten wir ein maßgeschneidertes Therapieprogramm aus.

War Mary zu Hause, durften die Katzen im Schlafzimmer, im Flur und in der Diele frei umherlaufen. Der offene Kamin in der Diele wurde abgesichert und andere mögliche Gefahrenherde aus diesen Bereichen entfernt. Die Küche war verbotenes Terrain – in Anbetracht der früheren verhängnisvollen Erfahrung. Wenn Mary nicht im Haus war, mussten die Miezen im geschlossenen Schlafzimmer bleiben. Als Fitnesscenter wurde in der Diele ein großer (umbaufähiger) Katzenkratzbaum aufgestellt, von dessen obersten Etagen aus die Katzen den ganzen Raum überblicken und aus dem Fenster schauen konnten. Sein Aufbau war äußerst gut durchdacht und enthielt Bereiche, in die sich die Katzen zurückziehen konnten, wenn sie sich bedroht fühlten. Zudem wurden in der Diele und im Flur Pappkartons, in die Löcher geschnitten worden waren, aufgestellt, damit die Kätzchen bei vermeintlicher Gefahr sichere Verstecke vorfanden. Hatten Jessie oder Joey eines davon als Vorzugsversteck auserkoren, wurde es respektiert und nicht mehr verändert, damit die Katzen es auch weiterhin als sicher ansahen.

Mary sollte so oft es ging mit ihren Katzen spielen und dabei Spielzeuge an der Reizangel verwenden. Diese erlaubten den Katzen nämlich, ziemlich weit weg von Marys Körper zu agieren. Sie versprach, Augenkontakt zu vermeiden, und die Katzen zu ermuntern, zum Spielen so nahe wie möglich an sie heranzukommen. Jedes Mal, wenn eine Katze durchs Spiel abgelenkt war, sollte Mary sie streicheln – zunächst nur am Kopf und am Rücken, später auch bis hin zum verletzlichsten Körperteil, dem Bauch. Um die Katzen näher heranzulocken, wurde auch getrocknete Katzenminze eingesetzt. Katzenminze oder catnip ist mein wirkungsvollstes „Werkzeug" in der Verhaltenstherapie. Bei zwei Drittel aller Katzen hat es unglaubliche Wirkungen: Die Tiere schnüffeln daran, fressen es, wälzen sich darin und geraten regelrecht in Ekstase. Um welche Probleme auch immer es sich handelt – Katzenminze macht sie vergessen.

Sobald die Katzen Streicheleinheiten tolerierten, konnte Mary sich auf unser „Einschränkungskonzept" konzentrieren. Es bringt ja nichts, Katzen zu haben, die sich zwar anfassen, im Notfall aber nicht hochnehmen lassen. Also sollte Mary jedes Tier ein paar

Sekunden lang mit leichtem Druck umfassen, dann sofort wieder loslassen und erneut tüchtig streicheln. Weiter ging es damit, unter die Katze zu greifen (sozusagen ihr Gewicht aufzunehmen) und sie dann nach und nach immer länger anzuheben. Ziel war, dass Mary die beiden Katzen hochnehmen und an ihren Körper drücken konnte.

Mary war eine begeisterte Verfechterin dieser Vorgehensweise, und nach acht Wochen waren beide Katzen an die Katzenklappe gewöhnt und verbrachten, wenn Mary zu Hause war, auch kurze Zeit draußen. Regelmäßig forderten die Miezen Aufmerksamkeit ein. Joey wurde sogar eine richtige Schoßkatze! Wir hätten nicht zufriedener sein können.

Katzen und psychologische Kriegsführung

Ängstlichkeit äußert sich bei Katzen nicht immer so deutlich wie bei Jessie und Joey. Katzen können ihre Gefühle und Empfindungen unglaublich gut verbergen, und sich in sich selbst zurückziehen, sobald es kompliziert wird. So wie wir leiden auch Katzen an „modernem" Stress, allem voran an Überbevölkerung. Für diejenigen von uns, die jemals mit der Londoner U-Bahn gefahren sind, ist dies bestimmt verständlich. Wird eine Katze von einer anderen draußen im Garten oder sogar von einer ihrer Artgenossinnen drinnen im Haus belästigt, muss das nicht zwingend in einem heftigen Kampf enden. Die Aggressionen in der Katzenwelt sind meist wesentlich subtiler. Wegen jeder Kleinigkeit einen Kampf auszufechten ist nicht sinnvoll. Katzen tragen schließlich schreckliche Waffen, mit denen sie sich gegenseitig lebensgefährliche Verletzungen zufügen können. Viel vernünftiger ist es stattdessen, sich der Körpersprache und der psychologischen Einschüchterung zu bedienen.

Es gibt eine wie ich finde skrupellose, aber äußerst wirkungsvolle Methode, die Katzen im Mehrkatzenhaushalt anwenden, um Gruppenmitglieder einzuschüchtern. Obwohl sich die Tiere gerade dieser Einschüchterungstaktik bedienen, erscheinen sie ihren liebenden Besitzern, die sie in diesem Moment vielleicht beobachten, süß und unschuldig.

Hatten auch Sie schon einmal diesen unangenehmen Traum, in dem Sie plötzlich bemerken, dass Sie sich nackt in der Öffentlichkeit befinden, alle Blicke auf Sie gerichtet? Oder den, wo Sie wieder ein Kind sind und in einer wichtigen Prüfung keine Antwort wissen? Würden Katzen so träumen wie wir, wäre Folgendes ihr Albtraum: Tigger steht oben auf der Treppe, seine Blase ist voll. Sooty, sein Erzfeind, sitzt lässig auf der untersten Stufe, kaut an seinen Pfoten herum (und „pfeift" womöglich). Tigger weiß, dass das Katzenklo in der Küche steht, aber er weiß auch, dass er, sollte er versuchen, an Sooty vorbeizugehen, attackiert werden könnte. Tigger weiß zudem, das Sooty weiß, dass Tigger weiß, dass er angegriffen werden könnte. Unglücklicherweise wird die Blase nicht leerer und Tigger wird immer unruhiger, denn er muss womöglich gleich hier und jetzt ...

Lola und Issie – die Angst und die Blase

Die arme Lola hätte genau diesen Traum gehabt. Die folgende Geschichte zeigt, wie die Nerven einer Katze direkt an ihre Blase ziehen. Lolas Besitzerin Julia rief mich in einer Notlage zu Hilfe, sozusagen als letzte Rettung, denn sie hatte schon alle möglichen anderen Strategien ausprobiert. Sie besaß zwei Katzen, Lola (fünf Jahre) und ihre Artgenossin Issie (drei Jahre alt). Julia war ganztags außer Haus berufstätig und hatte ursprünglich Lola und ihren Bruder Simon aus einer Katzenhilfe übernommen. Leider war Simon auf der Straße vor ihrem Haus ums Leben gekommen, sodass sie kurze Zeit später Issie als Spielgefährtin für Lola gekauft hatte. Julia war davon überzeugt, dass die Beziehung der Kätzinnen zueinander freundschaftlich war, obwohl sie zugeben musste, dass die beiden kaum Zeit miteinander verbrachten. Lola bevorzugte das vergleichsweise sichere Schlafzimmer und verkroch sich am liebsten unterm Bett. Issie lag entweder auf ihrer Lieblingsstufe auf halbem Weg die Treppe hinunter oder an ihrem Schlafplatz in der Küche.
Julia litt immer noch sehr unter dem Verlust Simons und hütete sich fortan, ihren Katzen uneingeschränkten Freilauf zu gewähren.

Als Issie einzog, beschloss sie, die Katzenklappe zu arretieren und beide Katzen nur noch unter Kontrolle nach draußen zu lassen. Weil Lola für gewöhnlich immer bloß kurze Zeit draußen blieb, war Julia davon überzeugt, dass sie nur raus ging, um sich im Blumenbeet zu lösen. Issie war, als sie ankam, noch ein Kitten. Sie würde, so meinte Julia, die Freiheit also nicht vermissen. Pflichtgemäß versorgte Julia die Miezen mit weichen Schlafplätzen, gutem Futter und einer Katzentoilette, die sie in einer verschwiegenen Ecke der Küche platzierte.

Bis Issie ungefähr zwei Jahre alt war, herrschte Harmonie. Lola hatte Issie gegenüber nie wirklich mütterliche Instinkte gezeigt. Je nachdem wie sie sich fühlte, empfand sie Issie wohl als undurchsichtig oder als lästig. Je reifer Issie wurde, umso tiefer wurde die Kluft zwischen beiden, und umso seltener, wenn überhaupt, interagierten sie. Es ist erstaunlich, dass Julia diese gegenseitige Abschottung vor unserem Gespräch nie aufgefallen war. Sie hatte immer angenommen, die Kätzinnen seien sich freundlich gesinnt und kämen gut miteinander aus, denn sie kämpften ja nie miteinander. Doch wenn sie richtig darüber nachdachte, wurde ihr bewusst, dass die Katzen sich selten zusammen in einem Raum aufhielten.

Kurz vor Issies zweitem Geburtstag kam Julia nach Hause und fand auf der Fußmatte hinter der Haustür ein „Geschenk". Eine der Katzen hatte einen See aus stark riechendem Urin auf der Kokosmatte hinterlassen. Julia hielt das gleich für einen Unfall, obwohl sie schon etwas überrascht war. Im Glauben, damit wäre die Sache erledigt, putzte sie alles weg. Unglücklicherweise war dem aber nicht so, denn in den nächsten 14 Monaten gab es mehrere Zwischenfälle dieser Art an den verschiedensten Stellen. Mal war es nur eine kleine Pfütze, mal eine große. Recht schnell erkannte Julia, dass Lola die Missetäterin war. Folglich stellte sie Lola beim Tierarzt vor, um sicherzugehen, dass sie nicht krank war. Dort verordnete man der Kätzin Antibiotika, falls doch eine Infektion vorliegen sollte. Tatsächlich schien sich das Problem daraufhin in Luft aufzulösen. Doch leider entwickelte Lola nun ein spezielles Verhaltensmuster, bei dem sie ein paar Wochen lang hinpinkelte, wo es sich nicht ziemte, dann aber wieder ganz normal das Katzenklo benutzte oder nach draußen ging. Julia verstand einfach nicht, wieso die Kätzin so reagierte und begann sogar, ihr dieses Verhalten übel zu nehmen. Ihre festen Hinterlassenschaften platzierte sie doch immer an den dafür vorgesehenen Orten, weshalb sollte es dann nicht gelingen, dort auch Pipi hinzumachen? Julia bekam eine Unmenge gut gemeinter Ratschläge, wie „der Katze die Nase in den Urin zu stupsen" (ich verstehe wirklich nicht, dass solcher Unsinn immer noch verbreitet wird) oder „die Katzenstreu zu wechseln, Alufolie oder Kiefernzapfen auszulegen oder Zitronensaft und Essig auszubringen". Alle diese Empfehlungen hatten keinen Effekt, außer, dass sie Julia unglücklich machten und sie frustrierten. Lola hatte damit angefangen, sich am Bäuchlein übermäßig zu putzen. Ihre Haut war rosa und sah wund aus. Zudem bekam sie ein Gewichtsproblem. Julia sah sich nun einer übergewichtigen kahlen Katze gegenüber, die sie nicht einmal mehr mochte.

Wenn wir uns eine Katze mit Blasenentzündung vor Augen führen, stellen wir uns gewöhnlich ein Tier vor, dass unter heftigen Schmerzen kleine Mengen blutigen Urins abgibt. Solche Symptome sind selbst für den unerfahrensten Halter leicht zu erkennen, und sie sprechen normalerweise gut auf eine Behandlung an. Doch es gibt auch andere Erkrankungen der Blase, von denen eine erst kürzlich entdeckt wurde, nämlich eine, deren Ursache Stress ist. Am häufigsten tritt diese Krankheit bei übergewichtigen Katzen auf, die sich wenig bewegen, kaum nach draußen dürfen, und die in einem Mehrkatzenhaushalt leben. Lola passte ziemlich genau in dieses Raster.

Issie war gerade dabei, die Rangordnung infrage zu stellen. Sie war nun erwachsen und der unumstößlichen Ansicht, es sei – angesichts der recht kraftlosen Mitbewohnerin – jetzt an ihr, das Zepter in die Hand zu nehmen. Indem sie sich an sorgfältig ausgewählten Stellen auf der Treppe oder in der Küche positionierte, konnte sie Lola ganz leicht davon abhalten, die einzige richtige Toilettenstelle im Haus zu benutzen. Anders als beim Darm, bei dem die Ausscheidungsstoffe ziemlich lange zurückgehalten werden können, ist eine überfüllte Blase unangenehm, ja sogar schmerzhaft.

Schließlich muss der Harn dann einfach ausgeschieden werden. (Vergessen Sie nicht, dieses Zeug löst Wände auf!) Gibt es einen besseren Weg, Autorität geltend zu machen als zu diktieren, wann der Widersacher aufs Klo gehen darf?

Lolas ganzes Dasein wurde davon bestimmt, ob sie Zugang zur Katzentoilette hatte oder nicht. Weil ständiges Harnverhalten die Blasenschleimhaut schädigt, litt Lola unter Schmerzattacken, die sie dazu verleiteten, an unpassenden Orten zu urinieren. Diese Schmerzen waren auch der Grund für das ständige Belecken des Bauchbereichs. Julia war peinlich berührt, dass Lola unter solch einer furchtbaren Herrschaft gelebt hatte – ausgehend von dieser kleinen Katze, die ursprünglich als Spielgefährtin angeschafft worden war, um Lola glücklich zu machen.

Mithilfe von Lolas Tierarzt leiteten wir sofort eine passende Diät und die der Situation entsprechende Medikation ein. Es war sehr wichtig, dass Lola mehr Flüssigkeit zu sich nahm. Also gaben wir ihr ein Feuchtfutter mit hohem Wassergehalt. Wann immer ich mit dem Problem konfrontiert werde, dass eine Katze im Haus uriniert, wende ich meine äußerst wichtige Regel an: Eine Toilette pro Katze plus eine zusätzlich, jede an einer anderen Stelle des Hauses aufgestellt. So wird die Gefahr des „Toiletten-Bewachens" ein für alle Mal verhindert. In Haushalten mit elf Katzen ist das zwar denkbar ungeschickt, aber es macht Sinn. Diese Maßnahme bedeutet nicht, dass jede Katze stets nur ein ganz bestimmtes Klo benutzt. Doch es erhöht ihre Entscheidungsfreiheit, dasjenige auszuwählen, das ihr zum Pinkeln jeweils am besten zusagt, zumal dann, wenn sie als reine Wohnungskatze gehalten wird. Das vermindert die Stressbelastung wirklich unmittelbar.

Ich machte Julia verschiedene Vorschläge, wie sie Lola zu Unternehmungen anregen konnte. Außerdem gab ich ihr Ratschläge für eine strikt kalorienkontrollierte Diät zur Gewichtsreduktion. Julia freute sich über das Ergebnis, denn Lola wurde allmählich wieder so, wie sie früher gewesen war. Issie war vermutlich aufs Heftigste enttäuscht. Doch erfahren werde ich das nie.

Smokey – plötzlich auftretende Angst

Joey, Jessie und Lola reagierten so, wie es ihre angeborenen Charaktereigenschaften und Persönlichkeitsmerkmale vorgaben. Doch nicht alle ängstlichen Katzen werden auch ängstlich geboren. Ein ganz besonderer Fall, mit dem ich vor einigen Jahren zu tun hatte, zeigt dies. Ich erinnere mich noch an den Anruf, bei dem eine ziemlich verzweifelte Stimme sagte: „Können Sie mir bitte helfen? Meine arme Katze hat auf einmal Angst vor der Farbe Schwarz!"
Es ist erstaunlich, dass es immer noch Telefonate gibt, bei denen ich das aufrüttelnde Gefühl habe, vor einer neuen Herausforderung zu stehen. Eine potenziell auf Farben ängstlich reagierende Katze schien mir interessant zu sein. Nachdem ich einen Moment nachgedacht hatte, wurde mir klar, dass ich mehr darüber erfahren musste. Weil die Besitzerin zudem sehr besorgt war, vereinbarten wir gleich für die nächste Woche einen Besuchstermin.
Teresa und Paul waren ein nettes Paar, und ihrer drei Jahre alten blauen Perserkatze namens Smokey äußerst zugetan. Der Kater hatte sich bisher eines herrlichen Lebens erfreut. Jetzt aber hatte er ein Problem. Wenn Teresa und Paul bei der Arbeit waren, streifte er ungebunden draußen umher. Doch um sechs Uhr kam er nach Hause, um seine Menschen aufs Herzlichste zu begrüßen und sich seine Schmuseeinheiten abzuholen. Eigentlich war Smokey ein selbstsicherer Kater – bis eines schlimmen Tages etwas total schieflief. An diesem Tag fand Teresa Smokey völlig aufgelöst zu Hause vor und eilte sofort mit ihm zum Tierarzt. Keine der zahlreichen Untersuchungen ergab einen krankhaften Befund, außer dem, das Smokey eine mittelschwere Halsentzündung hatte. Er bekam ein Medikament und wurde nach Hause geschickt. Nach ein paar Tagen war der Hals wieder in Ordnung.
Etwa eine Woche später, so erinnerte sich Paul, bemerkte er, wie verängstigt Smokey beim Anblick eines großen schwarzen Müllbeutels war, den er beim Betreten des Zimmers in der Hand hielt. Der Kater machte nämlich einen mächtigen Satz, und sein Fell auf dem Rücken und über dem Schwanz richtete sich zu einer „Bürste" auf. Seit jener Zeit zog sich Smokey in einen kleinen Bereich im Wohn-

zimmer zurück und wagte sich nur sehr selten – und dann heftig zitternd – dort heraus. Der bizarre „Erregungshüpfer" hatte sich wiederholt als Smokey mit einer schwarzen Handtasche, einem schwarzen Telefon und einem tief blauen Morgenrock konfrontiert worden war. Ich begann zu begreifen, weshalb die Besitzer glaubten, ihr Kater hätte Angst vor Schwarz.

Auf dem Gebiet der Verhaltenstherapie von Katzen habe ich einige sehr wichtige Dinge gelernt: Zunächst gilt es herauszufinden, was die Leute ihr Tier tatsächlich tun sehen. Wie sie dieses Verhalten interpretieren, ist weniger bedeutsam. Ich bemerkte, dass Smokey offensichtlich extreme Schwierigkeiten mit seinem Selbstvertrauen hatte. Dass es wirklich die Farbe Schwarz war, die ihm solche Angst machte, hatte ich von Anfang an bezweifelt. Katzen können Farben erkennen, außer etwa Rot, das ihnen als Schwarz erscheint. Man nimmt an, dass sie Blau-, Gelb- und Grüntöne wahrnehmen können. Dass Farben für unser Leben eine so große Bedeutung haben, würden Katzen vermutlich nicht verstehen, denn für sie sind Farben eher unwichtig.

Die besondere Reaktion Smokeys lag wohl eher daran, dass die Sachen recht neu für ihn waren und ihm signalisierten: Alarmstufe Rot. Überall schien Gefahr zu lauern, und jeder Gegenstand, den man vor ihm hin und her schwenkte, um die „Schwarz-Theorie" zu testen, provozierte zwangsläufig eine Reaktion. Als Menschen haben wir ein angeborenes Bedürfnis dafür, alles ergründen zu wollen. Doch ich erkannte schnell, dass es zwecklos war, jedwedem ungewöhnlichen Verhalten durch endloses Zerpflücken eine Entstehungsgeschichte zuschreiben zu wollen. Manchmal bleiben solche Fälle wie der von Smokey rätselhaft; was war an jenem besagten Tag mit ihm passiert? War die Halsentzündung daran beteiligt? Obwohl 75 % meines Tuns in detektivischer Kleinarbeit bestehen, hielt ich es für angebracht, dieses Problem hier einfach nur zu lösen, anstatt seine genaue Ursache ans Licht zu bringen.

Als ich den armen Smokey besuchte, verhielt er sich sehr wachsam. In den ihm sicher erscheinenden Rückzugsbereichen fühlte er sich wohl, doch wann immer ich ihn von dort fortnahm, geriet er in

Alarmstimmung. Seiner Zufluchtsstätte beraubt, sprang er tatsächlich in die Luft, egal was man ihm präsentierte – eine rote Tasche, eine grüne Kiste, ein weißes Kopfkissen oder sonst irgendetwas Neues. Die Schwarz-Phobie war also überhaupt keine! Glücklicherweise fanden sich die Besitzer damit ab, den Grund für die plötzliche Angst ihres Katers nicht zu erfahren. Sie waren bereit, alles nur Erdenkliche zu tun, um sein ehemals entspanntes Selbst wiederherzustellen.

Wir gingen das Problem an, indem wir ihn schrittweise Zimmer für Zimmer einem größeren Terrain aussetzten. Damit dies mit positiven Erfahrungen für ihn verbunden war, winkten als Belohnungen Gesellschaft, Zuneigung und der Genuss leckerer Happen. Nahezu augenblicklich besserte sich sein Zustand. Der ehemals selbstsichere Smokey schien schnell zu kapieren, dass es wirklich keinen Anlass gab, ängstlich zu sein. Wir entfernten alle ungewöhnlichen Objekte vom Boden (die selten benutzte Sport- sowie Aktentasche), um ihn nicht wieder zu „verscheuchen". Er machte weiterhin Fortschritte und ist jetzt wieder ganz der Alte.

Ich habe oft solche scheinbaren Selbstsicherheitsverluste und Angstreaktionen erlebt. Bei vormals selbstbewussten Katzen scheinen sie stets in Zusammenhang mit einem speziellen traumatischen Erlebnis zu stehen. Mit viel Geduld und Nachdenken lässt sich das Problem überwinden. Smokey hatte Glück: Seine schlechten Erfahrungen hatten keinerlei Nachwirkungen. Permanent scheue und nervöse Katzen bleiben indes ein Problem. Oft werde ich zu solchen Katzen gerufen, um ihre Lebensqualität zu verbessern und sie wieder angstfreier zu machen. Obwohl es immer Möglichkeiten gibt, den jeweils auftretenden Schwierigkeiten zu Leibe zu rücken, ist es hierbei aber doch eher so, wie wenn man einen von Geburt an scheuen nervösen Menschen dazu bringen will, wie selbstverständlich in der Öffentlichkeit Reden zu halten. Nicht leicht – eben!

Bei Katzen, die von Geburt an ängstlich sind, kann man günstigstenfalls erwarten, dass sie leidlich mit den Familienmitgliedern zurechtkommen. Bei Konfrontation mit anderen Menschen oder sonstigen neuen Erfahrungen bleiben sie aber weiterhin scheu.

Tipps für den Umgang mit einer ängstlichen Katze

▶ Starren Sie die Katze nicht an, weil direkter Augenkontakt in Katzensprache Herausforderung bedeutet.

▶ Versuchen Sie, wann immer möglich, sich an eine Routine zu halten, und denken Sie daran, dass jede Veränderung des Umfeldes die Katze möglicherweise erregt und verängstigt.

▶ Versuchen Sie, Ihre Katze dazu zu bringen, ihr natürliches Jagdverhalten auszuleben – etwa mit einer Reizangel oder anderen Gegenständen, mit denen Sie Beute simulieren. Selbst die ängstlichste Katze spielt dann und geht dabei gelegentlich ganz aus sich heraus.

▶ Hat Ihre Katze einen guten Appetit oder frisst sie ein bestimmtes Futter besonders gern, probieren Sie, sie dazu zu bewegen, aus Ihrer Hand zu fressen. So können Sie die Mensch-Katze-Beziehung verstärken. Aber bitte nicht zu viel füttern, sonst wird Ihre Katze zu dick!

▶ Gestatten Sie der Katze, sich Verstecke auszusuchen, wo sie sich sicher fühlt, und stören Sie das Tier dort nicht.

▶ Zwingen Sie der Katze gegen ihren Willen nichts Neues auf. Kontakte zu Neuem sollten von der Katze ausgehen, nicht von Ihnen. Beispiel: Sie möchten, dass Ihre Katze in ein bestimmtes Zimmer geht. Schließen Sie sie einfach aus, dann wird sie bald schon unbedingt hinein wollen!

▶ Sehen Sie ein, dass die Interaktion mit einer solchen Katze nicht auf die normale Weise mittels Berührungen ablaufen kann, sondern über nette Worte oder auch Spiele.

Bach-Blüten für ängstliche Katzen

Im Verlauf der Jahre haben mich viele Besitzer angerufen, um allgemeine Ratschläge im Umgang mit ihren ängstlichen oder scheuen Katzen zu bekommen. Solche Menschen wollen dann keine Beratung vor Ort. Sie möchten sich einfach nur versichern, dass ihre Miezen – trotz ihrer Tendenz beim geringsten Geräusch hochzuspringen oder beim ersten Anzeichen einer Störung wegzurennen

– ein weitgehend glückliches Leben führen. Es ist für mich sehr schwierig, sie zu bestärken ohne die Einzelheiten zu kennen. Denn es gibt viele Katzen, die sich ängstlich verhalten und dieses Verhalten vermutlich stets bis zu einem gewissen Grade beibehalten. Ich gehe mit solchen Haltern dann die allgemeinen Tipps durch, die ich oben umrissen habe, weise aber häufig auch auf die Möglichkeit hin, bestimmte Pflanzen und Kräuter (wie zum Beispiel Sumpf-Helmkraut und Baldrian) als sanfte und verlässliche Heilmittel bei der „Therapie" von Ängstlichkeit anzuwenden.

Pflanzliche Arzneien gibt es schon seit langem – ich persönlich verabreiche sie meinen Patienten seit 1988. Als ich noch beim RSPCA arbeitete, gaben wir verletzten Wildtieren vor der Behandlung häufig einen Tropfen Rescue Remedy. Es überraschte mich immer wieder, welche Unterschiede bei der Genesung von behandelten und nicht behandelten Tieren auftraten. Seit dieser Zeit empfehle ich zur begleitenden Behandlung einer Verhaltenstherapie gelegentlich auch die Anwendung einzelner alternativer Heilmittel. Ich muss zugeben, dass ich keine wirklichen wissenschaftlichen Beweise dafür liefern kann, ob diese tatsächlich wirken (Homöopathie erscheint mir ein bisschen mystisch). Doch jede Menge Geschichten beweisen, dass sie in der Tat einen Unterschied ausmachen.

Es gibt eine große Vielfalt solcher Heilmittel – jedes wirkt jeweils gegen ein ganz spezielles negatives Gefühl, unter dem das Haustier leidet. Die Essenzen sind vorwiegend für die menschliche Behandlung gedacht, doch es gibt mehrere sehr gute Bücher, die detaillierte Informationen über Verdünnungen sowie Behandlungsempfehlungen für eine Reihe verschiedener Haustierarten geben. Ich empfehle stets, sich zuerst mit dem Tierarzt in Verbindung zu setzen, bevor man Kräuter oder homöopathische Arzneien verabreicht. Die Pflanzenextrakte der Bach-Blüten sind in Branntwein konserviert – bekommt die Katze gleichzeitig bestimmte Medikamente wie etwa Metronidazol (ein Antibiotikum, Anm. d. Ü.), kann dies Erbrechen auslösen. Ansonsten konnte ich feststellen, dass die Wirkstoffe absolut sicher sind. Die nachfolgend aufgeführten Bach-Blüten habe ich bei der Behandlung von Furcht- und Angstsymptomen eingesetzt.

Aspen Diese Bach-Blüte eignet sich gut für die Behandlung von Katzen, die wie Spooky wohl ängstlich geboren wurden. Sie ist auch bestens geeignet für diese äußerst nervösen Tiere, die panisch reagieren, wenn etwas Neues oder Unerwartetes passiert. Ich habe Aspen auch bei Katzen eingesetzt, die Angst hatten, nach draußen zu gehen, oder die sich selbst anpinkelten, wenn sie von einer anderen Katze schikaniert wurden.

Larch Diese Bach-Blüte ist ideal für Katzen, denen es an Selbstbewusstsein fehlt, oder die sich schnell von anderen Katzen einschüchtern lassen.

Mimulus Diese Bach-Blüte eignet sich gut zur Behandlung von Katzen, die eine sehr spezifische Angst haben, etwa vor anderen Katzen oder vor Autofahrten. Mimulus wirkt zudem sehr gut bei Katzen, die sich generell ängstlich verhalten.

Rock Rose Diese Bach-Blüte ist Teil des Kombinationsmittels Rescue Remedy (das, beiläufig bemerkt, großartige Wirkung zeigt, wenn man es vor Fahrprüfungen, Examen oder Vorträgen einnimmt). Wollen wir hoffen, dass Sie dieses nie zu benutzen brauchen, weil es für diejenigen Katzen empfohlen wird, die bei Gefahr derart in Panik geraten, dass sie sich bei ihren übereilten Fluchtversuchen nicht selten selbst verletzen.

Walnut Diese Bach-Blüte wirkt nicht speziell gegen Ängstlichkeit. Sie wirkt aber ausgezeichnet bei Katzen, denen es schwer fällt, sich an neue Verhältnisse oder Umgebungen anzupassen. Furchtsame Katzen lieben die Routine, und jegliche Veränderung daran kann sie tief beeindrucken.

Haben Sie diejenige Bach-Blüte gefunden, die Ihrer Meinung nach am besten zu den Stimmungen Ihrer Katze passt, dann ist es wichtig, diese vor der Verabreichung zu verdünnen. Zwei Tropfen der jeweils ausgewählten Blüte werden in ein 30 Milliliter-Gefäß mit Quellwasser gefüllt. Diese Lösung hält sich bis zu drei Wochen. Man gibt täglich vier Mal vier Tropfen davon – ins Futter, ins Trinkwasser oder, wenn der Patient das zulässt, direkt auf die Zunge! Diese Behandlung kann Ihrer „Angst-Katze" das Leben ein bisschen leichter machen.

Leider kann es sehr frustrierend sein, eine ängstliche Katze zu besitzen. Besuche beim Tierarzt oder zum Beispiel das Verabreichen von Medikamenten können oft zum Albtraum werden. Wenn man stundenlang geduldig wartet und der Katze freundliche Aufmerksamkeit schenkt, kann das durchaus von Erfolg gekrönt sein. Trotzdem ist es wohl besser, das Kätzchen oder die erwachsene Katze, die beim ersten Zusammentreffen sehr ängstlich wirkt oder sich versteckt, gar nicht erst aufzunehmen.

* * *

Zehn Jahre lang hatte Spooky in vier verschiedenen Häusern mit uns gelebt, als sie nach einer Spritze friedlich in meinen Armen – auf der Couch in unserem kleinen Landhaus in Cornwall – einschlief. Tierärztliche Untersuchungen und Röntgenaufnahmen hatten ergeben, dass sie am Kiefergelenk eine alte Verletzung hatte. Dies ließ vermuten, dass sie als junges Kätzchen einen Schlag auf ihr Gesicht bekommen hatte, welcher die Probleme in ihrem späteren Leben ausgelöst hatte. Vielleicht war die arme Spooky eine jener ängstlichen Katzen, die einst grausam misshandelt worden sind. Trotz aller Behandlungsversuche veränderte sich im Laufe der Zeit ihr Kiefer aufgrund arthritischer Gelenkveränderungen immer mehr, sodass sie ihr Mäulchen immer schlechter öffnen konnte. Wir konnten nichts dagegen tun. Doch trotz alledem habe ich es nie bereut, sie aufgenommen zu haben. Denn die Liebe, die sie meinem Mann und mir entgegengebracht hat, entschädigte uns für all die Geduld und Frustration.

KAPITEL 3
Die aggressive Katze

Blns Geschichte

Mein Mann Peter war mittlerweile richtig katzensüchtig geworden (Spooky fand er allerdings ab und an ziemlich frustrierend), sodass er meinte, nun eine eigene Katze haben zu wollen. Wir gingen also zu dem Tierheim, aus dem wir Spooky übernommen hatten, um für sie einen Kameraden zu suchen. Das Tierheim war brechend voll von möglichen Kandidaten, aber uns beiden lag viel daran, dass die neue Katze *uns* aussuchen sollte und nicht umgekehrt. Also ließ man eine nach der anderen heraus, um uns die Chance zu geben, ihre Reaktionen zu beobachten. Als „es" an der Reihe war, schoss eines von zwei leuchtend orangefarbenen Kätzchen aus seinem Käfig und stürzte sich sofort auf Peter. Es war wirklich Liebe auf den ersten Blick – und der Beginn einer sehr intensiven und liebevollen Partnerschaft zwischen den beiden. Wir entschieden uns für dieses Kitten und fuhren heim, um unseren Katzentransportkorb zu holen. Als wir zurückkamen und auf die Zwingeranlage zugingen, hörten wir von dort lautes und beharrliches Miauen. Und als wir hineinschauten, klammerte sich das ausgewählte Kätzchen oben an den Gitterstäben fest und starrte auf die Tür. Peter war überzeugt, dass das Kleine voller Zweifel war, ob sein neu entdeckter Freund auch zu ihm zurückkehren würde. Wir ließen unseren Transportkorb mit geöffneter Tür auf dem Boden des Geheges stehen, während wir mit der Besitzerin über unseren Neuzugang sprachen. Ehe wir uns versahen, war das Kätzchen in den Korb gegangen, hatte sich dort zusammengerollt und schlief tief. So erwartete es den Transport in sein neues Zuhause.

Ich kann mich nicht mehr genau erinnern, weshalb Peter den Kater Bln nannte. Ich glaube, es hatte etwas mit einer Geheimsprache aus seiner Kindheit und einem Ballon zu tun. Doch wer weiß? Man spricht es wie „balloon" (englisch ausgesprochen; Anm. d. Ü.), aber ohne die Vokale. Der Name machte die Leute gewöhnlich stutzig. Nur wenige Katzennamen sind wirklich einmalig. Dieser hier gehört mit Sicherheit dazu. Nur gut, dass dies so ist, denn Bln wurde ja auch der außergewöhnlichste Partner für Peter. In der ersten Zeit war er eine echte Nervensäge. Beim Spielen und Herumtoben im Haus fand er kaum ein Ende. Überraschenderweise liebten Spooky und Bln sich innig – Spooky freilich aus sicherer Entfernung heraus. Bln war ihr viel zu hektisch.

Je älter Bln wurde, umso enger wurde seine Bindung an Peter. Die meiste Zeit verbrachte er damit, Peter das Gesicht zu lecken – seine Pfoten platzierte er dabei links und rechts von Peters Hals. Ich muss zugeben, dass mich sein nach Fisch riechender Atem wahrscheinlich von einem derart engen Kontakt abgehalten hätte. Doch Peter schien dies nicht wahrzunehmen. Vom ersten Tag an spielte er meist sehr grob mit Bln. Seine Hände und Arme waren ständig zerkratzt. Die Wunden sahen aus, als seien sie selbst verursacht und nicht das Werk eines geliebten Haustieres. Auch Bln lernte es bald sehr zu schätzen, auf diese äußerst heftige Art zu spielen. Sein Leben lang behielt er diese Angewohnheit bei.

Als aggressive Katze würde ich Bln nie beschreiben, weil dies ein Wort mit negativem Beigeschmack ist; es hieße ja, dass er uns oft terrorisieren und Peter und mich „angreifen" würde.

* * *

Eine Katze als aggressiv zu beschreiben, ohne die genauen Gründe für dieses Verhalten zu kennen, ist immer unfair. Triebfeder vieler scheinbar „aggressiver" Katzen sind beispielsweise Angst, Schmerzen oder Erkrankungen. Andere Tiere wiederum tragen nur natürliche Verhaltensweisen zur Schau, etwa solche der innerartlichen Aggression oder der Beuteaggression. Die Tatsache, dass uns solches Verhalten nicht erfreut, macht es noch lange nicht bösartig oder falsch. Es gibt noch eine weitere Art von „Aggression" bei Katzen, für die allein wir Besitzer verantwortlich sind!

Monty – Spiel und Aggression

Als ich Monty zum ersten Mal sah, verhielt er sich ganz genauso wie Bln in diesem Alter, und sein Problem kam mir nur zu bekannt vor. Monty war 14 Wochen alt, als mich seine Besitzerin Isobel anrief, weil sie über die extreme Aggressivität, die ihr Kitten an den Tag legte, sehr besorgt war. Rückblickend denke ich, dass ich am Telefon vielleicht etwas herablassend gewirkt habe, da ich mir nun wirklich nicht vorstellen konnte, dass ein Kitten überhaupt gefährlich sein konnte. Doch ich sah ein, dass sie tatsächlich Angst vor Monty hatte und wir verabredeten für die kommende Woche ein Treffen bei ihr und ihrem Partner Andrew.

Als ich ankam, war Monty in der Küche eingesperrt. Man führte mich in das geräumige und stilvoll eingerichtete Wohnzimmer, das einen wunderschönen Laminatboden und mit Kissen überladene Sofas hatte; Katzenutensilien gab es dort komischerweise keine. Ich ließ mir von Isobel Montys Geschichte erzählen, um etwas Hintergrundwissen zu erhalten, bevor ich das „Biest" zu Gesicht bekam. Monty war im Alter von etwa sieben Wochen aus einer Hausaufzucht übernommen worden. Isobel und Andrew arbeiteten beide Vollzeit. Weitere Haustiere hatten sie nicht. Weil ihre Wohnung im 2. Stock eines großen georgianischen Gebäudes lag, hielten sie Monty als reine Wohnungskatze.

Offensichtlich schottete sich Monty in den ersten beiden Wochen in seinem neuen Heim sehr stark ab. Kam Isobel nur in seine Nähe, knurrte oder zischte er sie an. Mit Liebe und Geduld erreichten Isobel und Andrew, dass sich Montys Verhalten bald besserte. Er wurde immer selbstsicherer und erkundete fremde Leute und neue Gegenstände mit Interesse. Nach wenigen Wochen begann das Problemverhalten. Monty fing nämlich an, sich auf vorbeigehende Menschenbeine zu stürzen und beim Spielen mit ausgefahrenen Krallen zuzuschlagen. Andrew, der an Hunde gewöhnt war, hatte seit Montys Ankunft in engem Körperkontakt mit ihm gespielt. Diese Spiele gestalteten sich meist als wüste Keilerei, bei der Andrew mit seiner Hand das Kampfspiel eines Wurfgeschwisters nachahmte. Monty liebte diese interaktiven Spiele und schien unglaublich viel Energie zu besitzen. Wenige Wochen vor unserem Gespräch war es nicht mehr nur Kratzen, jetzt fing Monty auch an zu beißen. Zudem stürzte er sich nicht nur auf Andrew und Isobel, sondern auf jeden, der die Wohnung betrat. Schnell flitzte er über die Möbel und geradewegs über die Leute hinweg, die dort saßen. Besonders Isobel wurde auf diese Weise von ihm angegangen. Weil er sie schon mehrmals schlimm gekratzt hatte, wehrte sie sich heftig, sobald er sie angriff. Sie gab offen zu, dass sie schrie, ihr Gesicht mit den Händen schützte oder mit den Armen herumfuchtelte, um ihn abzuwehren. Logischerweise nutzte das aber nichts.

Da ich nun einiges über den Kater in Erfahrung gebracht hatte, war ich der Meinung, dass es jetzt an der Zeit sei, ihn zu treffen. Isobel bekam es mit der Angst zu tun. Denn sie fürchtete sehr, dass ich nun angegriffen würde. Ich erinnere mich, wie ich eine etwas scherzhafte Bemerkung machte, so etwas wie: „Auf geht's! Lasst den Tiger aus dem Käfig"! und mich lässig zurücklehnte, um ihr zu zeigen, wie mutig ich war. Als sie die Tür öffnete, barst ein verschwommen erscheinendes, apricotfarbenes Etwas hervor, das mit wirbelnden Pfoten verzweifelt versuchte, auf dem glatten Laminatboden Halt zu finden. Dieses „Auf-der-Stelle-rennen" erzeugte bald den notwendigen Impuls, und es sauste direkt auf mich zu. Als Monty abhob, begriff ich die Ironie des selbstgefälligen Grinsens auf meinem Gesicht, und – in Erwartung des Einschlags – klammerte ich mich am Sofa fest. Monty biss nacheinander in meine Hand, meinen Arm, mein Bein, meinen Notizblock, meinen Füller, und in alles, das aussah, als ob es gut schmecken könnte. Das Blut strömte. Trotzdem versuchte ich die Fassung zu bewahren, und auch meine Würde, und schrieb deshalb (so gut ich konnte) ein paar äußerst wichtige Notizen auf meinem sich schnell zerfleddernden Block.

Diese Blut befleckten Aufschriebe hängen jetzt, für die Ewigkeit hinter Glas konserviert, in meinem Büro. Wann immer ich selbstgefällig oder großspurig werde, brauche ich bloß auf diese Trophäe meiner kompletten Dummheit zu schauen: Das wirkt Wunder. Offen gesagt, man hatte mich ausdrücklich gewarnt, dass es wehtun würde; ich hätte einfach darauf hören sollen.

All dies dauerte nur wenige Sekunden. Doch es hatte eine dem Traum ähnliche Zeitlosigkeit und schien niemals enden zu wollen. Als sich der Sturm schließlich gelegt hatte, ging Monty dazu über, Ziele anzugreifen, die ihm deutlichere Reaktionen entgegenbrachten. Diese Gelegenheit nutzte ich, um Isobel und Andrew zu erklären, weshalb sich Monty vermutlich so außerordentlich angriffslustig verhielt. Ich sagte, er sei ein aktives und selbstsicheres Kitten mit einem beträchtlichen Verlangen nach Stimulation. Und er habe (von seinen körperlichen Spielen mit Andrew) gelernt, seine menschlichen Partner als Ersatzgeschwister zum Kampfspiel zu missbrauchen. Raue Spiele machten ihm ungeheuren Spaß – und dies in einer Entwicklungsphase, in der ihm normalerweise die Wurfgeschwister geholfen hätten, sein Beißverhalten zu kontrollieren, indem sie entweder zurückgebissen oder das Spiel unterbrochen hätten. Was er stattdessen von seinen Besitzern bekam, war eine Reaktion, die er äußerst anregend fand, was wiederum sein Verlangen, dieses Verhalten beizubehalten, noch mehr verstärkte. Die Aufmerksamkeit, die Andrew und Isobel ihm zollten, wirkte als Belohnung und Ansporn. Deshalb wurde jede seiner Aktionen, die Erwiderung fand (etwa anzugreifen oder über Leute zu rennen), zu einer erlernten Verhaltensweise und zu einem Teil seines täglichen Lebens.
Bestrafen ist in solchen Fällen ineffektiv. Die meisten aggressiven Spielhandlungen Montys hatten Isobel zum Ziel. Denn sie war diejenige, die am stärksten darauf reagierte. Hätte sie versucht, ihn zu maßregeln, wäre dies nur ein weiteres Element in einem aufregenden Spiel gewesen. Der glatte Laminatboden trug ebenfalls zu Montys Problemverhalten bei. Er konnte sich nämlich wesentlich besser im Raum hin und her bewegen, wenn er über das Mobiliar und die Menschen marschierte. Dies führte zu der verhängnisvollen Annahme, er würde ein Steilwand-Kunststück wie auf dem Rummelplatz vorführen. Darüber hinaus schien es die Theorie seiner Besitzer zu untermauern, er wäre wahnsinnig und unkontrollierbar.
Doch Monty war nicht unheilbar verrückt! Es gibt sehr effektive Methoden, um mit solchen Problemen zurechtzukommen, etwa, dass man den Missetäter dazu bringt, sein schlechtes Verhalten wieder

zu „verlernen". Monty wurde also mit aufregenden Alternativunternehmungen beschäftigt. Außerdem waren seine Besitzer angehalten, unpassendes Verhalten zu „ignorieren". Wir erstellten ein umfassendes Therapieprogramm, um diesen kätzischen Schwerverbrecher zu „resozialisieren".

Sein Futter wurde schrittweise auf eine Trockenvollnahrung für heranwachsende Katzen umgestellt. So konnten Isobel und Andrew dieses in der Wohnung verteilen und Monty danach „schürfen" lassen. Als sich Monty an dieses Prozedere gewöhnt hatte, wurde die Nahrungssuche schwieriger gestaltet. Nun verpackten wir die Pellets in Pappkartons und Papiertüten. Dieses Konzept wende ich häufiger an, wenn es darum geht, einer Wohnungskatze eine anregende Umgebung zu schaffen. Beute zu jagen und zu fressen kostet eine Katze, die draußen lebt, normalerweise wesentlich mehr Zeit als ein 10-Sekunden-Besuch wie am Futternapf in der Küche. Trockenfutter eignet sich zur Simulation solcher Jagdausflüge viel besser als kleine Mengen von Dosenfutter, die ziemlich unangenehme Gerüche verbreiten können, wenn sie unter der Anrichte versteckt bleiben und dort verderben.

Ich bestärkte Isobel und Andrew darin, alternative Spiele mit dem Kater zu spielen und zwar immer dann, wenn er üblicherweise sehr aktiv war. Dabei sollten sie ein Spielzeug verwenden, das mit einer Schnur an einem Stab befestigt war. Eine solche „Reizangel" konnten sie – in großer Distanz zu sich selbst – vor Monty hin und her schwenken, sodass er ihr mit viel Tempo hinterhertollen konnte. Schon zuvor hatten sie ein ähnliches Spielzeug an einer Schnur verwendet. Doch Montys Augen schweiften stets nach oben ab, wo sie die Hand entdeckten, die es festhielt – und die wesentlich verlockender für ihn war. Ein langer Stecken oder Stab macht dies aber nahezu unmöglich, und zwingt die Katze dazu, sich ganz auf das eigentliche Spielzeug zu konzentrieren. Damit Monty noch mehr Spannendes zu tun bekam, bastelte Andrew ein kompliziertes System aus Pappkartons, Papiertüten und Röhren, die der kleine Kater erkunden und umwerfen konnte.

Ich riet Isobel und Andrew, das aggressive Beißen und Kratzen und ebenso die „Todeswand-Stunts" ihres Katers so gut sie konnten zu übersehen und dabei keinerlei Augenkontakt zu ihm aufzunehmen. Sie sollten sich auch nicht bewegen und keine Gefühlsregungen zeigen. Andrew lernte das sehr schnell. Doch Isobel machte sich Sorgen, wie sollte sie derartige Gewalt bloß ignorieren? Immerhin war sie dabei schon verletzt worden. Schließlich waren wir uns einig, dass sie das Verhalten nur zu ignorieren im Stande wäre, wenn sie sich mit dicker Kleidung ausreichend schützen konnte. Die arme Isobel stimmte also zu (sehr zur Erheiterung Andrews), ihre üblichen Tätigkeiten im Haushalt eingekleidet mit Lederstiefeln, Lederhose, Motorradjacke und dicken Schutzhandschuhen zu verrichten. Weil sie befürchtete, dass Monty dann vielleicht ihr Gesicht als Ziel auswählen würde – da sonst ja keine Haut mehr zu sehen war – entschloss ich mich, „Nägel mit Köpfen zu machen" und ihr auch noch einen Motorradhelm mit Vollvisier zuzugestehen. Isobel fühlte sich jetzt sicher, nur etwas warm war ihr.

Ich bat Andrew und Isobel darum, Monty stets dann Aufmerksamkeit und Lob zukommen zu lassen, wenn er friedlich und ruhig war. Dazu gehörte auch, ihn zu streicheln, aber immer nur für einen Moment. Vor allem sollte Monty dazu ermuntert werden, mit ihnen zusammen auf dem Sofa zu sitzen. Die Resultate waren sehr ermutigend, sodass Isobel langsam lernte, sich zu entspannen. Für richtiges Verhalten wurde Monty gelobt, und er begriff rasend schnell, dass Beißen und Kratzen ohne die Schreie und die fuchtelnden Arme nicht mal mehr halb so viel Spaß machten. Er liebte es, mit seinen neuen Spielsachen zu spielen und nach seinem Futter zu suchen. Schließlich hatte er sich zu einem aktiven Kater gemausert, der Menschen nichts zu Leide tat. Als Monty etwa ein Jahr alt war, zogen Isobel und Andrew in ein großes Haus mit einem sicheren Grundstück, sodass Monty nun die Freuden eines Freigängerlebens entdecken durfte. In der Nachbarschaft wurde er wegen seines positiven Charakters geschätzt, und seinen Garten verteidigte er, so hieß es, mit einem Minimum an Gewalt.

Kastrierte Kater und ihr Gefühlsleben

Bln hatte eine genauso wirkungsvolle Technik, mit der er sein Territorium verteidigte und sich über die Jahre viele Katzen vom Leib hielt. Er pflanzte sich einfach vor einem Eindringling aus der Nachbarschaft auf und schrie dabei so fürchterlich, dass einem fast das Blut in den Adern gefror. Das funktionierte immer; der total vor den Kopf gestoßene Widersacher suchte das Weite, und Blutvergießen wurde verhindert. Bln (der Gute) lief nicht, er trippelte geziert. Trotz seiner unmännlichen Neigungen übernahm er, als unsere Katzengruppe größer wurde, dann und wann die Spitzenposition. Doch machthungrigere und selbstsicherere Tiere entthronten ihn oft. Um ehrlich zu sein: Unser niedliches apricotfarbenes Miezchen käme nicht gut zurecht, würde man es der harten Wirklichkeit eines Wildkatzendaseins aussetzen.

Sehr vielen unserer kastrierten Kater würde ein zu allem entschlossener Aggressor, also einer, der bereit ist, zu töten und getötet zu werden, bestimmt tüchtig einheizen. Sollte ihr Leben davon abhängen, so bin ich mir sicher, würden sie durchaus bis zum letzten Atemzug kämpfen. Hätten sie die Schlacht allerdings mit viel Glück überlebt, müssten sie von diesem Augenblick an lebenslang in „Therapie". Das Testosteron ist schuld daran. Potente Kater, also solche mit „Klunkern", sind mutig, territorial, kräftig und zu allem bereit. Anderen Katern gegenüber verhalten sie sich wüst und rücksichtslos. Sie bekommen einen dicken Hautwulst im Nacken und kräftige Backen. Ihr vor Muskeln strotzender Körper ist zum Kämpfen da. Ihr Urin stinkt zum Himmel. Sie leben für Gewalt und Sex. Nimmt man Katern ihr Testosteron, am besten noch bevor sie überhaupt realisiert haben, dass sie Männchen sind, was bleibt dann? Ein Haufen rührseliger Muttersöhnchen! Kastrierte Kater sind liebevoll und sanft. Also nehmen wir an, dass sie uns lieben und viel lieber mit uns Menschen zusammen sind, anstatt sich auf ihr Katzendasein zu konzentrieren. Doch die Realität sieht anders aus: Diese Kater haben fürchterliche Angst davor, nach draußen zu gehen, weil die Katze von nebenan sie wieder mit diesem entsetzlichen Gesichtsausdruck fixiert hat, weil es regnet und gegenüber eine streitsüchtige Burmakatze eingezogen ist, weil zudem gestern der laute Knall sie erschreckt hat, und dann ist auch noch Tigger aus Hausnummer 3 auf Patrouille, und, und, und. Mit anderen Worten: Ihre Freundlichkeit und Hausverbundenheit macht sie für uns zum idealen Heimtier, sie selbst aber haben nicht das ideale Gefühlsleben.

Hercules – territoriale Aggression

In dieser Geschichte geht es um territoriale Angelegenheiten und auch um eine Rasse, die es zu ignorieren scheint, dass wir sie ihrer männlichen Hormone beraubt haben. Es ist der Jekyll and Hyde der Katzenwelt: *die Burmakatze!* Bevor Sie jetzt dieses süße braune Wesen mit dem herzförmigen Gesicht auf Ihre andere Schulter setzen und „niemals!" rufen, hören Sie erst „die Moral von der Geschicht". Hercules (kurz Herk) war ein hübscher, vier Jahre alter blauer Burmese. Er lebte mit seinen Besitzern Ted und Angela in einer sehr ansehnlichen und wohlhabenden Gegend im Norden Londons. Seinen Menschen gegenüber verhielt er sich liebevoll. Auch sonst war er in (fast!) jeder Hinsicht perfekt. Sobald er allerdings durch die Katzenklappe geschlüpft war, wurde er zum Schläger und Tyrannen, der systematisch sämtliche Katzen in der Nachbarschaft verprügelte und terrorisierte. Ted und Angela hatten davon keine Ahnung, bis es bei einem Grillfest eines Nachbarn zu einer ziemlich peinlichen verbalen Auseinandersetzung kam. Die Anwohner der ganzen Straße hatten nämlich herausgefunden, dass alle ihre Katzen von einem Monster schikaniert und gebissen wurden. Und dieses Monster gehörte Ted und Angela. Eine besonders traurige Geschichte betraf ein älteres Ehepaar, Sam und Doreen, mit einer ebenfalls älteren Kätzin namens Sukie. Angeblich war Herk eines Tages durch ein Oberlicht in ihr Haus „eingebrochen" und hatte die kleine Sukie, die friedlich schlummernd in ihrem Körbchen lag, angegriffen. Sam hatte verzweifelt versucht, einzugreifen, um sein geliebtes Kätzchen zu schützen. Dabei wurde er heftig von Herk gebissen, der nach allem und jedem ausschlug, das sich ihm in den Weg stellte. Sukie musste eine Weile ausgiebig stationär in der Tierklinik behandelt werden, und immer noch war sie nicht ganz gesund. Doreen war der Meinung, dass Sukie seither nicht mehr so war wie zuvor, und dass sie sich in ihrem Heim vermutlich nie mehr sicher fühlen würde. Ted und Angela waren gekränkt. In typischer Elternmanier leugneten sie, dass ihr wundervoller Herk jemals so etwas tun könne. Das war der Zeitpunkt, als sie um meine Unterstützung baten.

Hätte ich damals gewusst, was ich heute weiß, ich hätte nicht mitgespielt. Angela bat mich am Telefon dringend um meine Hilfe, also stimmte ich einem Besuch zu, war aber wenigstens vernünftig genug, keine Versprechungen zu machen. Ich unterhielt mich eine Weile mit dem Paar und spielte dabei mit einem prächtigen, liebenswerten blauen Burmesen namens Herk. Mit Sicherheit hatte er eine gespaltene Persönlichkeit. Seine Halter zeigten sich ob dieser Tatsache sehr beunruhigt. Ich sagte ihnen, dass ich dieses Phänomen regelmäßig bei meiner Arbeit zu sehen bekäme. Burmakatzen sind berüchtigt für ihr extremes Territorialverhalten und für ihre Aggression anderen Katzen gegenüber. Viele erwachsene Katzen finden die Gegenwart von Artgenossen in enger räumlicher Nähe sehr unangenehm und oft auch stressig. Burmesen reagieren in solchen Situationen ebenfalls nervös, gehen aber viel eher aktiv auf ihr Gegenüber zu. Sie finden einen fast sadistisch zu nennenden Gefallen daran, Widersacher aufs Korn zu nehmen, oft sogar in deren eigenem Zuhause, sie dann richtiggehend fertig zu machen und Ansprüche auf deren Territorien und Rückzugswinkel zu stellen. Versuchen Menschen die Opfer zu schützen, zögern Burmesen nicht, auch diese mit ihren Zähnen und Krallen übel zuzurichten. Sie sind derart berüchtigt für ihr spezielles Verhalten, dass sie bei Verhaltenstherapeuten sogar als „Despoten“, „Schlägertypen“ und „Verbrecherbande“ tituliert werden. Zu Hause sind sie fast durchwegs liebevolle und freundliche Mitbewohner, doch draußen ist ihr einziger Daseinszweck Gewalt. Leider kann man nur wenig dagegen tun. Mehr Beschäftigung im Haus und zeitweilig verordneter „Stubenarrest“ können helfen, doch das Problem lösen können sie nicht. Oft bleibt den Besitzern der Opfer nichts anderes übrig, als ihre Tiere gegen die Burmesen zu verteidigen. Denn die Halter sind nicht haftbar zu machen, wenn ihre Katzen „straffällig" werden und Schäden verursachen, sofern sich dies auf das normale kätzische Verhaltensrepertoir zurückführen lässt. Juristisch gesehen gibt es aber doch die Möglichkeit, einen Besitzer zur Rechenschaft zu ziehen, nämlich dann, wenn er seiner bekanntermaßen aggressiven Katze Freilauf gewährt, und dabei Personen oder Güter zu Schaden kommen. Die Schwierigkeit liegt darin, zu beweisen, wie viel Aggression für eine Katze überhaupt normal ist. Ted und Angela waren ob dieser neuen Informationen bestürzt, aber wirklich gewillt, jedwedem Ratschlag zu folgen, der darauf abzielte, das schlimme Verhalten ihres Katers zum Besseren zu wenden.

Nach etwa einer Stunde fragte mich Angela, ob ich bereit wäre, sie als Schiedsfrau zu Sam und Doreen zu begleiten. So könnten sie ihren Nachbarn zeigen, dass sie keine Mühen scheuten, dieses Problem in den Griff zu bekommen. Ich willigte ein. Nie wieder!

Sam und Doreen waren charmant, wiesen mir einen bequemen Stuhl zu und boten mir belgische Schokoladenkekse und Kaffee aus frisch gemahlenen Bohnen an. Ich machte Bekanntschaft mit Sukie, einem kleinen Wesen, das mit seinem Kunststoffkragen um den Hals einen kläglichen Eindruck machte. Dieser Kragen sollte sie davon abhalten, sich an einer Drainage zu schaffen zu machen, die aus einer großen Wunde an ihrer Flanke herausragte. Es war mehr als einleuchtend, dass dies das Werk einer psychopathischen Katze gewesen war. Als ich mich mit ihnen über verschiedene Möglichkeiten unterhielt, wie sie Sukie vor weiteren Überfällen schützen konnten, bröckelte bedauerlicherweise Sams und Doreens freundliche Fassade. Die Fenster zu schließen, die Katzenklappe zu blockieren, Freilauf nur unter Aufsicht zu gewähren und bestimmte Abwehrmaßnahmen anzuwenden, um Herk abzuschrecken, waren nur einige der vielen Vorschläge, die ich machte. Alle wurden sie mit einem kategorischen „nein" abgewiesen. Sams und Doreens Mienen verfinsterten sich, und aus der herzlichen Gastfreundschaft wurde ernsthafte Feindschaft. Ich verlor förmlich den Boden unter den Füßen und das Wasser stand mir mehr als bis zum Hals. Der liebe alte Gentleman Sam wurde ausfallend und drohte mir. Das erste Mal in meinem Leben bekam ich richtig Angst – vor einem Rentner. Während ich mich rückwärts in Richtung Tür bewegte, trug ich mein übergroßes Mitgefühl vor, und erklärte, dass ich ja nur helfen wollte. Ted, Angela und ich entkamen. Bevor ich mich wieder auf den Weg nach Hause machte, schlug ich vor, dass sie über meine Vorschläge sprechen und mich am nächsten Tag anrufen sollten.

Doch es kam kein Anruf. Ich glaubte, sie bräuchten einfach nur länger, um den Plan zu beratschlagen. Weil sich die Angelegenheit derart zugespitzt hatte, war mein Vorschlag nämlich gewesen, Herk vorläufig einzusperren. Daher war ich schockiert, als mich Angela unter Tränen anrief und mir erzählte, dass Ted eine tätliche Auseinandersetzung mit einem anderen Nachbarn gehabt hätte. Eines späten Abends hatte dieser an ihrer Tür geklopft, und nachdem sie geöffnet hatten, entwickelte sich ein heftiger Disput über Tierarztrechnungen für eine Bisswunde, die anscheinend von Herk verursacht worden war. Leider missverstand Ted den Zeitpunkt, zu dem dieser Angriff stattgefunden haben sollte, und glaubte daher, einen Betrüger ertappt zu haben. Schließlich lag Herk just zu dieser Zeit eingekringelt im Bett, denn er hatte ja seit mehreren Tagen Hausarrest. Fäuste flogen und Augen wurden blau – und Ted verbrachte die erste Nacht seines Lebens in einer Gefängniszelle. Alles nur aus Liebe zu einer Katze!

Wir gaben wirklich unser Bestes. Doch als die ersten anonymen Morddrohungen im Briefkasten lagen, fand ich, wir sollten die Sachlage nochmals prüfen. Herk konnte nicht für alle Zeit eingesperrt bleiben; das war sehr belastend für ihn. Also ließen wir ihn nach draußen. Doch er machte genauso weiter wie zuvor. Das hieß: Er musste gehen.

Es kann immer mal vorkommen, dass die Umgebung, in der eine von mir therapierte Katze lebt, einfach nicht zu ihr passt. Herk setzte alles daran, sein Territorium zu verteidigen. Das ging sogar soweit, dass er vor „Angriffskriegen" nicht zurückschreckte. Obwohl dies eine äußerst Erfolg versprechende Methode ist, steht sie doch in direktem Konflikt zum normalen Haustierleben. Unsere Katzen leben eng mit anderen Artgenossen zusammen – sozusagen in einer typischen Wohnanlage – und wir erwarten von ihnen, dass sie sich wie wir alle erdenkliche Mühe geben, um mit den Ortsansässigen klarzukommen. Für uns kommt es selbstverständlich nicht infrage, bei unserem Nachbarn einzubrechen und ihn wegen eines „Grenzkonfliktes" zusammenzuschlagen. Auch unsere Katzen sollten sich logischerweise so verhalten. Bei Herk war dies aber schlechterdings unmöglich. Er war nun einmal eine „eckige Katze in einem runden Haus", in das er niemals hineinpassen würde.

Also machten wir uns daran, einen alternativen Lebensraum für ihn zu suchen, der sich für seine Bedürfnisse besser eignete. Glücklicherweise hatte Angela eine ledige Tante, die in einer wildromantischen ländlichen Gegend in Cumbria lebte. An sie wandten wir uns Hilfe suchend. Die Tante hatte in einem verschlafenen Örtchen ein gemütliches Reiheneckhaus, umgeben von Feldern und Wäldern. Abgesehen von einer kleinen Gruppe Bauernhofkatzen gab es dort nur wenige Katzen. Und die Dame war sehr gern bereit, Herk eine Chance zu geben. Unter Tränen, aber wohl wissend, dass es für ihn so besser wäre, nahm man Abschied von Herk. Dieser zog in sein neues Zuhause in Cumbria um, lebte sich gut ein und kam bestens mit seinem neuen Jäger-und-Fischer-Dasein zurecht. Manchmal verschwand er zwar für ein paar Tage, kehrte dann aber erschöpft, vielleicht mit einem zerrissenen Ohr, aber wie es schien absolut zufrieden, wieder heim. Soweit ich weiß, ist er nach wie vor kein besonderes Problem für die Anwohner und ihre Haustiere.

Tipps zum Umgang mit einer stark territorial veranlagten Katze

▶ Versuchen Sie Ihre Katze darin zu bestärken, die Nacht im Haus zu verbringen.

▶ Vielleicht ist ein leckerer Abendschmaus ihr oder ihm ja Anreiz genug, zu einer bestimmten Zeit nach Hause zu kommen.

▶ Ist Ihre Katze tagsüber draußen, macht es vielleicht Sinn, nachts die Katzenklappe zu schließen, und die Nachbarn davon in Kenntnis zu setzen, damit diese wissen, wann ihre Tiere sicher sind.

▶ Ist Ihre Katze nachtaktiv, kann es sinnvoll sein, die Katzenklappe nun tagsüber zu schließen und die Nachbarn entsprechend zu informieren.

▶ Achten Sie darauf, dass es im Haus genügend warme Schlafplätze gibt, damit Ihre Katze jederzeit die Möglichkeit hat, sich an einem ihr genehmen Ort zu entspannen.

▶ Stellen Sie im Haus eine Vielzahl von Anreizen zur Verfügung (z. B. für Bewegungsspiele), damit Ihr Tier seine Energie abreagieren kann.

▶ Schlagen Sie Ihren Nachbarn vor, dass sie magnetische Katzenklappen installieren sollen, und stellen Sie dann sicher, dass keiner der Haushalte identische „Schlüssel" an den Halsbändern der Tiere verwendet.

▶ Katzen mit starkem Territorialverhalten sollten ein paar Glöckchen an ihrem Halsband tragen, damit die Nachbarn und deren Katzen hören, wenn diese nahen.

▶ Raten Sie Ihren Nachbarn, eine Wasserpistole an der Tür bereitzuhalten. Ein Strahl daraus wirkt so überraschend, dass man weniger zielstrebige Katzen damit vom Eindringen abhalten kann.

▶ Zeigen Sie, dass Sie alles Erdenkliche tun, um das Problem zu lösen. Sie und *Ihre* Katze könnten schließlich auch zu den Adressaten gehören!

Aggressionsverhalten ist ein grundlegendes Element im Katzenleben. Würde ein kleines Kätzchen bei territorialen Streitigkeiten mit anderen Katzen seinen Verstand einsetzen und sich nur von Pflanzen ernähren, weil es den Gedanken daran, etwas zu töten, nicht ertragen könnte, würde es in freier Wildbahn bestimmt nicht lange überleben. Es ist deshalb fast unvermeidlich, dass sich aggressives Verhalten selbst bei den sanftesten unserer kätzischen Gefährten ab und an Bahn bricht.

Eine kleine Anmerkung für all die geneigten Burmesenbesitzer: Die meisten Burmakatzen sind absolut liebenswert, und die Rasse als solche ist wahrscheinlich eine der prächtigsten. Doch dann und wann geraten einige wenige von ihnen auf die schiefe Bahn, und wenn das passiert, ist es wirklich fürchterlich. Tut mir Leid!

Tallulah – umadressierte Aggression

Mit der Geschichte der armen Tallulah lässt sich gut eine Aggressionsart veranschaulichen, die auftritt, wenn jemand einfach zur falschen Zeit am falschen Ort ist. Tallulahs Besitzerin, Frau Stubbens, war eine liebenswürdige und sehr vornehme ältere Dame, die allein mit ihren beiden prachtvollen Perserkatzen lebte. Tallulah und Tobias waren Geschwister, und nach Meinung ihrer Besitzerin auch absolut glückliche und zufriedene Wohnungskatzen. Sie lebten seit fast sieben Jahren mit Frau Stubbens zusammen, ohne dass es je zu irgendeinem Problem gekommen wäre. Tallulah hatte ihre täglichen Routinen und Rituale, und Tobias hatte seine. In diesen Ritualen traten allerdings kaum irgendwelche freundlichen Interaktionen zwischen den beiden auf. Trotzdem glaubte Frau Stubbens, dass die Katzen sich gegenseitig genauso liebten, wie sie sie liebte (nur eben auf ihre Art).

Bedauerlicherweise war eine Woche bevor sie mich kontaktierte, das Schreckliche, das Unerwartete passiert. Frau Stubbens war nicht mehr sehr sicher zu Fuß und trat, als sie an der Wand ein Bild zurechtrückte, ungeschickt ein Stückchen zurück. Leider hatte sie nicht bemerkt, dass Tallulah direkt hinter ihr saß. Was nun geschah, dauerte nur den Bruchteil einer Sekunde, war aber umso schrecklicher. Frau Stubbens zertrat Tallulah förmlich den Schwanz, und die Katze schrie vor Schmerzen auf. Zufällig ging gerade Tobias vorbei, um sich in der Küche seinen Vormittagshappen zu holen. Ohne dies beabsichtigt zu haben, war er (wie ich schon sagte) nun wahrlich zur falschen Zeit am falschen Ort. Denn in dem Moment als Frau Stubbens Fuß auf Tallulahs Schwanz traf, warf sich diese zum Vergeltungsschlag auf Tobias. Der arme Tobias wurde von Tallulah total verprügelt, man sah bloß noch ein Knäuel aus Fell, Speichel, Zähnen und Krallen. Frau Stubbens versuchte einzugreifen, um die Katzen auseinander zu bringen (machen Sie das niemals!) und wurde dabei ebenfalls heftig gekratzt. Schließlich flüchtete sich Tobias in ein geheimes Versteck. Tallulah blieb atemlos und völlig zerzaust zurück, und sah dabei leicht verwirrt drein.

Einige Tassen Tee später machte sich Frau Stubbens auf die Suche nach Tobias, um ihn etwas zu trösten und, falls nötig, erste Hilfe zu leisten. Tobias hatte zum Glück nur oberflächliche Verletzungen erlitten, aber er war furchtbar aufgewühlt. Frau Stubbens entschloss sich deshalb, ihn nach unten zu Tallulah zu bringen, damit diese sich für ihren Angriff entschuldigen konnte und wieder Friede im Haus einkehren würde. Mit denkbar geringen Erfolgsaussichten! Als Tallulah Tobias wahrnahm, schwoll sie sofort zu doppelter Größe an und schrie wie eine Todesfee. Ihr Bruder, den Frau Stubbens in den Armen hielt, erstarrte augenblicklich und bohrte seine Krallen tief in deren Brust. Frau Stubbens schrie nun selbst wie eine Todesfee, und Tobias flog aus ihren Armen – um nun schon zum zweiten Mal an diesem Tag in seinem Versteck Zuflucht zu suchen. Jetzt würde er *definitiv* nicht mehr hervorkommen, egal wie sehr ihn seine Besitzerin auch locken würde!

Tallulah gewann ihre Fassung zurück und beleckte ihre Hinterfront. Frau Stubbens holte sich antiseptische Salbe und behandelte ihre Wunden. Sie spürte, dass etwas Unheilvolles in der Luft lag. Eine Woche später war es beiden Katzen immer noch nicht möglich, sich gemeinsam in einem Raum aufzuhalten. In Anbetracht der Dringlichkeit des Problems machten wir kurzfristig einen Besuchstermin aus. Nachdem ich mir ihre dramatische Schilderung angehört hatte, versuchte ich Frau Stubbens klarzumachen, was passiert war. Tallulah hatte einen unvermuteten Schmerz erfahren, als ihre Besitzerin unbeabsichtigt auf ihren Schwanz getreten war. Instinktiv hatte sie versucht, sich gegen den offensichtlichen Angriff zur Wehr zu setzen, und konzentrierte sich dabei auf Tobias, weil der das nächste erreichbare bewegte Ziel gewesen war. Katzen haben einen sehr starken Überlebensinstinkt, der auf einem körpereigenen Mechanismus beruht, welcher den Ausschlag dafür gibt, ob sie dann kämpfen oder fliehen. Es kommt zur Ausschüttung von Adrenalin, woraufhin die Muskeln stark mit Blut versorgt werden, um den Körper auf die Gefahr vorzubereiten. Diese massive gefühlsbedingte Antwort war so ungewohnt, und vermutlich derart bestärkend, dass Tallulah jedes Mal erneut aufgerüttelt wurde, wenn sie den ursprünglichen Auslöser für diese Aggression (den armen unschuldigen Tobias) zu Gesicht bekam. In Tallulahs Leben gab es nichts, das sie auch nur annähernd so stark erregte. Fälle von umadressierter Aggression, wie hier beschrieben, sind relativ häufig. Wenn zwischen zwei Kontrahenten nicht der ausgeprägte Verlust einer guten Beziehung an erster Stelle steht (wenn sie sich also bereits vorher nicht besonders innig verbunden waren), kann ein Einzelereignis wie dieses unglücklicherweise zu unüberwindlichen Differenzen führen, sodass das Paar für immer getrennt werden muss. Ich befürchtete, dass sich Tallulah und Tobias nie wieder in die Augen sehen könnten.

Ich entwickelte ein Therapieprogramm, das unter anderem mehr Beschäftigungsmöglichkeiten im Haus vorsah, um Tallulah mit geeigneterem Zeitvertreib abzulenken. Frau Stubbens stilvoller Londoner Besitz hatte einen gemauerten Hofraum, und so fragte ich sie, ob sie ihren Katzen denn nicht einen abgeschlossenen Bereich darin zur Verfügung stellen wollte, damit sie auch draußen einen interessanten „Spielplatz" hätten. Solche Außengehege können, wie klein sie auch sein mögen, gelangweilten Wohnungskatzen die dringend benötigte Stimulation für ihre Sinne bieten. Ich nahm an, dass dies entscheidend dazu beitragen könnte, Tallulah von ihrer neu entdeckten bösartigen Art abzubringen.

Es wurden Pläne entworfen, doch im Verlauf der nächsten Wochen kamen mir ernstliche Bedenken, ob die Sache auch wirklich gut ausgehen würde. Die Nerven der armen Frau Stubbens lagen blank. Der psychische Druck, den ein Leben auf einem Schlachtfeld mit sich brachte – bei dem es überdies galt, wichtige spezifische Instruktionen zu befolgen –, forderte seinen Tribut. Tallulah und Tobias reagierten auch weiterhin negativ aufeinander, und auch Tobias entwickelte nun selbst eine aggressive Strategie, um sich seine wahnsinnig gewordene Schwester vom Leib zu halten. Frau Stubbens war nicht in der Lage, kühl zu bleiben, und die ganze Situation geriet zu einem fürchterlichen Albtraum. Sie bekam es nicht in den Griff, einen Auslauf zu bauen; sie kämpfte selbst mit den einfachsten Grundfunktionen, und die Aussicht darauf, dafür einen Handwerker zu bestellen, war, gelinde gesagt, entmutigend. Schließlich beschloss Frau Stubbens – mittlerweile eine gebrochene Frau – ihr

Heim für immer in zwei getrennte Bereiche zu unterteilen und ein neues Leben zu beginnen. Tallulah und Tobias wurden zu „Einzelkatzen", deren Besitzerin sich für sie aufopferte, und die sich wahrscheinlich bis zum heutigen Tag zweiteilt, um sicherzugehen, dass ihre mustergültigen (?) Perserkatzen glücklich sind. So weit können uns Katzen treiben!

Rover – die fordernd-aggressive Katze

Ich habe viele interessante enge Beziehungen zwischen Katzen und ihren Menschen erlebt, doch nicht alle waren so problemlos wie die von Bln und Peter. Einige Katzen wollen die ungeteilte Aufmerksamkeit ihrer Besitzer (so wie auch Peter sie Bln entgegenbrachte), scheinen diese aber nur zu bekommen, wenn sie ungestüm und bösartig werden. Man kann sich so etwas nur schwer vorstellen, John und sein alter Kater Rover sind jedoch ein typisches Beispiel dafür. John war ein Herr in den Fünfzigern, der mit Rover allein in einem baufälligen und unordentlichen Haus wohnte. Im Lauf der Jahre hatten sich bei beiden sehr ähnliche Persönlichkeiten entwickelt – beide waren sie schroff, reizbar und ungesellig. John hatte seinen Arbeitsplatz zu Hause und konzentrierte sich oft so sehr auf seinen Schreibtisch, dass er dabei total vergaß, Rover zu füttern. Der clevere alte Kater lernte schnell, dass ein kurzer Krallenhieb auf Johns Unterschenkel und ein lautes Zischen dazu führten, dass dieser auf ihn aufmerksam wurde und ihm die Mahlzeit servierte. Herr und Kater hatten denselben Lieblingsstuhl mit Blick auf den Garten, und des Öfteren gab es einen Machtkampf, weil entweder Rover oder John diesen Platz fest entschlossen verteidigten.

Das streitsüchtige Paar schlug sich so durchs Leben, bis John eines Tages Gordon traf. Gordon war ein gut aussehender junger Mann, halb so alt wie John, und für beide war es anscheinend Liebe auf den ersten Blick. Es dauerte nicht lange, bis Gordon in Johns Haus Einzug hielt, und, zu Rovers absolutem Erstaunen, auch in dessen Bett. Seit zehn Jahren hatte Rover am Fußende von Johns Bett geschnarcht und gekratzt, und mit einem Mal wurde dieser Platz von jemand anderem mit Beschlag belegt. Rover nahm das nicht kampflos hin, und bald wurde ich zu Hilfe gerufen, um weiteres Blutvergießen zu verhindern.

Gordon war ein reizender junger Mann, und wegen des Problems mit Rover tief beunruhigt. Er verstand, dass John sowohl für ihn als auch für seinen Kater positive Gefühle hegte und bemühte sich daher verzweifelt um Rovers Zuneigung. Unglücklicherweise stürzte sich der wütende alte Kater, wann immer er Gordon sah, auf ihn und scheuchte ihn wie ein wild gewordener Hütehund im ganzen Haus herum. Rover hatte zweifellos die erste Schlacht des Krieges gewonnen; Gordon war ins Gästeschlafzimmer umgezogen. Während ich ziemlich ausführlich mit Gordon redete, platzte John immer wieder ins Zimmer und steuerte nicht eben sehr hilfreiche Kommentare bei, wie etwa: „Wenn Gordon sich ihm einfach nur stellen würde, wäre alles in Ordnung." Ich hatte Gordons völlig zerkratzten Beine gesehen. Und seine offensichtliche Angst, als Rover an der Tür entlang patrouillierte, war mir auch nicht entgangen. Deshalb war ich skeptisch, ob er sich gerade jetzt überhaupt irgendetwas stellen konnte.

Wie gesagt hatte sich Rovers Verhalten erst im Laufe der Jahre nach dem Prinzip von Versuch und Irrtum entwickelt. Seiner Meinung nach war es am besten, Zähne und Krallen einzusetzen, um das zu erreichen, was man wollte. Er hatte das wehleidige Miauen und das Sanft-um-die-Beine-streichen ausprobiert, doch es hatte sich bloß als Zeitverschwendung erwiesen. Entsprechend der Lerntheorie wird das Verhalten, für das man belohnt wird, eher wiederholt. Als Rover also zum ersten Mal frustriert nach seinem Besitzer ausschlug, bewirkte dessen sofortige Antwort auf diese Verhaltensweise, dass er sie erneut anwandte. Im ganzen Land gibt es unzählige solcher Katzen wie Rover, und ich habe bestimmt nicht wenige davon zu Gesicht bekommen. Am erfolgreichsten sind solche Tiere bei liebenswürdigen und willfährigen Menschen, die sofort auf sie eingehen. John war meistens etwas weggetreten, und Rover brachte seine aggressiven Forderungen nur unter ganz bestimmten Umständen vor. Gordon dagegen war völlig anders. Und so hatte Rover bald heraus, dass er ihm jedwedes Kunststück abverlangen konnte, wenn er ihn bloß anschaute. Welche Macht! Welche Fähigkeiten!

Also verlegte Rover sich aufs Übertreiben, und begann damit, Gordon komplett zu kontrollieren.

Wenn ich den Verdacht hege, bald einer Katze wie Rover gegenüberzutreten, die aggressiv-forderndes Verhalten an den Tag legt, habe ich eine Zauberformel, die ich auf dem Weg zum Gesprächsort dauernd vor mich hinmurmele: „Es ist nur eine Katze, ich bin stärker als sie. Es ist nur eine Katze, ich bin stärker als sie ..." Sie kennen das. Wenn ich dann dort ankomme, fühle ich mich dermaßen überlegen, dass mir das Problem eher unbedeutend erscheint; das wirkt immer. Die Katze ist augenblicklich derart verdutzt, weil die von ihr erwartete Reaktion offensichtlich ausbleibt, dass sie sich statt aggressiv zu werden, äußerst neugierig verhält. Das Ganze basiert darauf, dass ich die Katze ignoriere. Aggressive Körpersprache und Fauchen haben nämlich nur Erfolg, wenn das Opfer dem Angreifer Aufmerksamkeit zollt. Andernfalls sieht der Aggressor einfach nur dumm aus.

Eigentlich ist diese Vorgehensweise ideal. Trotzdem ist es natürlich extrem schwer, jemanden, der schon stundenlang traktiert worden ist, dazu zu bringen, seinen Gegner zu ignorieren. Gordon war nicht davon überzeugt, dass es funktionieren würde. Als ich beim Hinausgehen noch ein paar abschließende Bemerkungen machte, fand leider eine ziemlich unglückliche Machtverschiebung statt, denn plötzlich kam Rover heftig drohend zu uns in den Raum. Seine Augen waren geweitet und schwarz, und er stieß ein tiefes Drohknurren aus. Mein bislang sehr sicheres Auftreten begann etwas zu schwinden, und ich fühlte mich mehr und mehr bedroht. Zu meiner Rechtfertigung muss ich vorbringen, dass Angst ansteckend wirkt – und Gordon zitterte wie Espenlaub. Ich schwöre, dass Rover sich in irgendetwas zu verwandeln schien, was mit dem „Monster von Bodmin" verwandt war, mit den größten Zähnen, die ich jemals gesehen hatte. Auf einmal merkte ich, dass ich gefangen war. Die Besprechung war eigentlich zu Ende, denn man hatte sich über das weitere Vorgehen bereits geeinigt. Dennoch wusste ich, dass Rover mich jetzt niemals gehen lassen würde. Sch ... !

Wie gewöhnlich hatte ich einen Plan B: Lass niemals den Eindruck entstehen, du hättest die Kontrolle verloren! Also ging ich nochmals die Details des Therapieprogramms durch und ließ Gordon glauben, ich hätte noch nicht alles gesagt, was zu sagen war. Ich wiederholte die folgenden Punkte: Rovers Fütterungsgewohnheiten sollten geändert werden; statt zwei Mahlzeiten pro Tag sollte er eher ad libitum gefüttert werden, wobei mehrere Futternäpfe im Haus verteilt aufgestellt werden sollten. Dadurch würde man die gefährliche Zeit umgehen, in der Rover hungrig und Gordon einfach nicht schnell genug war. Johns und Rovers Lieblingsstuhl sollte von seinem ursprünglichen Platz mit Gartenblick ins Arbeitszimmer gestellt werden, denn Gordon wurde oft von Rover angegriffen, wenn dieser auf dem Stuhl lag und Gordon dort vorbeiging. Wenn der Stuhl nicht mehr da war, sollte es für Rover auch keinen Grund mehr geben, diese Stelle im Raum zu verteidigen. Auch schlug ich John vor, Rover nachts aus seinem Schlafzimmer zu verbannen (was für den Kater durchaus zumutbar war), und ihm stattdessen eine warme Thermodecke auf dem Gästebett als neuen Schlafplatz anzubieten. Gordon riet ich, wann immer er sich im Haus aufhielt, geeignetes und sicheres Schuhwerk und Überhosen anzuziehen. Ich erklärte ihm, dass es für Rover, trotz seiner wirklich riesigen Zähne, unmöglich sei, diese „Rüstung" zu durchdringen. Folglich würde ihn der Kater – vorausgesetzt er trug die Stiefel – nicht mehr angreifen. Zudem besprachen wir, wie er den Kater am besten ignorieren und sich trotz dessen Anwesenheit beim Hin- und Herlaufen auf seinen eigenen Weg konzentrieren und selbstsicher fortbewegen konnte. Ironischerweise schien er jetzt, da ich meine Coolness langsam verlor, beruhigt zu sein. Ich redete noch recht lange weiter, obwohl ich schon längst einen 40-Pfund-Strafzettel für meine abgelaufene Parkuhr kassiert hatte. Ich versuchte verzweifelt, Rover zu ignorieren und forderte ständig, dass Gordon Augenkontakt mit mir hielt. John war es schließlich, der uns erlöste. Als er den Raum betrat, gab er Rover beiläufig einen Tritt ins Hinterteil, und die spannungsgeladene Atmosphäre verflog. Ich erkannte meine Chance und verzog mich schnell.

Ich war mir der Tatsache bewusst, dass es für Gordon sehr schwierig werden würde, die Oberhand über Rover zu gewinnen. Doch ich unterschätzte seine Entschlossenheit und seinen Spaß daran erheblich, im Haus hohe Lederstiefel tragen zu können ohne sich dafür rechtfertigen zu müssen. Nach ein paar Wochen erhielt ich ein nettes handgeschriebenes Briefchen, in dem stand, dass Gordon und Rover, wenngleich sie auch keine echten Busenfreunde geworden waren, Waffenruhe geschlossen hatten. Rover hatte seit mindestens zwei Wochen nicht ein einziges Mal versucht, Gordon anzugreifen, und er schien hochzufrieden mit seiner neuen Fütterung zu sein, die es ihm erlaubte, wann immer ihm danach war, etwas zu fressen. Nur wenn sich beide in einem schmalen Gang trafen, zischte er gelegentlich noch. Auch erwähnte Gordon in seinem Brief, dass er die Lederstiefel wohl noch für längere Zeit tragen müsse, um den Risiken weiterer Angriffe aus dem Weg zu gehen. Genau meine Meinung. Gut gemacht Gordon!

Beute-„Aggression"

Es gibt viele unterschiedliche Anreize dafür, dass unsere Hauskatzen aggressives Verhalten zeigen. Den vermutlich natürlichsten Reiz liefern kleine Beutetiere, denen sie mit unglaublichem Jagdgeschick zu Leibe rücken. Bln war ein ausgezeichneter Beutegreifer – sein Zuhause lag in Cornwall in einem Landstrich, der reich war an Mäusen, Ratten, Kaninchen, Vögeln, Wühlmäusen, Spitzmäusen, Eidechsen, Blindschleichen (soll ich noch mehr aufzählen?). Er war ein guter Jäger, und er fraß, mit großer Rücksichtnahme auf mein Feingefühl, von der kleinen Beute alles auf, außer der Gallenblase. In den letzten Jahren haben mich viele Telefongespräche erreicht, alle mit dem Thema: „Wie kann ich meine Katze davon abhalten, tote Tiere mit nach Hause zu bringen?" So höflich wie möglich entgegne ich in der Regel so etwas wie: „Weshalb wollen Sie ein natürliches Verhalten unterbinden?" Ein kleines Raubtier zu Hause zu haben, ist für viele Menschen immer etwas beunruhigend. Doch es ist eben die ureigenste Natur eines wilden Tieres. Haben Sie ein Problem damit, Leichen in Ihrer Küche vorzufinden, oder können Sie dies ganz und gar nicht ertragen, dann sind die im Folgenden aufgeführten Ratschläge bestimmt nützlich für Sie.

▶ Hilfreich kann es sein, die Katze zu denjenigen Tageszeiten drinnen zu halten, zu denen ihre Beute am zahlreichsten ist, also während der Morgen- und Abenddämmerung und nachts. Viele Tierschützer empfehlen, Katzen in Wohngebieten nachts im Haus zu behalten. Also scheint es ohnehin recht vernünftig zu sein, wenn man so verfährt. Ist Ihre Katze nicht daran gewöhnt, im Haus zu bleiben, verlängern Sie die Dauer des Stubenaufenthaltes schrittweise – etwa eine Stunde in der ersten Nacht, und steigern Sie allmählich bis auf zwei Stunden in der dritten Nacht, usw. Wenn Ihre Katze sich im Haus aufhält, ist es wichtig, ihr als Ersatz reichlich Spielmöglichkeiten zu bieten, sowohl mit sich selbst als auch zusammen mit Ihnen. Außerdem benötigt sie dann warme Schlafgelegenheiten und ruhige Schlupfwinkel zum Rasten. Sie brauchen keine Angst zu haben, dass das gemeinsame Spiel mit Fell- und Federspielzeug Ihre Katze zu einem noch besseren Jäger machen würde.

▶ Befestigen Sie zwei kleine Glöckchen am Halsband Ihrer Katze. Das kann potenzielle Beutetiere warnen. Viele Katzen werden es aber sehr rasch durchschauen und ihren Hals so still halten, dass nicht einmal eine große Kuhglocke „Laut geben" würde, hinge sie dort!

▶ Es gibt Ultraschallhalsbänder, die mit ihren hohen Tönen Beute warnen. Doch auch dies funktioniert nicht 100%ig.

▶ Selbst wenn Sie ein Vogelliebhaber sind, ist es vermutlich das Beste, wenn Sie keine Vögel mithilfe von Futterhäuschen oder etwa Meisenknödeln in Ihren Garten locken. Möchten Sie auf keinen Fall darauf verzichten, richten Sie Futterplätze so hoch wie möglich ein.

▶ Wenn ein kleines Nagetier durch Ihre Küche rennt, ziehen Sie fürs Fangen alte Gartenhandschuhe an. Die Tiere beißen! Noch besser: Engagieren Sie jemand anderen, der für Sie den Kammerjäger spielt (falls Sie überhaupt jemanden finden).

▶ Entwurmen Sie Ihre Katze regelmäßig. Beutetiere sind oft Wirte für bestimmte Parasiten und dies kann zu einer widerlichen Fracht führen, die auf beiden Seiten Ihrer Katze ans Tageslicht kommen kann. Tut mir Leid, aber es ist so!

▶ Geben Sie Ihrer Katze keine größeren Futtermengen, in der Meinung, Sie könnten sie damit vom Jagen abhalten. Der Jagdtrieb wird nicht durch Hunger ausgelöst.

▶ Bestrafen Sie Ihre Katze nicht, wenn sie Beute mitbringt, egal ob tot oder lebendig. Sie macht nur, was ihr Instinkt vorsieht, und dazu gehört eben auch, etwas Futter heim in den Bau zu schaffen.

▶ Achten Sie auf Ihre Fischteiche im Garten und schützen Sie diese mit Netzen. Ihre Katze könnte auch aufs Angeln stehen.

Muffin – schmerzbedingte Aggression

Im Laufe der Jahre hatte ich viele Fälle zu bearbeiten, bei denen es darauf ankam, Schmerzen als solche zu erkennen. Schmerzen können das Verhalten einer Katze oft tief greifend verändern und bis dato ruhige freundliche Wesen zu Monstern mutieren lassen, die nur noch ihre Krallen einsetzen.

Ich habe Hunderte von Katzen und deren Besitzer gesehen, und an irgendetwas schaffe ich mich immer zu erinnern, was mich in Gedanken zurück in ihre Häuser versetzt. Ich habe so viele virtuelle Landkarten im Kopf, dass ich mich immer wieder über diese Speicherkapazität wundere. Muffins Besitzerin Sally ist mir besonders gut im Gedächtnis geblieben, denn sie besaß eine erstaunliche Sammlung pastellfarbener China Rabbits. Wenn ich mich richtig entsinne, wurden sie alle in den 1930er-Jahren hergestellt und sind als Sammlerstücke scheinbar sehr begehrt. Ich weiß noch, dass ich mich bei ihrem Anblick in meine Kindheit versetzt fühlte, denn es war ein großes blaues Kaninchen darunter, das mich sehr an das erinnerte, das bei meinen Großeltern mütterlicherseits auf dem Kamin saß. Außer dieser Sammlung blauer und grüner Kaninchen besaß Sally auch noch Muffin und deren Gefährtin Petal.

Muffin war eine fünf Jahre alte ziemlich rundliche Tabby-and-White-Mieze. Petal, die von Muffin als äußerst unerwünschter Eindringling betrachtet wurde, war drei Jahre alt und eine liebe kleine Langhaar-Schildpattkatze. Sie kam und ging durch die Katzenklappe, sie fraß ihr Futter, und sie lief ins obere Stockwerk, wo sie ihren Schlafplatz hatte. Sie war also eine Art Untermieterin, die ihre Besitzerin gelegentlich aber mit ein klein wenig zärtlichem Kontakt belohnte. Muffin indes war ganz anders. Sie hing wie ein Teenager mit Liebeskummer um Sally herum, forderte laut miauend, dass man sie kraulte, fütterte oder sogar hoch nahm und aufs Sofa setzte, weil sie ihren kurzen Beinen derzeit einen solchen Kraftakt nun wirklich nicht zumuten konnte. Muffin bekam teures Feuchtfutter aus der Dose (leider zu viel), und sie liebte ihr Frauchen. Das war so ziemlich alles in ihrem Leben. Sie ging kaum nach draußen (passte sie überhaupt durch die Katzenklappe?), weshalb Sally glaubte, dass sie vor den anderen Katzen draußen Angst hatte. Auch dachte sie, dass sich Muffin wegen Petal ein bisschen grämte.

Es gab nicht viel Platz in Sallys schönem kleinem Landhaus (auch wegen der Kaninchen). Aber sie schaffte es trotzdem, ihren Katzen alles zu bieten, was diese ihrer Meinung nach brauchten. Sie hatten eine Katzentoilette oben im Badezimmer, einige Katzenbetten im ganzen Haus verteilt, einen Kratzbaum und ein paar Spielsachen, außerdem Futter und Liebe im Überfluss. Was könnte eine Katze noch mehr wollen? Etwas schon, denn Muffin hatte ganz offensichtlich ein Problem.

Vor etwa drei Jahren hatte es angefangen: Muffin pinkelte mit einem Mal auf die Teppiche im Wohn- und im Esszimmer. Jedes Mal, wenn das passierte, schwor Sally, etwas dagegen zu unternehmen, doch immer dann, wenn sie den Telefonhörer abnehmen wollte, hörte die Unsitte auf. Sally war schließlich eine beschäftigte Frau und managte das Problem so gut sie konnte, bis sich die Situation kurz vor meinem Besuch verschlimmerte. Als ich durch die Haustür trat, verriet mir der starke Uringeruch, dass Muffin gerade wieder eine „ihrer Phasen" hatte. Sally nahm den Uringeruch nicht einmal mehr wahr, und so wurde mir klar, dass das Problem schwerwiegender war, als sie annahm. Erneut befand ich mich im Haus eines fremden Menschen in einer recht peinlichen Körperhaltung.

Meine Mutter hätte vermutlich nicht geahnt, dass meine teure Ausbildung mich dazu veranlassen würde, mein Leben auf allen Vieren zu verbringen, um dabei die Teppiche anderer Leute zu beschnüffeln. Der starke Ammoniakgestank fand sich an verschiedenen Stellen entlang der Teppichränder, sowohl im Wohn- als auch im Esszimmer. Der Urin war mit Sicherheit durch den Teppich und die darunter liegende Unterlage in den Betonboden gesickert. Den Teppich einzuschamponieren war demzufolge eine ziemlich zwecklose Übung.

Weshalb mich Sally eigentlich zu sich gebeten hatte, war die unheilvolle Wandlung, die sich mit Muffin vollzogen hatte. Ihre ganze Persönlichkeit hatte sich plötzlich verändert, und sie war zu einer Satanskatze geworden, ohne Zweifel vom Teufel besessen. Sally konnte sie nicht mehr hochheben, ohne eine Zischkanonade zu ernten. Noch schlimmer war, dass Muffin ihrer vierjährigen Nichte grundlos mit den Krallen durchs Gesicht geschrammt hatte. Sally nahm an, dass das arme Kind nun vermutlich lebenslang unter einer Phobie zu leiden hätte und machte sich deshalb schwere Vorwürfe. Was in aller Welt war mit ihrer einstmals so netten freundlichen Muffin geschehen?

Man braucht sich nur an Lolas und Issies Geschichte und die großen Schwierigkeiten mit der Katzentoilette zu erinnern, dann liegt die Antwort auf der Hand. Muffin litt unter einem stressbedingten Harnwegsproblem, und, weil sie sich vor Schmerzen krümmte, hatte sich zwangsläufig auch ihre Persönlichkeit verändert! Sie hasste es, sich draußen zu lösen, sie hasste Petal, und sie hasste es, mit ihr die Katzentoilette teilen zu müssen. Ständig wechselten sich Phasen, in denen sie diesen Stress ertragen konnte, mit solchen ab, in denen sie das nicht konnte. Vor kurzem hatte Sally einen anderen Job angenommen und musste jetzt länger arbeiten. Diese Veränderung in der Tagesroutine war zu viel für Muffin, sodass sich ihr Blasenproblem nun drastisch verschlimmerte. Katzen reagieren auf gleichartige Sinnesreize unterschiedlich. Lola begann sich als Reaktion auf ihren Schmerz übermäßig zu putzen, und Muffin versuchte, einem Kind ein Auge auszukratzen. Wie die beiden Katzen mit ihrem Problem auch umgingen, in beiden Fällen gab es, das war offensichtlich, irgendeine schwerwiegende Ursache, die es zu klären galt.

Ich begann also mit meiner detektivischen Arbeit, um herauszufinden, was Muffin plagte. Ihre schlechte Beziehung zu Petal und ihre augenscheinliche Abneigung mit ihr eine einzige Katzentoilette zu teilen, hatte ich bereits ausgemacht. Außerdem wusste ich, dass sie wegen der anderen Katzen nur widerwillig nach draußen ging und erst recht nicht gern dort pinkelte. Es wurde bald klar, dass Sally eine starke Abneigung gegen ihre Katze entwickelt hatte, sodass es neben allem anderen auch noch hieß, wieder eine gute Beziehung herzustellen.

Der Tierarzt bestätigte meine Vermutung, dass Muffin an einer Harnwegserkrankung litt, und er verschrieb ein Präparat, mit dem sich lange bestehende Blasenschäden gut behandeln lassen. Ich machte Sally einige Vorschläge, wie sie Muffin besser beschäftigen konnte, so etwa mit Aerobic-Übungen (ja, auch Katzen brauchen das), bei denen auch sie selbst beteiligt war. Und so unterhielt Sally ihre Katze nun jeden Abend mit einer Reizangel, an deren Spitze eine Feder tanzte – das Spielzeug hielt sie in der einen Hand, in der anderen ihr Glas mit dem Chardonnay. Ich sorgte auch dafür, dass es viele verborgene Verstecke und erhöhte Plätze gab, wo sich Muffin vor ihren Feinden sicher fühlte. Die Katzentoilette war für Muffin ein sehr bedeutendes Problem. Also stellten wir an zwei abgeschiedenen Stellen, die wir im Haus noch ausfindig machen konnten, zwei weitere brandneue und äußerst begehrenswerte Katzentoiletten auf (nach der bewährten Formel „ein Klo pro Katze plus eines"). Der Teppich war nicht mehr zu retten, sodass Sally keine andere Chance hatte, als ihn komplett und mitsamt seiner Unterlage herauszureißen und zu vernichten. Denn kleinste noch vorhandene Uringerüche in irgendeinem Winkel des Ess- oder Wohnzimmers hätten Muffin zu der Annahme verleiten können, dies sei der richtige Platz zum Pinkeln. Sally freute sich sehr, sich von dem grell gefärbten Teppich, den die Vorbesitzer ausgesucht hatten, verabschieden zu können (vielleicht bewies Muffin bei all ihrem Tun ja bloß guten Geschmack?), denn sie wollte immer schon einen Laminatboden, und, sobald das Problem überstanden wäre, würde sie sich einen kaufen.

Die Ergebnisse waren hervorragend. Muffin, die Satanskatze, kehrte aus den Tiefen des Hades zurück – die alte freundliche, ziemlich rundliche Tabby-and-White-Mieze war wieder da. Die zusätzlichen

Katzentoiletten waren ein echter Erfolg, denn Muffin weihte sie sofort ein und benutzte sie regelmäßig. Sally bekam schließlich ihr Buchen-Laminat und Muffin fand sich damit ab, dass sie Petal eben einfach nicht mochte. Ein wundervolles Resultat, aber auch ein großartiges Beispiel dafür, wie Schmerzen zu aggressivem Verhalten führen können.

* * *

Kurz vor seinem 14. Geburtstag wurde Bln, unser eigener „aggressiver" Kater, krank. Es war nicht zu übersehen, dass er an Gewicht verlor, und dass sein Herz raste. Zudem hatte er begonnen, nachts zu jammern. Da ich befürchtete, dass er unter einer Schilddrüsenüberfunktion leiden könnte (infolge eines Tumors an der Schilddrüse), brachte ich ihn zur Tierärztin. Diese Erkrankung, die starke Stoffwechselveränderungen hervorruft und das Herz enorm belastet, ist bei älteren Katzen relativ häufig. Meine Befürchtung bestätigte sich. Doch bevor wir Bln operieren ließen, versuchten wir eine Behandlung mit Tabletten. Trotz aller Bemühungen brachte dies aber leider keinen Erfolg und Blns Zustand verschlechterte sich. Bei der Operation konnte die Tierärztin keinen Tumor finden. Sie vermutete, dass nahe am Herzen befindliche sog. ektopische Zellen (ein inoperabler Tumor) das Problem verursachten. Als Bln aus der Narkose erwacht war, brachte ich ihn nach Hause, doch er erholte sich nicht richtig. Kurze Zeit später versagte seine Leber, sodass er am 13. März eingeschläfert werden musste. Das war genau der gleiche Tag, an dem wir neun Jahre zuvor Spooky verloren hatten.

KAPITEL 4
Die Wohnungskatze

Bakewells Geschichte

Kurz bevor wir in unser neues Haus umziehen wollten, rief ein alter Freund aus Derbyshire an. Er teilte mir mit, dass ein Landwirt in seiner Nähe plante, einige Kätzchen, die er nicht vermitteln konnte, zu ertränken. Es hatte sich schon herumgesprochen, dass ich mich von einer realistisch denkenden Geschäftsfrau zu einer Katzenverrückten gewandelt hatte – und so wusste unser Freund offensichtlich, dass ich diesen abscheulichen Akt verhindern und die todgeweihten Kitten retten würde. Ich sprach mit der örtlichen RSPCA-Katzenhilfe, bei der ich zu dieser Zeit beschäftigt war, rief den Freund zurück und sagte ihm: „Bring die Kitten runter nach Kent, und wir werden hier ein neues Zuhause für sie suchen." Als unser Freund ankam, war es schon spät am Abend. Also mussten wir die Kätzchen über Nacht bei uns behalten, bevor wir sie zur Katzenhilfe bringen konnten. Zwei schöne Schwarze (etwa vier Monate alt, ein Kater und eine Kätzin) sprangen aus dem Transportkorb und erkundeten ihre neue Umgebung. Beide waren äußerst sanfte und freundliche kleine Seelen, denen die lange Fahrt ganz offenkundig nicht geschadet hatte. Wir hielten sie in dieser Nacht in unserem „Mehrzweckraum", und als ich am nächsten Morgen die Tür öffnete, saßen sie beide aufrecht im Bett und schauten erwartungsvoll Richtung Tür. Ich schwöre, über ihren Köpfchen erstrahlten zwei kleine Heiligenscheine, die hell und lieblich leuchteten. Die beiden Kätzchen hatten die Katzentoilette benutzt und ihr Futter gefressen, und sie waren sichtlich darum bemüht, wie perfekte Haustiere zu wirken. Unnötig zu erwähnen, dass sie den Weg zur Katzenhilfe nie antraten. Als Nummer Drei und Nummer Vier integrierten sie sich prima in unsere bestehende Katzengruppe. Wir nannten sie zuerst Bakewell und Tart (engl: Torte; Anm. d. Ü.) – nach dem speziellen Gebäck aus ihrem Hei-

matort Bakewell. Als wir herausfanden, dass das Gebäck in Derbyshire „Bakewell pudding" hieß, waren wir sehr erleichtert (im
Slang bedeutet „tart" auch „leichtes Mädchen"; Anm. d. Ü.). Bakewell entwickelte sich zu einem sanften liebenswürdigen Kater und
Pudding (kurz Puddy) wurde mein absoluter Liebling, die Liebe
meines Lebens.

Kurz bevor wir von Kent nach Cornwall zogen, waren wir für eine
Weile „obdachlos". Weil wir unser altes Zuhause so besser verkau-
fen konnten, räumten wir es schnell, hatten dann aber kurzzeitig
keine Bleibe mehr. Mein Bruder Stephen hatte uns angeboten, solange zu ihm in sein kleines Haus in Biggin Hill zu ziehen, bis der
Kauf unseres neuen Hauses abgewickelt wäre. Wir wohnten dort
sieben Wochen. Stephen ist kein großer Tierliebhaber. Die Aussicht, sein Heim mit vier Katzen und ihren Katzentoiletten teilen
zu müssen, entsetzte ihn. Unsere Katzen spürten dies natürlich
und, wie sie eben so sind, sparten sie sich alle ihre Toilettengänge
bis zu jenem Moment auf, an dem Stephen aß. Er war nicht gerade begeistert davon, und bis zum heutigen Tag muss ich an ihn
denken, sobald ich einen dieser stechend riechenden Geruchstil-
ger wahrnehme. Schließlich bestand er darauf, dass die Katzen in
unserem Schlafzimmer blieben, wenn er zu Hause war. Und dies
verursachte besonders bei Bakewell ungeheure Probleme. Spooky,
Bln und Puddy fanden sich damit ab, nun überwiegend inaktiv zu
sein und praktisch den ganzen Tag zu schlafen. Bakewell, der jetzt
immerhin erst sieben bis acht Monate alt war, war äußerst umtrie-
big. Einfach nur herumzuliegen ergab für ihn keinen Sinn, also
machte er sich daran, nach einem alternativen Zeitvertreib zu suchen, um die innere Leere zu füllen. Bedauerlicherweise entdeckte er die Freuden des Heimwerkens. So zog er also Tapeten ab, zerhäckselte Teppiche und fraß einen kompletten Fensterrahmen
samt Fensterbrett (dessen Holz ziemlich verrottet und daher großartig zu zerkauen war). Das wurden sehr teure sieben Wochen für
uns, denn wir mussten am Ende das Fenster ersetzen und den ganzen Raum renovieren. Ansonsten hätten wir Stephen nie wieder in
die Augen sehen können. In diesen wenigen Wochen machte mir
Bakewell etwas Wichtiges klar: Eine Katze ausschließlich drinnen

zu halten, ohne ihr ausreichend Beschäftigung zur Verfügung zu stellen, ist problematisch. Auf diesen Erfahrungen gründet der Ausspruch, den ich bei meinen Beratungsgesprächen am häufigsten von mir gebe: „Für unterbeschäftigte Pfoten schafft eben der Teufel Arbeit".

* * *

Katzen im Haus halten

Die domestizierte Katze ist ein Tier, das sich in einem Revier am wohlsten fühlt, das reichlich geeignete Beute und interessante Umgebungsreize bereithält. Doch es lässt sich nicht leugnen, dass es nicht immer möglich ist, einer Hauskatze diesen optimalen Lebensraum auch zur Verfügung zu stellen. So war etwa Stephens kleines Haus in Biggin Hill für Bakewell gewiss nicht ideal. Ein Zuhause an einer geschäftigen Straße oder im 4. Stock ist einem Freigängertum nicht eben förderlich. Ungeachtet dessen nehmen viele Halter trotzdem an, ihrer Katze ein erfülltes Leben bieten zu können. Schätzen wir es wirklich richtig ein, was es für eine Katze bedeutet, eingesperrt zu sein?

Wir Menschen leben in einer sehr großen Welt. Wir reisen, wir gehen zur Arbeit, wir treffen Freunde; täglich bekommen wir in dieser sich dauernd verändernden Umgebung eine Fülle von Stimuli. Voller neuer Eindrücke des Tages kehren wir dann nach Hause zurück und kuscheln uns an unsere Katze, die begierig auf unsere Ankunft gewartet hat. Die Freigängerkatze hat die – in Katzenversion – gleichen Herausforderungen eines typischen Bürotages hinter sich: jagen, Futter suchen, klettern, erkunden, Sozialkontakte. Die Aussicht auf einen erholsamen Abend mit einer Mahlzeit und einem warmen Schoß lockt sie schließlich nach Hause. Doch was für einen Tag hatte die Wohnungskatze? Aufstehen, fressen, schlafen, aus dem Fenster schauen, schlafen, fressen, die Katzentoilette aufsuchen, noch ein bisschen schlafen, die Treppe hochgehen, aus dem Fenster schauen, schlafen, fressen, wieder auf das Katzenklo gehen, schlafen – der Besitzer kommt nach Hause. Oder in Bakewells Fall ein Fensterbrett zernagen. Wo bleibt das Jagen? Wo das Klettern? Wo sind die Herausforderungen?

Wohnungskatzen haben eine sehr kleine Welt um sich herum. Außer dem Kommen und Gehen der Besitzer und den eigenen Bewegungen im Haus bleibt alles gleich. Sie haben viele Schlafplätze und vielleicht auch günstige Aussichtspunkte zur Verfügung, von denen aus sie nach draußen schauen können. Weil aber andere, interessantere Ablenkungen fehlen, schlafen die meisten Katzen (so wie auch Spooky, Bln und Puddy), um den Tag hinter sich zu bringen. Sie werden von keinem Auto überfahren, in keiner Garage eingeschlossen und von keiner Nachbarskatze gebissen, denn wir garantieren unseren Wohnungskatzen ja eine sichere Umgebung. Darüber hinaus ist es aber ebenso unsere Pflicht, für ihr mentales Wohlergehen zu sorgen. Nachfolgend eine Geschichte, die nur all zu deutlich zeigt, wie stark sich bei manchen Katzen die reine Wohnungshaltung auswirkt.

Molly – die „Knast-verrückte" Katze

Ein junges Mädchen namens Lydia lebte allein mit ihrer Katze Molly in einer Zweizimmerwohnung. Vier Jahre lang hatten sie schon miteinander verbracht. Molly ging niemals nach draußen, sodass sie stets da war, wenn Lydia nach einem langen Bürotag nach Hause kam. Lydia glaubte, Molly sei überglücklich. Sie hatte einen schönen Schlafplatz, Unmengen an Futter und einen Haufen weicher Spielzeuge, die jeden Tag in der Mitte des Wohnzimmers lagen. Eines Morgens wachte Lydia auf und sah wie Molly völlig aufgeplustert aus dem Schlafzimmerfenster starrte und derart schaurig knurrte, dass einem das Blut in den Adern gefror. Lydia war schockiert. Noch nie hatte sie Molly so gesehen. Sie lehnte sich vor, um sie zu streicheln und zu beruhigen, doch in diesem Augenblick „explodierte" Molly, griff Lydia heftig mit Zähnen und Krallen an, und raste knurrend und zischend durch die Wohnung. Lydia erstarrte förmlich. Dann schob sie Molly mithilfe eines Kopfkissens in die Küche und schloss die Tür fest zu. In den folgenden beiden Tagen wurde sie regelrecht von ihrer Katze belagert: Jedes Mal, wenn sie

die Tür öffnete, stand Molly mit weit geöffneten Augen und ange-
legten Ohren schon bereit, um sich auf sie zu stürzen. Lydia rief den
Tierarzt an, der sie an mich verwies. Ich veranlasste, dass eine
gründliche körperliche Untersuchung vorgenommen wurde – während der sich Molly übrigens tadellos verhielt. Doch Molly war vollkommen gesund.

Weil es für dieses extreme Verhalten keine klinische Ursache gab,
war klar, dass wir es mit einem noch schlimmeren Problem zu tun
hatten. Als ich Lydia besuchte, war ich verblüfft, wie gut sich Molly
offenbar bei der tierärztlichen Untersuchung verhalten hatte. Also
war ich sehr gespannt, wie sie mir gegenüber reagieren würde. Auf
einen Angriff gefasst (wie immer gepanzert mit einem Paar dicker
Stiefel unter meinem Hosenanzug), ging ich in die Küche. Molly
sah ängstlich aus und zeigte sich stark erregt, doch sie machte keinerlei Anstalten mich zu attackieren. Als ich sie jedoch mit gutem
Zureden ins Wohnzimmer lockte, wo Lydia hinter einer Barrikade
von Kissen thronte, drehte sie sofort auf und fing an zu fauchen und
zu knurren. Ich versuchte Lydia zu erklären, wieso ihr geliebtes
Haustier ihr Feind geworden war.

Die arme Molly war emotional überlastet. Vermutlich hatte sie
durch das Fenster eine andere Katze gesehen, deren Anblick sie
aufs Äußerste erregte. Ihr Körper bereitete sich daraufhin mit einem enormen Adrenalinstoß auf einen Kampf vor. Als Lydia sie in
diesem Augenblick berührte, löste das einen Aggressionsausbruch
aus, der vier Jahre aufgestauten Verhaltens repräsentierte. Molly
hatte schließlich einen „Gefängniskoller" bekommen und konnte
sich nicht mehr beruhigen. Sie war in einem Teufelskreis vollkommen unangepasster Verhaltensweisen gefangen, bei dem jeder Anblick Lydias die gleiche extreme Gefühlsregung hervorrief. Von anderen Menschen ließ sich Molly problemlos anfassen. Deshalb
wurde sie sofort zu erfahrenen Katzen-Pflegeeltern umquartiert, wo
sie sich erholen konnte, und wo man ihr die Chance gab, ein
erfüllteres aktives Leben zu führen. Dies ist in der Tat ein unge-
wöhnlicher Fall. Doch Katzen, die keine Möglichkeit haben, natürliches Verhalten auszuleben, können noch viele weitere Stressreak-
tionen zeigen.

Den Aktivitätsverlauf protokollieren

Katzen sind von der Natur für einen ganz bestimmten, genau defi-
nierten Lebensablauf vorgesehen, weshalb die meisten frei lebenden Tiere ein sehr ähnliches Verhaltensmuster an den Tag legen.
Dieses natürliche Muster lässt sich anhand eines so genannten Ak-
tivitätsverlaufs aufzeigen. Dieser beschreibt diejenigen natürlichen
Verhaltensweisen, die eine Katze normalerweise während eines
Zeitraums von 24 Stunden zeigt. Jeder Katze ist ein individueller
Aktivitätsverlauf eigen, der von verschiedenen Faktoren abhängt, so
etwa von ihrer persönlichen Lebensweise (Wohnungskatze, Freigängerkatze), ihrer Rassezugehörigkeit, ihrem Charakter, ihrem Alter und den äußeren Einflüssen. Eine Katze, die die Möglichkeit hat,
wann immer sie will nach draußen zu gehen, kann zum Beispiel 15
Stunden mit Ruhen oder Schlafen verbringen, drei Stunden mit
Körperpflege und Spielen, und sechs Stunden mit Jagen, Fressen
und Erkunden. Warum werfen Sie nicht einfach mal einen Blick auf
den Aktivitätsverlauf Ihrer eigenen Katze und vergleichen ihn mit
demjenigen eines Tieres, das einem natürlichen Lebensrhythmus
folgt? Beginnt das Aktivitätsmuster Ihrer Katze überdeutlich vom
natürlichen Verhalten abzuweichen, dann haben Sie möglicherweise ein Problem.

Ich verwende gewöhnlich ein Verlaufsmuster mit sechs verschiedenen Kategorien: Schlafen; Interaktion mit dem Umfeld; Zeit, die
das Tier draußen verbringt; soziale Interaktionen mit Menschen
oder anderen Katzen; sich putzen und fressen. Ich muss zugeben,
dass ich unseren lebhaften Red-Tabby Bln verschreckte als ich damit
begann, die Lebensweise der Hauskatze zu erforschen, indem ich
sie penibel protokollierte. Gewissenhaft mit Stift, Klemmbrett,
Stoppuhr und viel Koffein ausgerüstet, machte ich mich daran, Bln
einen Tag und eine Nacht lang genau zu beobachten. Während meiner Beobachtung schlief er vernünftigerweise 18 Stunden lang,
doch jedes Mal wenn er erwachte, zeigte er sich sehr beunruhigt ob
dieses zusammengekauerten Etwas', das ihn mit blutunterlaufenen
Augen aus einer Ecke des Zimmers heraus anstarrte. In den darauf
folgenden Wochen kühlte sich unsere Beziehung merklich ab. Aus

diesem Experiment habe ich meine Lehren gezogen, nicht zuletzt, dass man seine Katze wirklich nie für längere Zeit anstarren sollte, weil es sie paranoid macht.

Nur um Ihnen einen Eindruck zu vermitteln, sind nachfolgend sowohl der Original-Aktivitätsverlauf von Bln im Jahre 1994, als auch der von Puddy im Alter von zwölf Jahren wiedergegeben.

Blns Aktivitätsverlauf
Zum Zeitpunkt dieses Protokolls war Bln sechs Jahre alt und gehörte zu einer Gruppe mit sieben Katzen. Er hatte das Glück, uneingeschränkt nach draußen zu dürfen und die Vorzüge einer ländlichen Umgebung genießen zu können. Am Tag des Protokolls allerdings war es draußen sehr nass, und Bln hasste es, sich die Füße schmutzig zu machen. Drinnen im Haus hatte er eine Katzentoilette und ein abwechslungsreich gestaltetes Umfeld, außerdem stand ihm Peter jederzeit zur Verfügung.

Schlafen	17,5 Stunden	Sehr langweilig zu beobachten
Interaktion mit dem Umfeld	3,6 Stunden	Überwiegend: aus dem Fenster schauen
Aufenthalt im Freien	1,1 Stunden	Nicht in den matschigen Bereichen
Soziale Interaktionen	1,3 Stunden	Peters Gesicht lecken oder Puddy groomen
Körperpflege	0,2 Stunden	Eher eine „Katzenwäsche", bei der er nur sein Gesicht putzte
Fressen	0,3 Stunden	Katzenfutter oder irgendetwas aus dem Kühlschrank

Puddys Aktivitätsverlauf
Puddy war zwölf Jahre alt, als ich das Protokoll erstellte, und sie lebte in derselben Gruppe von sieben Katzen. Ich beobachtete sie am selben Ort, aber an einem trockenen kalten Tag im Januar. Auch sie hatte unbeschränkten Zugang nach draußen und all die anderen „Vergünstigungen", die auch Bln genoss.

Schlafen	17 Stunden	Als sie älter war, schlief sie viel
Interaktion mit dem Umfeld	1,5 Stunden	Aus dem Fenster schauen
Aufenthalt im Freien	1,5 Stunden	Sie blieb überwiegend in Hausnähe
Soziale Interaktionen	3 Stunden	Mir im Haus hinterherlaufen
Körperpflege	0,5 Stunden	Ziemlich gründliche Arbeit
Fressen	0,5 Stunden	Noch eine Katze, die um Kühlschränke schleicht

Ja, wir versuchen die Stubenhaltung von Katzen zu rechtfertigen. Doch anstatt einfach zu sagen: „Gewiss, sie sehen absolut glücklich aus", sollten wir uns lieber auf eine wissenschaftlichere Art und Weise mit den Tieren beschäftigen, bei welcher wir mehr Rücksicht auf ihre Spezies und ihre natürlichen Verhaltensweisen nehmen. Heimtierhaltung ist nämlich nicht nur dazu da, den Haltern Freude zu machen. Man sollte immer auch die Tiere mit einbeziehen und kritisch überdenken, was die Katze in ihrem begrenzten Lebensraum davon hat.

Schaut man sich die Aktivitätsverläufe von Bln und Puddy an, erkennt man sofort, dass ein Teil davon bei Wohnungskatzen nicht auftreten wird. Zum einen können sie keine Zeit draußen verbringen, und wenn sie – während ihre Besitzer Vollzeit arbeiten – allein zu Hause bleiben müssen, sind überdies noch ihre sozialen Interaktionen sehr stark eingeschränkt. Die übrig gebliebene Zeit muss mit etwas gefüllt werden, denn sie kann nicht einfach leer bleiben. Katzen haben aber nur begrenzte Möglichkeiten, mit denen sie diese Zeit auffüllen können. Die einfachste davon ist, dauernd zu schlafen. Weil es keine Umgebungsreize gibt, ist es auch ziemlich unwahrscheinlich, dass die Tiere Zeit damit zubringen, auf ihr Umfeld zu reagieren. Was bleibt, ist fressen, schlafen und sich putzen. Können Sie nun verstehen, warum Katzen, die in langweiligen Innenräumen gehalten werden, träge und fett werden und dazu neigen, sich übermäßig zu putzen?

Ich habe hier einen komplexen Sachverhalt außerordentlich stark vereinfacht, doch ich bin mir sicher, Sie sehen dennoch ein, dass es wohl nicht die beste Lösung ist, Katzen ausschließlich drinnen zu halten. Wenn dies, aus welchem Grund auch immer, trotzdem nötig ist, gilt es unbedingt darauf zu achten, die richtige Katze zu wählen, und die Umgebung so unterhaltsam wie nur irgend möglich zu gestalten.

Wie man Wohnungskatzen unterhält

Ein Revier, das von einer einzigen Stelle aus komplett überblickt werden kann, ist für eine Katze niemals interessant genug. Deshalb sollten Menschen, die in Ein- oder Zweizimmerwohnungen leben und einem Tier keinerlei Freilauf bieten können, nochmals darüber nachdenken, ob sie sich wirklich eine Katze anschaffen wollen. Steht mehr Platz zur Verfügung, ist dies für die Katzenhaltung freilich wesentlich besser, dennoch genügt es nicht, der Katze Futter, einen Schlafplatz und eine Katzentoilette zur Verfügung zu stellen. Käufliches Katzenspielzeug macht viel Spaß. Wenn es aber nur als Haufen auf dem Boden liegt, spornt es die Katze nicht (oder bestenfalls nur ein bisschen) zum Nachjagen oder Springen an. Denn es bewegt sich nicht. Manche Katzen kreieren sich zwar ihre eigenen Spiele, indem sie diese „Mäuse" in die Luft schleudern, doch derartige Jagdspiele sind am schönsten, wenn Halter und Katze sie in einer entspannten Minute zusammen spielen.

Wenn der Besitzer den ganzen Tag über zum Arbeiten außer Haus ist, muss die Katze viele Stunden mit irgendetwas „füllen". Also heißt es für ihn, Beschäftigungsmöglichkeiten für sein Tier zu schaffen, denen es auch allein frönen kann. Wichtig ist dabei, das Umfeld so vielfältig wie möglich zu bereichern, um der Katze auch in einer künstlichen Umgebung die Chance zu geben, natürliches Verhalten zu entfalten. Mit ein paar Pappkartons und etwas Fantasie lässt sich ein Erlebnisparcours gestalten, in dem die Katze jagen, Futter suchen, klettern und Erkundungsgänge unternehmen kann. Mit Trockenfutter, das man (wie in Kapitel 3 bei Monty) an verschiedenen Stellen im ganzen Haus verteilt, kann man seiner Katze die Möglichkeit schaffen, ihren Hunger mit viel Arbeitsaufwand zu stillen, anstatt bloß den pünktlich gefüllten Futternapf in der Küche zu besuchen. Wenn man bedenkt, wie viel Mühe und mentale Energie es erfordert, eine einzige Maus zu fangen, zu töten und zu fressen, versteht man, wie wenig positives Feedback solche Napf-Mahlzeiten für eine Wohnungskatze bedeuten. Klettern ist sehr wichtig. Nutzen Sie daher jede Gelegenheit, Ihre Zimmer dreidimensional zu verändern, denn das bedeutet für Ihre Katze eine erhebliche Erweiterung ihres Lebensraums. Garderoben, große Schränke und Regale bieten attraktive Aussichtsplattformen und Ruheplätze, weshalb sie, wo immer das möglich ist, der Katze zugänglich gemacht werden sollten. Pappkartons und Papiertüten sind stets einen Erkundungsgang wert, vorausgesetzt, sie enthalten ein bisschen Katzenminze oder getrocknete Katzenleckereien. Da Schlaf selbst in einer natürlichen Umgebung einen Großteil des Tageslaufs einer Katze ausmacht, sollten auch in einer künstlich geschaffenen Welt viele abgetrennte und verschwiegene Ruheplätze vorhanden sein.

Eine Katze ausschließlich im Haus zu halten, kann nie der Idealzustand sein. Es liegt in der Natur der Katze, sich dort am wohlsten zu fühlen, wo sie frei wählen kann, wohin sie geht und was sie tut. Jede Einschränkung ihres Lebensraums verhindert dies automatisch. Kommt man, warum auch immer, nicht umhin seine Katze als reine Wohnungskatze zu halten, dann können die nachfolgenden „Goldenen Regeln" hilfreich sein.

„Goldene Regeln" für Wohnungskatzen

▶ Nehmen Sie eine erwachsene Katze oder zwei Kitten auf, die immer schon drinnen gelebt haben. Die Umstellung vom Stubentigerdasein ans Freigängertum ist möglich, umgekehrt wäre es eine unzumutbare und belastende Einschränkung für das Tier.

▶ Erkundigen Sie sich im Voraus über die Rassen, und wählen Sie möglichst eine aus, die für ihr ruhiges und fügsames

Wesen bekannt ist. Diese Katzen brauchen weniger Anreize und lassen sich viel leichter bei Laune halten.

▸ Stellen Sie geeignete Katzentoiletten zur Verfügung – stets an abgeschiedenen Orten und weit entfernt vom Futterplatz. Reinigen Sie diese täglich.

▸ Stellen Sie sicher, dass Ihre Tiere jederzeit (möglichst an verschiedenen Stellen) genügend Wasser und angemessene Futterrationen zur Verfügung haben. Auch frei lebende Katzen erwarten Futter und Wasserquellen nicht am selben Ort. Katzen sollten immer möglichst viel trinken, vor allem wenn sie mit Trockenfutter ernährt werden. Stellen Sie deshalb mehrere Trinknäpfe an unterschiedlichen Orten auf, denn das verlockt zum Trinken.

▸ Eine Wohnungskatze benötigt weniger Nahrung als eine aktivere Freigängerkatze. Die Futtermengen sollten dementsprechend angepasst werden, um Fettleibigkeit vorzubeugen. Nie sollte man versuchen, durch ein Mehr an Futter ein Weniger an Umgebungsstimuli kompensieren zu wollen.

▸ Stellen Sie einen Kratzbaum auf, der hoch genug ist, dass sich Ihre Katze voll ausgestreckt daran ertüchtigen kann. Viele der käuflichen Kratzbäume sind für Kitten konstruiert und daher oft recht klein. Mehrere Kratzbäume im Haus verteilt sind optimal, denn sie verringern das Risiko von Schäden an den Polstermöbeln. Es gibt große „Katzen-Aerobic-Zentren", die tolle und beliebte Spielplätze abgeben, sofern sie richtig aufgestellt werden.

▸ Weil Katzen für ihre Verdauung Gräser benötigen, sollten Sie ihnen auch im Haus welche zur Verfügung stellen. Speziell für diesen Zweck gibt es Töpfchen mit Katzengras zu kaufen.

▸ Bei Zimmerpflanzen gilt es Vorkehrungen zu treffen, denn einige davon können für Katzen giftig sein.

▸ Achten Sie auf die Sicherheit Ihrer Katze, insbesondere im Hinblick auf elektrische Geräte und Verstecke in der Küche.

▸ Gehen Sie nicht davon aus, dass zwei Katzen automatisch

auch gut Freund miteinander sind. Ist Ihr Haus groß genug, sodass jede Katze ihren eigenen Bereich hat, kann es sicher prima funktionieren. Manche Katzen ärgern sich allerdings eher über die Präsenz einer weiteren Katze, was für die Besitzer bedeuten kann, sich noch mehr mit den einzelnen Tieren befassen zu müssen.

▶ Bieten Sie Ihrer Katze so oft es geht Anreize. Wenn sie es mag, groomen und streicheln Sie sie und spielen Sie mit ihr.

▶ Frische Luft ist wichtig. Deshalb sollten die Fenster täglich für eine Weile einen Spalt breit geöffnet werden. Wenn Sie ein Schutzgitter angebracht haben, können Sie Ihre Fenster auch weiter öffnen.

Verhaltensprobleme bei Wohnungskatzen

Woran auch immer Ihre Katze Freude hat, wenn Sie es aus der Katzenperspektive heraus betrachten, ist das stets die beste Lösung. Katzen haben viele Talente, unter anderem sind sie äußerst anpassungsfähig. Diese Anpassungsfähigkeit ist einer der vielen Gründe für ihre große Beliebtheit. Doch es kann durchaus vorkommen, dass sich eine gelangweilte Katze auf etwas konzentriert, dem sie normalerweise keine Bedeutung beimisst und damit eine Stresssituation hervorruft – wenn also beispielsweise eine von zwei gemeinsam gehaltenen Katzen ihr Augenmerk über die Maßen auf ihr Gegenüber und den Wettstreit mit diesem richtet. Eine Katze kann sich auch übermäßig an ihren Halter binden oder futterbesessen werden. Schlimmstenfalls können Verhaltensweisen resultieren, die die Katze immer und immer wiederholt, womit ein Verhalten entsteht, das den Beginn einer Stereotypie oder Zwangsneurose ankündigt. Denken Sie nur an die fürchterlichen Zoos der alten Bauart mit ihren Tigern, die ständig am Zaun flanieren und den Bären, die permanent mit ihren Köpfen pendeln, und Sie wissen, was ich meine. In vielen meiner Fälle, in denen es um Verhaltensprobleme geht, sind Katzen betroffen, die ausschließlich im Haus gehalten werden. Denn deren Pfoten sind – werden keine vorbeugenden Maßnahmen ergriffen – unweigerlich zur Untätigkeit verdammt.

Ying und Yang – die zerstörerischen Siamesen

Mit Schmunzeln erinnere ich mich an zwei sehr aktive und wirklich absolut unterbeschäftigte Siamesen-Kater. Ying und Yang waren zwei anmutige Wesen, die mit ihren Besitzern Claire und Steve in einer Wohnung im 2. Stock lebten. In ihrem Kummer rief Claire bei mir an und sagte, sie wüsste sich nicht mehr zu helfen. Sie hatte alles versucht, um mit einem bereits lange bestehenden Problem fertigzuwerden. Ratschläge von Freunden hatte sie ebenso befolgt wie solche aus dem Internet, doch nun gab sie sich geschlagen. Ich versprach vorbeizukommen, um zu sehen, wie man helfen konnte.
Charakterlich waren Ying und Yang sehr verschieden, doch äußerlich glichen sie sich wie ein Ei dem anderen. Trotzdem war es leicht, sie auseinander zu halten, man brauchte bloß ihre Reaktion zu beobachten, als ich das Haus betrat. Ying kam sofort auf mich zu, beschnupperte mich mit großer Neugier und sprang dann auf meine Schulter, um mein Haar unter Einsatz seiner Zähne und Krallen neu zu ordnen. Vor diesem Verhalten hatte Claire mich gewarnt, denn Ying machte dies bei unbekanntem Besuch häufiger. Also war ich vorbereitet. Dennoch war ich erleichtert, denn Claire hatte mir außerdem gesagt, dass Ying, falls er den Besucher nicht mochte, diesen heftig attackieren würde! Während Ying meine Haare in einer Weise neu stylte, dass sich selbst ein Friseurlehrling dafür hätte schämen müssen, beobachtete ich Yang auf der anderen Seite des Raumes. Seine Einstellung Fremden gegenüber war von Argwohn geprägt, weshalb er sich stets in sicherer Entfernung aufhielt und wie geistesabwesend auf einem Stück Stoff herumkaute. Viele Kissen, Gardinen und Überwürfe waren im Laufe der Zeit von seinen fleißigen Backenzähnen zerstört worden. Während ich Yang so beobachtete, entschied sein Bruder, meine Haare nun ausreichend toupiert und seiner künstlerischen Ader Genüge getan zu haben, und er sprang von meiner Schulter herunter. Anschließend fuhr er mit seiner zweitliebsten Beschäftigung fort, nämlich sich an der

Kleidung seines Besitzers sexuell zu befriedigen. Masturbation bei Katzen ist eines der Tabuthemen, das von den Besitzern manchmal mit Phrasen wie „hoppeln", „unanständig sein" und „rammeln" vage angedeutet wird. Die Aufmerksamkeit der Katzen richtet sich dabei für gewöhnlich entweder auf ein Kleidungsstück (vorzugsweise müffelnd) oder auf ein knuddelig-weiches Spielzeug. Kastrierte Kater masturbieren am häufigsten auf diese Weise. Oft liegen diesen Symptomen Probleme wie Frustration, Langeweile, Konflikte oder Ängste zugrunde. Gibt es keine anderen Strategien zur Problembewältigung, kann Masturbation ablenken und dann sehr belohnend wirken. Gelegentlich wurde ich schon gebeten, mich speziell dem Masturbations-Problem zu widmen; eine Dame bat mich sogar, ihrem Kater das Masturbieren an ihrem Bein abzutrainieren und ihn stattdessen dazu zu bringen, an ihren Ohrläppchen zu saugen! Logisch, dass ich nie Zeit dazu fand, diesen Fall zu bearbeiten. Bei Ying war das Masturbieren ausschließlich Folge seiner Unterbeschäftigung, und wenn ich mich richtig erinnere, machte ich kein Aufhebens daraus. Ich lehnte mich einfach zurück und hörte mir Claires und Stevens Geschichte an. Dabei lenkte ich Ying freundlich und auf eine gesellschaftlich eher akzeptierte Art und Weise ab, nämlich, indem ich ihm eine Feder, die an einem Stab befestigt war, zum Spielen anbot.

Claire und Steve hatten sich während der letzten Jahre einen äußerst ungewöhnlichen Lebensstil angewöhnt. Jeden Abend kehrten sie in ein Haus zurück, dass komplett auseinander genommen war: CDs lagen auf dem Boden verstreut, Lebensmittel waren aus den Schränken geräumt, Lampen von den Tischen geworfen und Zeitschriften zerpflückt. Nie stockte ihnen vor Schreck der Atem, nie riefen sie die Polizei oder schauten nach, was gestohlen worden war. Jeden Tag sammelten sie die CDs wieder auf, räumten die Lebensmittel in die Schränke, stellten die Lampen auf die Tische zurück und warfen Zeitschriften weg. Ying und Yang hatten sich über die Jahre hinweg einfach selbst unterhalten. Sie verhielten sich wie die schlimmsten Vandalen, und ungeachtet dessen, was Claire und Steve auch unternahmen, verwüsteten sie immer wieder das Haus, während ihre Besitzer tagsüber an ihren Arbeitsplätzen waren.

Nach einer sehr langen Unterhaltung war mir klar, dass ich hier das allerschlimmste Beispiel von Unterbeschäftigung vor mir hatte. Beide Kater waren hochintelligent und brauchten deshalb außerordentlich viele Anreize. Doch ihr Leben beschränkte sich auf die statische Umgebung innerhalb der vier Wände ihres Hauses. Sie kletterten nicht, sie erkundeten nichts und sie suchten nicht nach Futter, außerdem hatten sie keine sozialen Kontakte in einer sich ständig verändernden Außenwelt. Dies alles führte dazu, dass beide frustriert und gelangweilt waren. Ying und Yang hatten versucht, ihr Verlangen nach natürlichen Verhaltensweisen auch in einer künstlichen und reizarmen Umgebung zu befriedigen: mit verheerenden Folgen.

Claire und Steve bezweifelten, dass das Problem zu lösen war. Doch ich war zuversichtlich. Bestimmt konnten wir für Ying und Yang enorme Veränderungen bewerkstelligen. Dazu mussten die Besitzer allerdings mit mir kooperieren und großen Enthusiasmus an den Tag legen. Als man mich durch die Wohnung führte, zeigte man mir auch das dritte Schlafzimmer – offenbar ein Abstellraum für Kisten und alle möglichen Utensilien. Vorsichtig fragte ich an, ob die beiden sich eventuell einen kleinen Do-It-Yourself Umbau dieses Raumes vorstellen könnten. Denn ich glaubte, dass er einen perfekten Katzenspielplatz abgeben würde, der auf jeden Fall einige Anreize wie in der Außenwelt bieten könnte. Claire und Steve stimmten zu, und ich engagierte einen sehr guten Freund (handwerklich wesentlich begabter als ich!), um ihren Lagerraum in eine topaktuelle „Katzen-Amüsiermeile" zu verwandeln.

Wir brauchten einige Stunden, um den ganzen Krempel hinauszuschaffen, doch dann konnten wir unseren gestalterischen Fähigkeiten freien Lauf lassen. Zuerst nahmen wir den alten Teppichboden heraus und befestigten ihn mithilfe von Doppelklebeband und ein paar Holzstäben an der Wand. Augenblicklich hatten wir eine aufregende und neuartige Katzenkletterwand! Mit dickem Sisalgeflecht überzogene Holzpflöcke befestigten wir an Decke und Boden und kreierten damit alles Mögliche, vom wackeligen Zaun bis zum standfesten Baum. Entlang der Wände schraubten wir einige Regalböden an, um damit aufregende Aussichtspunkte zu schaffen, von denen aus die Katzen ihr neues Erlebnisareal überblicken konnten. In mehrere dunkle Schränke legten wir warme und behagliche Katzenbetten, damit sich die Tiere zum Ruhen dorthin zurückziehen konnten. An die Decke hängten wir dicke geflochtene Hanfseile, an denen die Katzen ihre Kletterkünste beweisen konnten. Der Boden wurde mit den unterschiedlichsten Materialien überzogen, auf denen Ying und Yang kratzen und sich wälzen konnten. Im ganzen Raum verteilten wir unter anderem Pappröhren und Papiertüten, die mit ein paar Brocken ihres Lieblingstrockenfutters bestückt waren. Futtergefäße wurden angebracht – ein paar fest am Teppich an der Wand montiert, ein paar lose von der Decke baumelnd. So schufen wir die Möglichkeit für die Katzen, bei ihrer Futtersuche anspruchsvollere Problemlösungsstrategien zu entwickeln. Auch verteilten wir dort katzenfreundliche Pflanzen, verlockende Katzentoiletten und Zimmerspringbrunnen. Der Raum war (zumindest meinen Vorstellungen entsprechend) zum Indoor-Katzenparadies mutiert, es fehlte jetzt nur noch die Feuertaufe.

Claire und Steve brachten die beiden Siamesen herein und Ying klammerte sich sofort an den Wandteppich, so als ob er einen Klettverschluss am Bauch trüge. Die Besitzer waren von dem Ergebnis rundum begeistert. Am nächsten Morgen als Claire und Steve zur Arbeit gingen, drückten wir alle die Daumen. Würde der Raum sich wirklich bewähren? Nun, glauben Sie mir, er tat es. Eine Woche lang verließen Ying und Yang ihn nicht ein einziges Mal. Was sich sonst in der Wohnung zutrug, ignorierten sie vollkommen. Yangs Eigenart, Stoff zu fressen, bekamen wir mit etwas Medizin in den Griff, auch am Katzenbettzeug in seinem neuen Raum zeigte er überhaupt kein Interesse mehr.

Claire und Steve freuten sich sehr, denn Ying und Yang legten vor lauter Kurzweil in ihrem neuen Fitnesszentrum ihre zerstörerischen und unschicklichen Gewohnheiten ganz ab. Auch ich war mit meiner Leistung sehr zufrieden – bis ich zwei Jahre später einen Telefonanruf von Claire erhielt, in dem sie mir mitteilte, dass sie sich nun einen Hund anschaffen wollten. Die Entscheidung hätten sie sich nicht leicht gemacht, doch Ying und Yang seien wirklich keinerlei Gesellschaft mehr, denn sie beschäftigten sich fast ausschließlich in ihrem eigenen Zimmer. Upps! Machmal klappt's auch *zu* gut.

An der Leine spazieren gehen

Bei bestimmten Katzenrassen gibt es die Möglichkeit, sie täglich in einem Geschirr spazieren zu führen. Das ist zwar nicht ideal (dieses ganze „bei-Fuß-gehen" ist eigentlich nichts für Katzen), aber ich habe viele Katzen erlebt, die richtig Spaß daran hatten, an Geschirr und Leine durch den Stadtpark in London zu bummeln oder einen Spaziergang entlang eines begrünten Vorstadtgässchens zu machen.

Meiner Erfahrung nach tritt diese besondere Eigenart bei einzelnen Rassen häufig auf, so etwa bei der Maine Coon, bei Siamesen, Burmesen und Bengalkatzen. Die gute alte Bauernhofkatze folgt Ihnen vielleicht auch bei einem Ausflug über die Wiesen, aber ich warne ausdrücklich davor, ihr dabei irgendetwas Leinenartiges umzubinden! Für manche Wohnungskatzen kann das Laufen an der Leine eine gute Abwechslung sein. Hat man allerdings einmal damit angefangen, sollte man auch dabei bleiben, denn ein flüchtiger Blick in die große weite Welt, gefolgt von permantem Eingesperrtsein, kann schlimmere Folgen haben als niemals nach draußen zu kommen. Möchten Sie Ihre Wohnungskatze an ein Geschirr gewöhnen, finden Sie im Folgenden einige Ratschläge.

Tipps für das Laufen an der Leine

► Wählen Sie ein Geschirr, dass ausschließlich für Katzen entwickelt wurde und das Ihrem Tier richtig passt.

► Beginnen Sie frühzeitig und gewöhnen Sie schon Ihr Kitten an das Tragen eines Geschirrs.

► Legen Sie am Anfang nur das Geschirr (ohne die Leine) an.

► Wenn Ihr Kitten das Geschirr zum ersten Mal trägt, belohnen Sie es und lenken Sie es durch Spielen ab.

► Legen Sie zu Beginn des Übens das Geschirr nur für kurze Zeit an und verlängern Sie die Tragezeit schrittweise.

▶ Belohnen Sie Ihr Kitten beim Gewöhnen an ein Geschirr immer mit Futter oder einem Spiel.

▶ Lassen Sie Ihr Kitten oder Ihre Katze nie unbeaufsichtigt, solange es/sie ein Geschirr trägt.

▶ Denken Sie daran, das Geschirr in der Größe anzupassen oder es auszutauschen, sobald Ihr Kitten herausgewachsen ist.

▶ Ist Ihr Kitten an das Tragen eines Geschirrs gewöhnt, können Sie die Leine anbringen und diese von der Katze einfach nachschleppen lassen.

▶ Gewöhnen Sie Ihr Kitten nach und nach daran, dass Sie die Leine halten und ihm nachfolgen. Nun sind Sie so weit und können das Ganze draußen probieren.

▶ Achten Sie darauf, dass der erste Gang nach draußen in einer sicheren und ruhigen Umgebung stattfindet.

▶ Steigern Sie die Zeit, die Sie draußen verbringen, Schritt für Schritt.

▶ Vermeiden Sie es, an viel befahrenen Straßen oder in stark von Hunden frequentierten Parks spazieren zu gehen. Katzen erschrecken sich leicht und ihr Instinkt sagt ihnen dann: „Fliehe!"

Freigehege für Wohnungskatzen

Der ideale Kompromiss zur reinen Stubenhaltung ist ein eingezäunter Auslauf im Freien, der weder groß noch kunstvoll gebaut sein muss. Solch ein Außengehege bietet dem gelangweilten Stubentiger enorme Anreize, denn dort kann er die großartige Welt da draußen mit seinen Augen, Ohren und seiner Nase erfahren.

Barnabas – die Vorzüge eines Freigeheges

Vor einigen Jahren lernte ich Barnabas und seine Besitzerin Penny kennen. Der Tierarzt hatte Penny wegen des großen Problems mit ihrem Kater an mich verwiesen. Bis vor kurzem, so erklärte sie mir, sei sie stolze Besitzerin zweier Siamkater gewesen. Luke und Barnabas, so hießen die beiden, waren Brüder und hatten sich ihr ganzes Leben lang prima miteinander vertragen. Die Einzelheiten, die mir Penny über die Beziehung ihrer Kater erzählte, zeigten, dass Luke sich gern in den Vordergrund gespielt und Barnabas sich meist sehr im Hintergrund gehalten hatte. Weil sie in einem dicht bebauten Gebiet lebte und befürchtete, die Kater könnten überfahren oder gestohlen werden, hielt Penny sie ausschließlich drinnen. Probleme gab es nie, denn Luke und Barnabas waren liebevoll, verspielt und wunderbare Hausgenossen. Was wollte sie mehr? Leider kam es zu einer Tragödie, denn Luke erkrankte. Er hatte einen Tumor bekommen und es ging schnell mit ihm bergab. Schließlich traf Penny die schmerzliche Entscheidung, ihn einschläfern zu lassen. Er war nur acht Jahre alt geworden. Penny war am Boden zerstört. Und alles wurde noch schlimmer, weil auch Barnabas untröstlich zu sein schien.

Die Zeit verging, und Barnabas begann sich allmählich zu verändern. Er wurde übermäßig anhänglich und äußerst gesprächig, er miaute jämmerlich und folgte Penny auf Schritt und Tritt. Sie fühlte sich fürchterlich, weil sie wusste, dass der Kater irgendwie versuchte, sich an ein Leben ohne seinen Bruder anzupassen. Doch er wurde dadurch zu einer enormen Belastung. Er maunzte am Tag und er maunzte bei Nacht. Für Penny gab es überhaupt keine ruhige Minute mehr, sodass sie tagsüber gelegentlich sogar aus dem Haus ging, einfach nur, um mal von Barnabas wegzukommen. Als er damit begann, auf seinen Schlafplatz zu pinkeln, wurde ihr klar, dass etwas unternommen werden musste.

Kurz nach unserem Telefonat besuchte ich sie und verbrachte einige Zeit damit, Penny und den netten Barnabas kennen zu lernen. Während meines Besuches zeigte er sich mir gegenüber recht neugierig, doch die Anhänglichkeit, die er Penny entgegenbrachte, war wirklich unglaublich. Niemals wandte er den Blick von ihr ab, folgte ihr wie ein Schatten, jammerte und tippte sie mit der Pfote an. Penny ließ ihn ebenfalls nie aus den Augen und unsere Unterredung wurde häufig unterbrochen, weil sie sich mit kurzen Bemerkungen an den kleinen Siamesen wandte. Sie war, so könnte man sagen, ziemlich genervt von ihm, schien aber dennoch unfähig zu sein, seine dauernden Forderungen zu ignorieren.

Das „Bettnässen" hatte etwa einen Monat vor meinem Besuch begonnen. Um Barnabas eine Freude zu machen, hatte Penny ihm ein schönes mit Kunststoffkügelchen gefülltes Kissen gekauft. Warm und weich sah es aus, und so dachte Penny, es würde Barnabas zu einem geruhsamen Nachtschlaf verhelfen. Doch unglücklicherweise führte es nur dazu, dass er immer wieder darauf urinierte. Allmählich mochte ihn Penny überhaupt nicht mehr. Luke war immer ihre Lieblingskatze gewesen und Barnabas die stille Nummer Zwei. Wie sehr wünschte sie sich, er würde diese ruhige zurückhaltende Seite wieder entdecken!

Dies war ein trauriger Fall, weil ich wusste, warum sich Barnabas so verhielt. Wenn zwei Katzen ihr ganzes Leben lang zusammen sind, bedeutet das nicht unbedingt, dass ihre Beziehung die allerbeste ist. Schiebt sich eine von ihnen mehr in den Mittelpunkt als die andere, führt dies dazu, dass sich Letztere, also die mit weniger Selbstvertrauen, häufig zurückzieht. Ihre wahre Persönlichkeit zeigt sie erst dann, wenn die andere nicht mehr da ist. Barnabas hatte sich ziemlich stark auf Luke verlassen als dieser noch lebte. Vermutlich schätzte er dessen Berechenbarkeit, und dass er selbst keine Verantwortung zu übernehmen brauchte. Jetzt, da Luke tot war, sah der arme Barnabas sich in die Pflicht genommen und suchte bei Penny moralische und tatkräftige Unterstützung. Jedes Mal wenn er dies tat, belohnte sie ihn dafür mit Aufmerksamkeit und Kontakt. Dies hatte zu einer für beide Seiten quälenden Abhängigkeit geführt (mehr über solche Probleme in Kapitel 7). Gestresste Katzen neigen zum Harnverhalten. Da Barnabas von der besonders nachgiebigen Konsistenz seines neuen Lagers derart verwirrt war, ließ er dort den Dingen „freien Lauf"! Auch meine Lieblingskatze Puddy hatte immer fürchterliche Schwierigkeiten damit, eine derartige Schlafunterlage sicher von ihrem Katzenklo zu unterscheiden.

Ich erklärte Penny, weshalb Barnabas unsicher war und riet ihr, sich ein bisschen zurückzunehmen, damit der Siamese auch einmal etwas anderes tun konnte, als sich nur mit seiner Besitzerin zu befassen. Die Schönheit von Pennys Garten hatte mich schon die ganze Zeit über absolut fasziniert. Wunderhübsche Sträucher, Bäume und Zierpflanzen wuchsen dort, außerdem gab es eine kleine gepflegte Rasenfläche und eine ebensolche Terrasse. Penny war offensichtlich eine leidenschaftliche und perfekte Gärtnerin. Und so ersann ich einen Plan, musste mich aber zunächst mit ihr absprechen, um zu sehen, wie sie dazu stand.

Barnabas brauchte Beschäftigung. Ein kleines Freigehege schien dafür ideal. Der Garten bot eine Fülle von optischen Anreizen und Geräuschen, und Penny hatte schon erwähnt, dass Barnabas es liebte, vom Fensterbrett aus in den Garten zu schauen. Würden wir ihn dazu bringen, sich eine Zeit lang ohne Penny in einer unterhaltsamen Umgebung aufzuhalten, dann könnte dies der Auslöser dafür sein, die Beziehung zwischen ihm und ihr wieder angenehmer zu machen. Penny wollte verständlicherweise nicht, dass ihr Garten hinterher aussähe wie ein Zoogehege. Also machte ich mich daran, einen kleinen und doch anregenden (und ästhetischen) Auslauf zu entwerfen mit verschiedenen Ebenen und Unterschlüpfen, die Barnabas einen interessanten Zeitvertreib bieten sollten. Sicher gebaut musste dieses Gehege überdies sein, sodass Penny den Kater nicht überwachen und sich auch keine Sorgen zu machen brauchte, dass er irgendwie zu Schaden käme.

Das Bettnässen würde wahrscheinlich aufhören, so erklärte ich Penny, wenn wir das Kügelchenkissen rauswerfen und Barnabas zusätzliche Katzentoiletten zur Verfügung stellen würden – eine davon auch in seinem Außengehege. Wenn es uns gelänge, seine Ängstlichkeit zu mindern, könnten wir bestimmt erreichen, dass er auch sonst nicht mehr ins Haus pinkelte.

Für den Bau des Außengeheges engagierten wir einen Zimmermann aus dem Ort, der großartige Arbeit leistete. Es entstand eine Holzrahmen-Konstruktion mit Plattformen, Regalen und Rampen, die Barnabas unendlich viele Möglichkeiten zum Kratzen, Klettern und zum Aufenthalt in luftiger Höhe boten. Das Dach war leicht geneigt und zum Schutz gegen Regen und Schnee mit einem wasserfesten Material überzogen. Auf dem Boden des Auslaufs wurden zahlreiche Töpfe mit Gräsern und Kräutern aufgestellt, die überdies viele sonnen- und windgeschützte Plätze boten. Zur Krönung installierte Penny noch einen Brunnen, aus dem Wasser tröpfelte. Für stundenlange Unterhaltung Barnabas' war somit gesorgt.

Zur Vorbereitung auf Barnabas' neues und aufregendes Leben draußen sollte Penny von nun an sein um Aufmerksamkeit heischendes Bettelverhalten ignorieren. Bei Barnabas rief dies natürlich Frustrationsgefühle hervor, die ihn dazu brachten, nun noch heftiger und lauter zu betteln. Auf eine solche Reaktion ihres Katers hatte ich Penny schon vorbereitet – sein gesteigertes Bettelverhalten bedeutete nämlich, dass ihr Vorgehen funktionierte. Dies wiederum gab ihr noch mehr Entschlossenheit, auf diese Art und Weise weiterzumachen.

Damit Barnabas frei entscheiden konnte, wann er in sein Außengehege gehen wollte, wurde in die Wand des Hauses eine Katzenklappe eingebaut. Nun war es an der Zeit, ihn einmal das Gehege besuchen zu lassen. Penny war von seinem Verhalten begeistert. Die erste Stunde saß er bloß da und inhalierte die Luft. Nach und nach begann er damit, sein neues Terrain zu erkunden. Er kratzte an den Holzrampen und kaute an den Grashalmen in den Töpfen. Behutsam betastete er auch die tröpfelnde Attraktion. Dann wälzte er sich auf dem Boden. Es sah gut aus!

In den nächsten paar Wochen ging es mal auf und mal ab. Nachts blieb Barnabas aber immer noch ausschließlich im Haus, strich dort umher und jammerte. Trotzdem blieb Penny in ihrem Bett und beschloss, sein Verhalten nicht durch ihre Aufmerksamkeit zu belohnen. Als das Wetter einige Tage lang sehr schön war, blieb Barnabas immer länger draußen und verbrachte manchmal sogar die ganze Nacht in seinem Außengehege: Er begann also wieder, der Alte zu werden. Er „redete" zwar immer noch viel, doch Penny nahm ihn da schnell in Schutz, schließlich war er ja ein Siamese.

Das Unsauberkeitsproblem verschwand; Barnabas zählte ganz offensichtlich zu denjenigen Katzen, für die ein „Kügelchenkissen" nichts anderes darstellt als ein Klo. Da Penny ihm insgesamt drei Katzentoiletten zur Verfügung stellte (zwei drinnen, eine draußen), konnte er sich die jeweils passende aussuchen. Das klappte gut. Penny freute sich sehr und war der Meinung, dass ihre Beziehung nun wieder in Ordnung sei. Sie vermisste Luke zwar immer noch, doch mit der Zeit, so glaubte sie, würde Barnabas ein wirklich guter Kumpel für sie werden.

Tipps zur Anlage eines Außengeheges

▶ Wird das Gehege mit einem Beton- oder Steinplattenboden ausgestattet, kann es die Katze ganzjährig nutzen.

▶ Besonders geeignet ist eine Holzrahmenkonstruktion (durch einen schadstoffarmen Schutzanstrich wetterbeständig gemacht), an die von außen ein Gittergeflecht angebracht ist.

▶ Steht das Gehege auf der Südseite des Hauses, müssen unbedingt Aufenthaltsplätze für die Katze vorhanden sein, die vor direktem Sonnenlicht geschützt sind.

▶ Das Dach sollte immer mit einem wasserfesten Material überzogen sein, das vor Wetterunbilden schützt.

▶ Die Wand des Wohnhauses kann in die Konstruktion des Außengeheges mit einbezogen werden – mit oder ohne Zugang durch eine Katzenklappe.

▶ Damit man das Freigehege leicht betreten und reinigen kann, sollte es eine Tür haben.

▶ Das Gehege braucht nicht groß zu sein, doch man sollte durch den Einbau von Holzplattformen und Rückzugsbereichen seine gesamte Höhe ausnutzen.

▶ Diese Bereiche können durch Holzbalken oder -rampen zugänglich gemacht werden.

▶ In ein Außengehege gehören außerdem Töpfe mit Gras oder anderen katzenfreundlichen Pflanzen.

▶ Ist das Gehege groß genug, stellen Sie eine „Wasser-Attraktion" darin auf; ansonsten genügt auch eine Schale mit Wasser, die allerdings immer gefüllt sein muss.

▶ Vor allem wenn die Katze keinen freien Zugang zum Haus bzw. in den Auslauf hat, sollte im Gehege eine geschlossene Katzentoilette aufgestellt werden.

* * *

Durch Bakewell erfuhr ich zweifellos vieles über die Gefahren der reinen Stubenhaltung von Katzen. Im Laufe der Jahre blühte er richtig auf und wurde zum Liebling aller. Er kann schnurren, dass die Gläser im Schrank wackeln, und er mag nichts lieber als bei einem Menschen auf dem Schoß zu liegen und dabei seinen Kopf zwischen dessen Beinen zu vergraben. Bakewell ist zu einem großen, stattlichen und schlacksigen Kater herangewachsen mit einem langen buschigen Schwanz und einem fließend-schlenkernden Gang, der unwechselbar ist. Peter und ich sagen immer, wäre Bakewell ein Mensch, er würde Perlen tragen, Naturreis essen und über Frieden und Liebe diskutieren. In seinem Territorium kämpft er kaum mit anderen Katzen, sondern zieht es vor, der Konfrontation aus dem Weg zu gehen und sich selbst der nächste zu sein. Die einzigen Aggressionshandlungen, die Bakewell an den Tag legte, waren sachte „Flüche" und ein paar Backpfeifen in Richtung seiner Schwester. Puddy zahlte ihm dies jedes Mal mit großem Enthusiasmus heim. Trotzdem aber schliefen beide stets gemeinsam auf einem Katzenbett.

Bakewell lebt heute noch – als letzter Überlebender der ursprünglichen Vierergruppe. Den Verlust seiner drei langjährigen Katzenkumpane hat er allerdings ziemlich schlecht vertragen. Die Zeit verging, und derzeit ist Bakewell der älteste unserer Kater und ein eher widerwilliger Anführer, denn die Führungsrolle ist sehr stressig für ihn. Als er verzweifelt versuchte, mit der Verantwortung seiner neuen Position zurechtzukommen, hatte er sogar damit begonnen, im Haus Urin zu versprühen. Viele der Nachbarskatzen, die es früher niemals gewagt hätten, näher zu kommen, drangen allmählich in das bisher gut verteidigte Revier ein und strichen um unser Haus in Cornwall herum. Fälschlicherweise hatten wir damals angenommen, dass in der Gegend keine anderen Katzen leben würden. Doch rückblickend wissen wir, dass die drei durchsetzungsfähigsten Tiere der Gruppe bloß prima Arbeit geleistet und diese in Schach gehalten hatten. Als diese drei gestorben waren, schien Bakewell körperlich zu wachsen und wurde, für einen 13-jährigen Kater, sehr muskulös. Seelisch aber schien er sehr verwundbar, und mein Herz tut mir weh, wenn ich ihn sehe, wie er immer noch versucht, dem

Ganzen Herr zu werden. Obwohl er mit seiner Schwester Puddy eine typische Geschwisterrivalität gehabt hatte, vermisst er sie offenbar sehr.

Kürzlich wurde bei Bakewell eine Überfunktion der Schilddrüse festgestellt. Er hatte damit begonnen, nachts laut aufzuschreien, was Peter und mir sofort verdächtig vorkam. Auch Hoppy und Bln hatten sich vor ihren Diagnosen so verhalten. Deshalb befürchteten wir, dass Bakewell das gleiche Schicksal ereilen würde. Drei Wochen lang bekam er Medikamente, dann wurde er operiert. Seine Schilddrüse wurde entfernt, denn an beiden Lappen hatten sich Tumore gebildet. Leider gab es nach der Operation Komplikationen. Die Schilddrüse befindet sich in unmittelbarer Nähe der Nebenschilddrüse, welche zwar äußerst winzig, aber extrem bedeutsam ist, weil sie den Calciumhaushalt des Körpers reguliert. Calcium ist für so ziemlich alle Stoffwechselprozesse notwendig, und Verletzungen der Nebenschilddrüse während einer Operation können sehr gefährlich sein. Wenige Tage nach seiner Operation versteckte sich Bakewell plötzlich auf den Küchenregalen. Er hatte einen sehr ängstlichen Gesichtsausdruck, und der clevere Peter vermutete sofort, dass dies die ersten Anzeichen einer Calcium-Unterversorgung sein könnten. In den folgenden Wochen wurden unzählige Blutuntersuchungen gemacht und Medikamente verabreicht, und Bakewells „Eltern" waren sehr besorgt. Ich wollte unbedingt, dass Bakewell durchkam; vor seiner Operation hatte er eine solch harte Zeit durchmachen müssen, sodass ich jetzt einfach wollte, dass er wieder etwas Freude am Leben bekam. Meine Sorgen wären nicht nötig gewesen. Bakewell mag vielleicht Naturreis essen und Perlen und Sandalen tragen, doch er ist ein zäher Knochen – jetzt ist er nämlich wieder fit!

KAPITEL 5
Der Mehrkatzen-Haushalt

Lucys Geschichte

Lucys Geschichte begann zu jener Zeit, als ich beim RSPCA-Zentrum in Cornwall arbeitete. Es war an einem Tag im Mai als ein fast schon Furcht einflößender Mann in Lederkleidung auf seinem Motorrad vorbeikam und eine kleine Tabby-and-White-Kätzin bei uns abgab. Der Mann war Mitglied eines Ortsvereins der Hell's Angels und gleichzeitig einer der untypischsten Katzenhalter, den ich je getroffen hatte. Seit ihrer frühesten Kindheit, so erzählte er mir, habe ihn das Kätzchen – in seine Lederjacke gekuschelt – überallhin begleitet. Leider wurde sie jetzt etwas zu groß und zappelig, sodass er es besser fand, ein neues Heim für sie zu suchen, anstatt sie zu zwingen, sich an seine nomadische „Hochgeschwindigkeitslebensweise" anzupassen. Der Mann in der Lederkluft war nett und freundlich, und ich versicherte ihm, dass seine kleine Katze ein gutes Zuhause bekommen würde. Das beste sogar, denn im selben Augenblick hatte ich beschlossen, dass sie die Nummer Fünf in unserer Katzenfamilie werden sollte. Ich nannte sie Lucy (bald nur noch als Loose Elastic bekannt) und sie gesellte sich sodann unserer Gruppe zu. Lucy ist eine wunderschöne kleine Katze, die mich sehr an Spooky, meine erste Katze, erinnert. Ich bin froh, dass sie zwar deren Ausdruck, nicht aber deren Nervosität besitzt; welchem Lebewesen sie auch begegnet, stets reagiert sie liebevoll und freundlich. Sie lebte sich prima bei uns ein und wurde gut Freund mit all den anderen Katzen. Zu dieser Zeit hatte ich noch kaum Katzenerfahrung und führte die Neuankömmlinge einfach in die bestehende Gruppe ein ohne wirklich zu wissen, was das für Folgen haben konnte. Doch glücklicherweise hatte ich eine sehr verträgliche Katzenpersönlichkeit ausgewählt, sodass Eintracht herrschte.

* * *

Die Fallstricke eines Mehrkatzen-Haushalts

Die Probleme, die ich bei meiner Arbeit als Katzenverhaltensberaterin zu sehen bekomme, zeigen mir, wie viel Glück ich mit meinem eigenen Mehrkatzen-Haushalt hatte (und immer noch habe). Denn es gab niemals ernstliche Schwierigkeiten, ja es existieren erwiesenermaßen sogar echte Freundschaften zwischen bestimmten Mitgliedern meiner Katzenfamilie. Ich habe nach Schwachstellen innerhalb dieser Beziehungen Ausschau gehalten, doch ich konnte nur ganz normale soziale Interaktionen entdecken, ohne irgendwelche Anzeichen von Störungen. Glauben Sie etwa, ich sähe meine Tiere durch eine rosarote Brille? Immer wieder werde ich mit Mehrkatzen-Haushalten konfrontiert, in denen die Besitzer beteuern, alle ihre Tiere kämen sehr gut miteinander klar, während ich mir allerdings ziemlich sicher bin, dass die Katzen, würde man sie selbst fragen können, folgendermaßen antworten würden:

Interviewer: Also, Fluffy. Dein Leben muss ja sehr schön sein. Du hast ein wundervolles Zuhause und einen großen Garten zum Spielen. Okay, deine Besitzer sind oft nicht da, aber du hast ja Tiger, Jasper und Felix als großartige Gesellschaft. Es muss doch toll sein, mit ihnen zu balgen und den ganzen Tag zusammen Spaß zu haben?
Fluffy: Ja, schon. *(die Pfoten verkreuzt, trotziger Ausdruck)*
Interviewer: Du bekommst doch Gourmetfutter so viel du magst und jeden Tag frisch gekochtes Hühnchen. Das ist doch klasse, oder?
Fluffy: ... Ja, ich denk' schon. *(klingt wie ein aufmüpfiger Teenager)*
Interviewer: Ich kann mir kein glücklicheres Dasein vorstellen. Was bedrückt dich also so sehr? Offen gesagt glaube ich, du bist ziemlich undankbar. Ist dir klar, dass manche Katzen mit einsamen alten Damen in zugigen Landhäusern irgendwo im Nirgendwo leben, nur Katze, Besitzerin und massenhaft abgelegene Landschaft drum herum? Wie würde dir das denn gefallen?
Fluffy: Super! Ich hol' meinen Katzenkorb! *(verlässt den Raum in großer Eile)*

Hätten sie die Wahl, würden viele Katzen so handeln, auch Tiger, Jasper und Felix. Machen wir uns also etwas vor, wenn wir annehmen, unsere Katzen seien solche Busenfreunde?

Sozialverhalten der Hauskatze

Lassen Sie uns einen Blick auf eine Hauskatze werfen, die – ohne direkte Beeinflussung durch ihren Besitzer – frei draußen herumstromert. Dass Katzen Einzelgänger sind, ist per se zu einfach gedacht. Denn viele Verhaltensweisen von Katzen sind den Interaktionen mit Artgenossen gewidmet. Trotzdem glaube ich, dass dies eher eine katzenspezifische Anpassung und Folge ihrer Domestikation ist. Katzen sind in der Lage, in einer unglaublich flexiblen und variablen Gruppenkonstellation zu leben – allein oder in Gruppen von bis zu zweitausend Tieren auf einem Quadratkilometer. Diese Gruppen konzentrieren sich um eine ergiebige Futterquelle (normalerweise vom Menschen gemacht) und haben folgende Vorteile: Das Leben in einer Sozialgemeinschaft bietet jedem einzelnen Individuum mehr Schutz vor Räubern und größere Chancen auch in einem schwierigen Umfeld zurechtzukommen, und es erleichtert die Suche nach einem Fortpflanzungspartner. Diese Überlebensstrategien sind für die Katze ebenso bedeutsam wie für jedes andere Tier.

Was passiert also, wenn sie mit uns zusammenleben? Wir kastrieren sie (gewöhnlich), und wir entscheiden darüber, wer mit wem vergesellschaftet wird. Wir setzen sie dann in ein Revier, in dem möglicherweise schon viele andere Katzen leben, die sich – könnten sie es selbst entscheiden – nicht unbedingt so dicht zusammengerottet hätten. Können Mehrkatzen-Haushalte also überhaupt funktionieren? Bieten sie den Katzen die gleichen Annehmlichkeiten wie uns? Lassen Sie uns versuchen, diese Fragen zu beantworten, indem wir uns die Schwierigkeiten anschauen, zu denen es kommen kann.

Die „Miezen-Missetäter"-Umfrage

Um das Thema mit einigen Zahlen zu untermauern, betrachten wir zunächst einmal die Ergebnisse einer Umfrage, die ich mit Unterstützung der Zeitschrift *All About Cats* durchgeführt habe. Die Leser wurden gebeten, einen Fragebogen auszufüllen, in dem sie Auskunft über etwaige Verhaltensprobleme mit ihren Katzen geben sollten. Insgesamt 267 Besitzer mit zusammen 784 Katzen machten mit (eine Dame teilte ihr Heim mit 30 pelzigen Freunden). Der Bogen enthielt verschiedene Fragen den Haushalt im Allgemeinen betreffend sowie die Ernährung und die Lebensweise. Anschließend konnten die Leser die unterschiedlichen Probleme auflisten, die bei ihren Tieren auftraten.

Die Mehrheit der Befragten (73 %) besaß mehr als eine Katze. 75 % der Katzen in der Erhebung waren Hauskatzen, der Rest Rassekatzen. Die vier Rassen, bei denen laut Umfrage die meisten Probleme auftraten, waren Siamkatzen, British Kurzhaar, Perser und Burmesen. Nur etwas mehr als ein Viertel der Besitzer hielt die Katzen ausschließlich im Haus. All die anderen gewährten ihren Tieren entweder freien oder beschränkten Zugang nach draußen, wobei fast zwei Drittel den Tieren dazu eine Katzenklappe zur Verfügung stellten.

Die meisten Halter, die den Fragebogen ausfüllten, hatten mehr als ein Verhaltensproblem mit ihren Katzen, entweder ausschließlich mit einem Tier oder mit mehreren. Das wirklich erschreckende Ergebnis war, dass 27 Haushalte versuchten, gleichzeitig mit acht unterschiedlichen Verhaltensproblemen zurechtzukommen!

Diese Umfrage lieferte zahlreiche nützliche Informationen, nicht zuletzt solche, die sich auf die möglichen Schwierigkeiten in Mehrkatzenhaushalten bezogen. Weil viele Halter kaum Kenntnisse über Katzenverhalten besitzen, bemerken sie oft nicht, dass zwischen ihren Tieren Spannungen herrschen. Wenn die Katzen nicht miteinander kämpfen, gehen sie davon aus, die Stimmung sei gut. Doch Katzen wissen ganz genau, dass es wesentlich bessere Kampfstrategien gibt! Aggression zwischen Katzen kann passiv, feinsinnig und sozusagen „hinten herum" ablaufen, trotzdem leidet das Opfer unter einem solchen unbarmherzigen Konflikt unheimlich stark.

Da Katzen ihre Gefühle nur in beschränktem Maße zeigen können, ist es – treten Verhaltensprobleme im Haushalt auf – manchmal empfehlenswert, mögliche Disharmonien anhand von Indizien zu diagnostizieren. Wenn etwa deutliche Schlieren dunklen klebrigen Urins am Heizkörper zu erkennen sind, ist dies ein sicheres Anzeichen dafür, dass etwas nicht stimmt.

Urin verspritzen

Das Verspritzen von Urin ist bei Katzen ein ganz normales Verhalten und dient als starkes optisches und olfaktorisches Kommunikationsmittel innerhalb ihrer Reviere. Katzen sind offensichtlich dazu fähig, zwischen versprühtem und normal abgesetztem Urin zu unterscheiden. Der Unterschied beider Urinmarken kommt wohl durch die Analdrüsen zustande. Diese sondern, wird der Urin versprüht, eine ölige zähflüssige Substanz ab – die wir dann an unseren Fußbodenleisten finden. Im Haus gibt es für eine Katze eigentlich keine Veranlassung, Urin zu verspritzen, vorausgesetzt sie empfindet es als ihr Heim erster Ordnung, wo sie sich vollkommen sicher und geborgen fühlt. Fühlt sie sich mit einem Mal dort nicht mehr geborgen, sondern gestresst, dann hat sie nur wenige Möglichkeiten, dieses Missbehagen auszudrücken. Demzufolge bedient sie sich eines natürlichen Verhaltens (des Urinverspritzens), das normalerweise in Konfliktsituationen eingesetzt wird. Doch nicht jedes Urinversprühen ist angstinduziert, es kann auch mit dem Territorialverhalten anderer Katzen in Zusammenhang stehen. Meiner Erfahrung nach ist dies bei „Sprühproblemen" im Haus aber selten der Fall, sofern kein Eindringling von draußen hereinkommt.

Man weiß bis heute immer noch nicht genau, weshalb es für eine Katze so wichtig ist, ihren Urin zu verspritzen. Die Hauptursache für dieses Verhalten liegt vermutlich beim jeweiligen Individuum selbst. Jede Katze ist in der Lage, Urin zu verspritzen, egal, ob Kater oder Kätzin, kastriert oder nicht. Sexuell aktive Katzen verspritzen mit Pheromonen versetzten Urin, um ihre Paarungsbereitschaft kundzutun. Kastrierte Tiere sprühen in Gebieten, in denen sehr viele Katzen leben, sozusagen als Teil ihrer Tagesroutine etwa auf Zäune und Sträucher. Ob es ihnen wirklich mies geht, oder ob sie sich gerade ganz prima fühlen – indem sie ihren Urin verspritzen, können Katzen allen möglichen Gefühlen Ausdruck verleihen. Nichtsdestotrotz kann man bei einzelnen recht schwierigen Persönlichkeiten davon ausgehen, dass eine andere Katze Auslöser des Problems ist. Beispielsweise könnte die betroffene Katze Angst vor den vielen Katzen draußen verspüren und annehmen, diese würden möglicherweise ins Haus eindringen, oder noch schlimmer, der potenzielle Aggressor könnte sich schon unter den Kumpanen im Haus befinden. Äußerst unheimlich.

Ob meine Theorie über die fragile Natur der meisten Mehrkatzen-Haushalte zutrifft, ließ sich mit den Daten aus der Umfrage relativ leicht überprüfen. Ein erschreckendes Ergebnis meiner Befragung wurde schnell offensichtlich: Die Häufigkeit des Urinverspritzens im Haus steigt mit der Anzahl der dort lebenden Tiere, und zwar von 17 % in Einkatzen-Haushalten bis auf 86 % bei solchen mit sieben oder mehr Katzen. Na bitte! In jedem Haushalt gibt es eine individuelle Schwelle, ab der es „eine Katze zu viel" ist. Leben zwei besonders unverträgliche Exemplare zusammen, kann diese Schwelle schon bei zwei Tieren erreicht sein, in anderen Haushalten dagegen erst ab sieben. So oder so braucht man eine gehörige Portion Glück (sowie das richtige Umfeld), um zu verhindern, dass die Hölle losbricht. Versprühen Katzen im Haus Urin, ist dies oft nur eines der Anzeichen dafür, dass sie ein generell unruhiges und nervenaufreibendes Leben führen (nur bei 5 % der Haushalte, in denen Katzen Urin verspritzten, war dies das einzige Problem, das es dort gab). Neben dem Verspritzen von Urin gibt es meist zusätzlich noch andere Schwierigkeiten. Beispielsweise kratzen die Tiere drinnen übermäßig viel, oder es gibt in der Gruppe einzelne ängstliche Individuen, oder, was noch übler ist, die Tiere hinterlassen überall im Haus Kot und Urin.

Floss – „Bettnässen" im Mehrkatzen-Haushalt

Dazu hier ein typisches Beispiel: Eine Frau, ihr Name war Sue, rief mich an, um mir mitzuteilen, dass sie sich um eine ihrer Katzen große Sorgen machte. Diese nämlich hatte plötzlich damit begonnen, auf Sues Bett zu pinkeln, und zwar just nachdem das Geschenk, das ihr Sue zum 13. Geburtstag gemacht hatte, angekommen war: eine einohrige Katze aus dem örtlichen Tierheim (mir persönlich wären Blumen lieber gewesen). Weil ihr Tierarzt keine medizinische Ursache für dieses Verhalten finden konnte, vereinbarten wir für das Ende der Woche einen Besuchstermin.

Sue war freundlich, quicklebendig und eifrig darum bemüht, zu verstehen, weshalb Floss, der „Bettnässer", sich plötzlich so schändlich benahm. Während ich mich ins Wohnzimmer setzte und mir ein paar Notizen machte, begann Sue unter den wachsamen Augen von Sandy, der ältesten ihrer vier Katzen, zu berichten. Floss hätte sich wahrscheinlich auch dazu gesellt, wäre sie nicht – mit Pupillen riesig wie Untertassen – hinter dem Fernseher in der Zimmerecke verschwunden. Sues andere Katzen, Pokemon und Splodge (der einohrige Neuankömmling), hielten sich anderswo auf. Als wir gerade dabei waren uns über den Hintergrund des Problems zu unterhalten, stolzierte mit lässiger Selbstverständlichkeit eine große Tabby-Katze ins Zimmer. Ich machte eine kurze Ohrenkontrolle und sagte: „Ah, das muss Pokemon sein." Sue antwortete sofort: „So ein Quatsch! Das ist doch Buster. Er lebt ein paar Häuser weiter. Jeden Morgen kommt er für ein Nickerchen herein." Wie dumm von mir. Anstatt gleich darauf zu antworten, schrieb ich einige bitterböse Notizen auf meinen Block. Buster verließ den Raum und ging durch die Katzenklappe nach draußen. Wenige Minuten später klickte die Katzenklappe erneut und kündigte die Ankunft einer anderen Katze an. Als ein geschmeidiges, junges schwarzes Tier das Zimmer betrat, fragte ich zögernd „Pokemon?", aber Sue informierte mich stolz darüber, dass dies Princess sei, das kleine Katzenmädchen von nebenan, das gern zum Spielen vorbei kam, wenn ihr die Kinder ihrer Besitzerin zu ungestüm wurden. Schließlich bekam ich Pokemon und Splodge dann doch noch zu Gesicht: Einen zog Sue vorsichtig unter dem Gästebett hervor, den anderen holte sie aus einem Schuhkarton, der in ihrem Kleiderschrank stand. Als Sue die Katzen freigab, schlüpften beide sofort wieder in ihre Verstecke zurück, sodass man hätte glauben können, sie seien dort mit einem Gummiband festgemacht. Doch immerhin hatte ich sie kurz gesehen, und die Plätze, an denen sie sich aufhielten, sprachen Bände. Wir gingen noch einmal ins Wohnzimmer und als da schon wieder ein anderes neues Katzengesicht am Fenster erschien (Claude aus dem Bungalow gegenüber), stellte ich die Frage, die mir schon lange auf den Nägeln brannte: „Glauben Sie nicht, dass es verkehrt ist, diese ganzen fremden Katzen ins Haus zu lassen?" Sues Antwort war interessant, wenn auch etwas irrig: „Oh, nein. Ich fördere das sogar. Ich freue mich sehr, dass meine Tiere so gute Sozialkontakte pflegen!"

In den nächsten paar Minuten zerschlug ich – so sanft, wie das eben möglich war – Sues gesammelte Ansichten über ihre eigenen Katzen und über Katzen im Allgemeinen. Während ich jeden einzelnen Raum inspizierte, entdeckte ich eine Vielzahl anderer Zeichen dafür, dass die Katzen in diesem Haushalt in echter Alarmbereitschaft standen. So fand ich am Eingang zum Schlafzimmer Stellen, an denen die Tapete abgekratzt war, auf dem Treppengeländer und an den Fußbodenleisten neben der Eingangstür kleine Mengen von verspritztem Urin, eine äußerst übel riechende Matratze und vier stressgeplagte Katzen! Sue war am Boden zerstört. Gelegentlich hat ein Katzenhalter ein ganz bestimmtes und offenkundiges Problem (Floss pinkelte auf das Federbett), das er unmöglich ignorieren kann. Deshalb sucht er meine Hilfe für dieses spezielle Problem, von dem er glaubt, es sei das einzige, mit dem er in seinem Haushalt konfrontiert sei. Das aber ist nur selten der Fall. Normalerweise stellt man nämlich fest, dass es nur die Spitze eines Eisberges darstellt. Alle vier Katzen, auch Splodge der Neuankömmling, fühlten sich gleichermaßen unsicher, denn jedermann kam und ging, wie es ihm beliebte. Das gute Gefühl „my home is my castle" konnten sie demzufolge niemals genießen. Die Zugbrücke war runtergelassen, und die Invasoren drangen einfach ein. Die Ankunft von Splodge hatte bei Floss das Fass zum Überlaufen gebracht, und ihr Missbehagen schlug ihr direkt auf die Blase. Auch für die anderen Katzen war dies hier ein böser Spuk.

Ich dachte, ich hätte vielleicht eine Chance, etwas Ordnung in diesen Haushalt zu bringen, wenn ich ausschließlich mit den vier ansässigen Katzen und nicht mit der gesamten Nachbarschaft arbeiten würde. Wenn Katzen im Haus Urin verspritzen, oder sich außerhalb der Katzentoilette lösen, steht dies oft damit in Verbindung, dass sie kein wirklich trautes Heim ihr Eigen nennen können. Schuld daran ist meist die Katzenklappe, die mehr Schaden bringt als Nutzen.

Als diese wunderbare Erfindung das erste Mal auf dem Heimtiermarkt erschien, war man absolut begeistert. Großartig! Endlich konnte man es der Katze ermöglichen, nach eigenem Belieben zu kommen und zu gehen, während man tagsüber zum Arbeiten außer Haus war. Kein Tag mehr, den die Mieze draußen in der Kälte zubringen musste; kein Tag mehr, an dem sie gelangweilt drinnen auszuharren hatte, weil mal wieder vergessen worden war, sie morgens schnell hinauszulassen. Die meisten Katzen hatten flugs heraus, wie dieses Teil zu verwenden war, und so wurde die Katzenklappe als ein echter Durchbruch in der Tierhaltung gefeiert. Ich sehe Katzenklappen allerdings in einem etwas anderen Licht. Lassen Sie uns doch einmal ein Szenario aus unserer menschlichen Welt durchspielen, das Ihnen eine vergleichbare Situation vor Augen führt.

Eines Tages kommt Ihr Partner nach Hause und verkündet, er habe eine famose Idee. Sie beide verschwendeten beim abendlichen Nachhausekommen viel zu viel Zeit damit, nach den Schlüsseln zu kramen, weshalb er beschlossen habe, die Eingangstür durch eine Schwingtür zu ersetzen, die man leicht mit der Schulter aufdrücken konnte, um rasch hineinzugehen. Keine Schlösser oder Schlüssel mehr, einfach absolut freier Durchgang nach drinnen bzw. draußen. In der ersten Nacht mit dieser brillanten Schwingtür haben Sie Probleme mit dem Schlaf. Sie hören ständig Geräusche und fragen sich, ob das diese neue Tür ist. Ist da jemand unten? Nachts stehen Sie mehrmals auf und spähen übers Treppengeländer, um zu schauen, ob jemand in der Diele ist. Am nächsten Tag gehen Sie kurz nach draußen, aber Ihnen fällt auf, dass Sie sich dabei nur nach komischen Gestalten umsehen, die Ihre neue Tür ausnutzen und sich Einlass verschaffen könnten. Sie kommen früh heim. An diesem Abend sitzen Sie mit Ihrem Partner im Esszimmer, die Schwingtür klappert und ein großer bedrohlicher Fremder marschiert in Ihren Flur und dann direkt in Richtung Küche. Hinter dem Sofa kauernd müssen Sie zusehen, wie er sich Essen aus Ihrem Kühlschrank nimmt, etwas dazu trinkt und dann nach oben geht, um ein kurzes Nickerchen zu halten. Anschließend verschwindet er wieder. Sie beide sind entsetzt. In dieser Nacht bewachen Sie abwechselnd Ihre neue Schwingtür. Gegen Ende der Woche sind Sie beide am Rande eines Nervenzusammenbruchs. Im ganzen Haus hängen Sie Bilder von Rottweilern auf, deren Sprechblasen sagen: „Mach' ruhig weiter so, und mein Tag ist gerettet." Sie installieren Alarmanlagen-Attrappen an den Wänden und kleben überall Sticker auf mit dem Hinweis auf wachsame Nachbarn. Aber die Besuche hören nicht auf, denn es hat sich herumgesprochen, dass Ihr Haus allen offen steht. Kurz und gut, Sie stehen den Eindringlingen machtlos gegenüber.

Wenn Ihre Katze das nächste Mal neben der Katzenklappe sitzt und diese anstarrt, denken Sie doch bitte an diese Geschichte mit der Schwingtür. Bestimmt verstehen Sie dann besser, was Ihre Katze wirklich denkt.

Kommen wir nun zu Sues Problem zurück. Die Katzenklappe musste verschwinden, das war klar. Die Umfrageergebnisse bezüglich der Verhaltensprobleme sprachen mit Sicherheit, wenn auch nicht endgültig, für die Argumente gegen Katzenklappen. 57 % der Haushalte mit Katzenklappe hatten Probleme mit Urinverspritzen. War keine Katzenklappe vorhanden, hatten nur 21 % der Haushalte damit zu tun. Sue akzeptierte, dass sie die anderen Katzen von Besuchen in ihrem Haus abhalten musste, doch sie schlug einen Kompromiss vor: Sie wollte ein selektiv arbeitendes Klappensystem installieren, mit Magnetschlüsseln, die ihre eigenen Katzen an den Halsbändern tragen sollten, und die nur ihnen allein den Zutritt gewährten. Das würde doch bestimmt die anderen Katzen am Hereinkommen hindern? Wenngleich diese Idee in der Theorie prima funktioniert, so gibt es bei solchen magnetischen Systemen doch mehrere Schwachstellen. Erstens funktionieren sie nicht immer, weil manche Katzen offensichtlich nicht in der Lage sind, ihren Hals so zu halten, dass der Mechanismus aktiviert wird. Zweitens verstehen Katzen das Prinzip des exklusiven Zugangs nicht. In ihrem Kopf bedeutet eine Katzenklappe immer: Die Zugbrücke ist unten. Drittens werden so ausgestattete Katzen plötzlich Sammler von metallischen Kleinigkeiten wie etwa Nägeln, die von den Halsbändern angezogen werden. Leider sind das nicht die einzigen Kritikpunkte. Bewegt sich die Katze schnell auf die Klappe zu, bleibt ihr der Eintritt verwehrt (stattdessen bekommt sie heftige Kopfschmerzen, weil sie gegen eine harte Tür rennt). Überdies gelingt es dem „Schlägerkater" aus der Nachbarschaft trotzdem einzubrechen – einfach mit roher Gewalt und Ignoranz. Das Einzige was wirklich hilft, ist, die Katzenklappe komplett zu entfernen, um so den hausansässigen Katzen zu signalisieren, dass ihre Trutzburg wieder sicher ist. Normalerweise genügt es, die Tür (auf beiden Seiten) mit Sperrholz zu vernageln und den Tieren damit den Eindruck zu vermitteln, es handele sich um eine stabile Tür.

Sue befolgte die Ratschläge und ließ ihre Katzen immer nur dann in den Garten, wenn diese danach verlangten. An fünf unterschiedlichen und verschwiegenen Orten im Haus stellte sie Katzentoiletten auf (nach der Regel ein Klo pro Katze plus eines). Auch richtete sie ein paar neue, hoch gelegene Ruheplätze sowie Schlafplätze an heimeligen Stellen ein. Sie stellte zusätzliche Futter- und Wasserschalen auf, um Floss, Pokemon, Splodge und Sandy das Gefühl zu geben, Vorräte im Überfluss zu haben. Der Geruchssinn einer Katze ist unglaublich empfindlich, und positiv besetzte Duftinformationen sind ein gutes Mittel, ihr wieder das Gefühl von Sicherheit zu geben. Futter, Katzenminze sowie beispielsweise die natürlichen Pheromonstoffe aus den Wangendrüsen und dem Gesicht der Katze können solche geruchlichen Informationen sein. Bei Untersuchungen der kätzischen „Gesichtspheromone" und ihrer Bedeutung auf die Durchschnittskatze fand man heraus, dass Katzen dort, wo sich nachweislich solche Pheromone befinden, weniger zum Urinspritzen neigen. Einzelne Inhaltsstoffe dieser Pheromone, die jeder Katze eigen sind, kann man inzwischen synthetisch herstellen und in solchen Haushalten einsetzen, in denen es Probleme mit dem Verspritzen von Urin gibt. Zusammen mit einer Verhaltenstherapie können diese Pheromonstoffe ein nützliches Hilfsmittel sein.

In den nächsten paar Wochen bemühte sich Sue sehr um ihre Tiere und war verblüfft, wie diese sich verwandelten. Sie meinte, sie seien entspannter geworden, würden häufiger spielen und an offeneren Plätzen eine Ruhepause einlegen. Zudem lungerten sie nicht mehr stundenlang um die Katzenklappe herum, und zu guter Letzt war auch Splodge für Floss kein wirkliches Problem mehr. Die Matratze auf Sues Bett musste leider entsorgt werden, doch alles andere gab sich bald, und Buster, Princess und Claude mussten sich demzufolge anderswo ihre Unterhaltung suchen.

Pinkeln an ungeeigneten Stellen

Wenn Katzen – vor allem solche in einem Mehrkatzen-Haushalt – an unpassenden Orten in der Wohnung Urin abgeben, kann dies ein wirkliches Problem darstellen. Menschen, die damit konfrontiert sind, werden mit zahllosen unsinnigen Ratschlägen überhäuft. 30 % der Haushalte in meiner „Miezen-Missetäter"-Umfrage waren ständig damit beschäftigt, Urin aufzuwischen. Wie schädlich Urin nicht nur für den Teppich ist, sondern gleichwohl für die gesamte Beziehung zwischen Mensch und Katze, wissen diese Halter nur allzu gut. Wann immer ich diese bedauernswerten Katzenhaushalte besuche, werde ich (neben dem beißenden Aroma von Ammoniak, das mich an die früher gebräuchlichen Dauerwellensubstanzen erinnert) mit Lufterfrischern jeder nur erdenklichen Art bombardiert, mit Alufolie auf dem Teppich, Kunststofffolien, die übers Sofa gebreitet wurden, mit Kiefernzapfen in den Zimmerecken, Pfeffer hinter dem Fernsehapparat, Orangenschalen auf den Treppen und anderen seltsam anmutenden „Wundermitteln", die man den Leid geplagten Besitzern empfohlen hatte, um dem Problem Herr zu werden. Alles vollkommen zwecklos. Abschreckende Maßnahmen verlagern das Problem bloß, weil die eigentlichen Ursachen weder ausgemacht, noch direkt angegangen werden. Ich empfehle Ihnen dringend, keine Zeit mit so etwas zu verschwenden. Besser ist es, Sie begrenzen den Schaden, indem Sie den Freiraum Ihrer Katze solange etwas einschränken bis professionelle Hilfe kommt.

Mildernde Umstände für Katzen, die das Haus verunreinigen

Obwohl nichts die Verhaltenstherapie ersetzt, gibt es doch stets Hilfreiches, das man zunächst in Angriff nehmen kann, bevor man die Experten zu Hilfe ruft. Gerade so wie vor Gericht, bemühe ich mich immer, herauszufinden, warum Katzen ihr Zuhause verunreinigen, damit ich ihnen mildernde Umstände bescheinigen kann. Das ideale Katzenzuhause ist das, in dem die Mieze für ihr schändliches Verhalten gar keine mildernden Umstände geltend machen kann. Natürlich ist dies der völlig falsche Ansatz, an das Problem heranzugehen, denn wenn Katzen ins Haus machen, sind sie weder böse noch ungezogen. Vielmehr sind sie dann immer unglücklich, weil in ihrer Welt etwas schief läuft, gegen das sie ohne die Unterstützung ihrer Halter nichts ausrichten können. Lassen Sie uns also alles Erdenkliche tun, damit wir ihre Bedürfnisse wirklich von Grund auf begreifen. Die unten aufgeführte Liste erhebt keinen Anspruch auf Vollständigkeit, doch sie kann Ihnen aufzeigen, wie viele Kleinigkeiten es gibt, die für unsere Katzen größte Bedeutung erlangen.

▸ Es geht mir nicht gut. Ich habe eine Blasenentzündung und muss ständig dringend Pipi machen.

▸ Es geht mir nicht gut. Ich habe Durchfall und schaffe es nicht mehr aufs Katzenklo.

▸ Ich bin alt und hätte gern den Luxus einer Katzentoilette drinnen im Haus.

▸ Eine Nachbarskatze hat mich erschreckt als ich gerade unter den Nadelbäumen gepinkelt habe. Das mache ich deshalb so schnell nicht wieder – aber im Haus gibt es keine Katzentoilette.

▸ Mein Besitzer hat draußen einen entzückenden Feng-Shui-Garten errichtet, dabei aber meine Lieblingslöseplätze zubetoniert.

▸ Es gießt in Strömen und es windet stark. Wieso gehst du bei diesem Wetter nicht selbst mal draußen aufs Klo?

▸ Die Katzentoilette ist dieselbe, die ich schon als Welpe hatte. Ich bin jetzt größer und kann mich darin nicht bequem umdrehen und graben.

▸ Der Hund starrt mich an, wenn ich das Katzenklo benutze. Es gibt einfach keine Privatsphäre.

▶ Die Katzentoilette steht neben der Waschmaschine, die nachts plötzlich anspringt. Das kann unheimlich sein.

▶ Die Holzpellets in meinem Klo waren vielleicht toll als ich jung war, aber inzwischen bin ich schwerer geworden. Es ist, wie wenn man barfuß auf kleinen spitzen Steinen läuft. Autsch!

▶ Meine Besitzer reinigen meine Toilette nicht regelmäßig. Weil es sich um ein geschlossenes Modell handelt, nehmen sie den Geruch nicht rechtzeitig wahr. Wenn ich dort hineingehe, tränen mir die Augen. Es stinkt!

▶ Die Katzentoilette liegt zwar für meinen Besitzer günstig, für mich ist sie aber nur zu erreichen, wenn ich eine Art Hindernisparcours überwinde (übers Regal, über den Staubsauger, durch die Klappe, usw.).

▶ Ich muss mein Klo mit einer anderen Katze teilen. Blöder Bruder, ich mag ihn noch immer nicht. Ich will eine separate Toilette.

▶ Meine Toilette steht direkt neben meinem Futternapf. Ekelhaft, wie unhygienisch!

▶ Sooty lässt mich das Katzenklo nicht benutzen. Er sagt, es sei seins.

▶ Meine Besitzer geben zu meiner Toiletteneinstreu einen nach Kiefer riechenden Erfrischer. Es riecht grässlich.

▶ Ich muss auf ein Katzenklo gehen, dass direkt an einer mit Glasfenstern versehenen Tür zum Innenhof liegt, und die Katze von nebenan schneidet mir dabei Grimassen.

▶ Die Toilette steht direkt neben der Katzenklappe. Was, wenn eine fremde Katze hereinkommt, während ich sie gerade benutze? Ich kann mich nicht verteidigen.

▶ Meine Besitzer legen Zeitungen unten in mein Klo, beschweren sich dann aber, wenn ich auf den *Sunday Telegraph* pinkle, bevor sie ihn gelesen haben. Das ist doch unlogisch, oder?

▶ Als ich das letzte Mal das Katzenklo verwendet habe, schob mir mein Besitzer eine Pille den Rachen hinunter. Ich gehe dort nicht mehr hin.

▶ Ich bin ein Perser – verdammt noch mal! Was erwarten Sie? *(Alle Perser-Besitzer mögen dies entschuldigen! Es gibt viele Perserkatzen, die sich absolut mustergültig verhalten. Doch dieses Problem kommt gerade bei Persern auffallend häufig vor.)*

Verunreinigte Stellen säubern

Versteht man, weshalb eine Katze das Haus verunreinigt, so ist dies bereits die halbe Miete. Darüber hinaus hilft es immer (egal ob eine Katzenklappe vorhanden ist oder nicht), eine passende Anzahl von Katzentoiletten mit feinkörnigem Substrat an verschiedenen verschwiegenen Stellen im Haus aufzustellen, um dem Problem zu begegnen. Zudem ist es äußerst wichtig, bereits verschmutzte Stellen zu reinigen. Allerdings sind die meisten käuflichen Produkte recht wirkungslos, wenn die Verschmutzungen schon seit längerem bestehen. Im Verlauf einiger Monate oder Jahre können Katzen eimerweise Urin abgeben, der dann durch den Teppich und die Unterlage sickert bis in den darunter befindlichen Holzboden oder den Beton hinein. Katzenurin ist sehr aggressiv. Oft gibt es keine andere Möglichkeit, als den Teppich in diesem Bereich zu ersetzen. Bevor man einen neuen Teppich legt, ist es sinnvoll, den Holz- oder Betonboden zu behandeln. So lassen sich etwaige noch vorhandene Gerüche entfernen. Um die Geruchsentfaltung in der Katzentoilette zu reduzieren, werden den Katzenstreuen Additive beigemischt, die ein Mineral namens Zeolith enthalten. Dieses wirkt extrem stark absorbierend. Wird Zeolith reichlich an den betroffenen Stellen ausgebracht, kann es die Geruchsstoffe binden, die eventuell noch im Boden schlummern. Nach 48 Stunden wird es wieder abgesaugt. Während es seine Wirkung tut, sieht es aus wie ein offenes Katzenklo – und riecht auch so. Aus diesem Grund heißt es, alle Katzen davon fern zu halten.

Aggressionen im Mehrkatzen-Haushalt

Wir wissen nun, dass es in Mehrkatzen-Haushalten eine Vielzahl stressinduzierter Probleme gibt. Das Verhalten, das von Haltern mehrerer Katzen am häufigsten genannt wird, hat mit einer ganz natürlichen Reaktionsweise der Katze zu tun, die wir äußerst unerfreulich finden. Zwei Drittel der Besitzer, die an der Verhaltensumfrage mitgemacht hatten, klagten über territoriale Aggressionen und Kämpfe. (Das bedeutet mindestens bei einer Katze pro Haushalt, in denen Freigängerkatzen lebten.) Manche Katzen sind von

Natur aus territorialer und aggressiver als andere; 16 % der Katzen, die draußen in Kämpfe verwickelt waren, verhielten sich auch den Katzen in ihrem Zuhause gegenüber aggressiv. Wie schon erwähnt, kann sich dies sowohl passiv bzw. nicht offen zur Schau getragen äußern, als auch in Form aktiver physischer Aggression. Passive Aggressionshandlungen kommen meist häufiger vor. Denn für das Überleben von Katzen mit ihren imposanten Waffen ist es eher schädlich, gleich bei jeder Gelegenheit offen zu kämpfen. Katzen haben viele Körpersignale, mit denen sie drohen oder ihrem Gegenüber anzeigen können, dass sie nicht gewillt sind, sich in einen Kampf verwickeln zu lassen. Katzenhalter haben oft nicht die geringste Ahnung davon, dass ihre süßen Hausgenossen einander insgeheim verabscheuen. Würden Sie die Anzeichen bemerken? Kann man Aggression unter Katzen im Mehrkatzen-Haushalt so einfach entdecken? Kann man sie ausschließlich an den Folgen erkennen (also, wenn es ein Verhaltensproblem gibt) oder nur, wenn aktiv gekämpft wird?

Hier noch eine andere interessante Statistik, die ganz nebenbei etwas Licht in diese komplizierte Angelegenheit bringt. 1995 habe ich eine Umfrage über ältere Katzen gemacht. Dabei habe ich Daten von 1236 Katzen zusammengetragen, die älter als zwölf Jahre waren (mehr darüber in Kapitel 8). In einem Teil dieser Umfrage ging es um Tiere, deren vierbeinige Hausgenossen gestorben waren. 60 % der Tiere (596), die solch einen Verlust erlitten hatten, zeigten sehr auffällige Reaktionen. Sehr viele suchten und riefen nach ihrem alten Kumpan. Von vielen anderen heißt es, sie seien danach aufgeblüht und ruhiger, freundlicher und „glücklicher" geworden. Anderen, speziell den Orientalen, schien es besser zu gehen, nachdem man ihnen einen neuen kätzischen Kameraden zugesellt hatte. Wir beginnen nun also zu verstehen, wie schwierig es ist, wirklich sicher gehen zu können, dass alle Mehrkatzen-Haushalte so gut funktionieren, wie wir annehmen.

Soziale Kommunikationssignale

Lassen Sie uns kurz einen Blick auf die Sozialstruktur der Katze werfen. Betrachten wir zunächst einige der am häufigsten zu beobachtenden Signale, die Sie vermutlich kennen und sozusagen mit den Augen einer Katze sehen sollten.

▶ Direktes Anstarren wirkt wie eine Kampfansage. Normalerweise setzen es die dominanteren Tiere ein.

▶ Offen ausgetragene Kämpfe zwischen Katzen sind wesentlich wahrscheinlicher, wenn es zwischen ihnen keine Unterschiede im sozialen Status gibt.

▶ Katzen mit hohem Status, die oben in der Rangordnung stehen, können dem aktiven Kampf aus dem Weg gehen. Sie schauen einfach weg und entfernen sich, dann setzen sie sich hin und putzen sich. Damit zeigen sie der anderen Katze an, dass sie verloren hat. Nur wirklich ranghohe Tiere sind dazu fähig. Sie sind sich ihrer Stellung nämlich so sicher, dass sie nichts mehr zu beweisen brauchen, ja dass sie als Zeichen ihres Sieges danach gelegentlich sogar Urin verspritzen.

▶ Das Verhalten, das eine dominante Katze an den Tag legt, kann sehr subtil und vollkommen passiv sein. Darin verborgen sind dann alle möglichen Details, die das Gegenüber zu Unterwerfungsgesten oder zum Rückzug veranlassen. Eine dominante Katze kann sich beispielsweise in eine Türzarge stellen oder setzen und so den Zugang zu einem Bereich, den eine andere Katze aufsuchen möchte, blockieren.

▶ Dominante Katzen kontrollieren den Zugang zu den Katzentoiletten, auch halten sie sich länger darin auf und benutzen sie zuerst.

▶ Kater mit niedrigerem sozialem Status zeigen Katern in höheren Rangpositionen ihren Bauch. Es ist allerdings wichtig, diese Verhaltensweise richtig zu deuten, denn zahlreiche Spielhandlungen beinhalten ähnliche Körperhaltungen.

▶ Mit Zischen vermeiden Katzen in der Regel offene Aggressionshandlungen.

▶ Knurrlaute werden bei kämpferischen Auseinandersetzungen eingesetzt – sowohl offensiv als auch defensiv.

▶ Zirpen bzw. Zwitschern sind Laute, die einander bekannte Tiere zur Begrüßung verwenden.

Geselliges Verhalten

▶ Zum Schlafen zusammenkuscheln
▶ Gegenseitige Körperpflege
▶ Aneinanderreiben zum Duftaustausch (dasjenige Tier, das dem anderen das erste „Köpfchengeben" entlocken kann, ist, so nimmt man an, das dominantere)
▶ Freundliche Begrüßung nach langer Abwesenheit
▶ Miteinander spielen

Haben diese Aufzählungen Ihnen geholfen, oder sind Sie nun erst recht verwirrt? Wenn Sie die komplexe Natur von Status und Hierarchie in Katzenhaushalten enträtseln wollen, sind Sie es bestimmt. Manche Forscher sind regelrecht süchtig danach, die „Rangverhältnisse" in Katzengruppen nachzuweisen und verstehen zu müssen. Doch ehrlich gesagt: Katzen sind keine kleinen Hunde, und der Versuch, sie zu einer Tierart mit Rudelstruktur zu machen, ist zum Scheitern verurteilt. Welches Verhalten Katzen, die in einer Gruppe leben, auch immer zeigen mögen – es ist lediglich Zeichen ihrer Fähigkeit, sich an eine unnatürliche Lebensweise anzupassen. Liest man all die Lehrbücher, so erfährt man, dass in Mehrkatzen-Haushalten so genannte lineare Hierarchien beobachtet werden, was so allerdings wiederum eine maßlose Vereinfachung der Sachlage ist. Überdies liefern einige wissenschaftliche Untersuchungen Hinweise darauf, dass sich lineare Hierarchien entsprechend des Ausgangs agonistischer Begegnungen verschieben können. Je ängstlicher ein Tier ist, das steht außer Frage, umso unwahrscheinlicher ist es auch, dass es sich dabei um ein dominantes Tier handelt. Die Stabilität einer Gruppe ist stets davon abhängig, welche Bedeutung die Futteraufnahme, der Kontakt zu den Besitzern und andere Aktivitäten für die Tiere haben. So können beispielsweise diejenigen Katzen, die immer zu bestimmten Zeiten gefüttert werden, aggressiver sein als diejenigen, die ad libitum mit reichlich Futter versorgt werden.
Aggression als solche ist für die „Rangposition" weniger ausschlaggebend als die Reaktion des damit herausgeforderten Tieres. Beobachten Sie doch einmal eine Ihrer Katzen, wenn sie einen

Raum betritt und achten Sie darauf, wie die anderen Tiere in diesem Raum darauf reagieren. Dann bekommen Sie einen Eindruck davon, welchen Rangplatz in der Gruppe sie innehat. Die ranghöchste Katze (oft die älteste und schwerste) verbringt meist mehr Zeit mit Ruhen, Fressen, Klettern, Putzen und Markieren, das heißt, sie beschäftigt sich viel mit sich selbst. Nie werde ich einen Haushalt mit sieben Katzen vergessen, in dem ein uralter Kater ständig damit beschäftigt war, den anderen sechs jede Bewegung vorzuschreiben. Er hatte eine schwere Nierenerkrankung und verbrachte den gesamten Tag unter einem Tisch im Arbeitszimmer, egal, ob er schlief oder wach war. Es gab keinerlei direkte Einflussnahme, doch seine Wirkung auf die anderen war außergewöhnlich stark. Betrachtet man Probleme zwischen Katzen, dann sollte man auch bedenken, dass diese in der Regel erst mit dem Beginn der sozialen Reife der jeweiligen Tiere auftreten, also im Zeitraum zwischen 18 Monaten und vier Jahren. Dies erklärt, weshalb viele Besitzer berichten, die Beziehung ihrer Katzen zueinander habe sich erst in dieser Zeit (bzw. um diesen Zeitraum herum) so dramatisch verändert.

In Katzengruppen den Status und die Rangordnung jedes Einzeltieres herausfinden zu wollen, ist ungeheuer schwierig, und offen gesagt untersuche ich oft Katzen, die in Gruppen zusammenleben und kann dabei überhaupt keinerlei Hierarchie erkennen. Vermutlich ist es einfacher, jede Gruppe als einzigartig zu betrachten, und zudem besser – zumindest in meinem Job – niemals eine strukturierte Hierarchie zu postulieren, weder eine lineare noch sonst irgendeine.

Tinker und Sinbad – Rivalität unter Geschwistern

Wir versuchen stets für unsere Katzen das Beste zu tun, und das schon bei der Entscheidung für oder gegen ihre Anschaffung als solche. Interessiert man sich für Katzenbabys, bekommt man in der Regel den Rat, sie möglichst paarweise zu übernehmen. Das mag für diejenigen von uns sinnvoll sein, die tagsüber arbeiten, weil die beiden süßen kleinen Kätzchen sich dann miteinander beschäftigen können. Ganz bestimmt vertragen sich beide im ersten Jahr wunderbar, spielen gemeinsam, putzen sich gegenseitig und schlafen zusammengekringelt in einem großen Fellball. Wenn man viel Glück hat, kühlt sich diese gute Beziehung nur ab, wenn die Katzen älter werden und beide tolerieren sich einfach. Manchmal finden sie an der Gesellschaft des anderen Gefallen, doch meistens eben nicht. Pat und Jeremy hatten nicht so viel Glück.

Pat und Jeremy lebten in einer ruhigen Sackgasse in einem verschlafenen Städtchen in Hertfordshire. Sie hatten zwei entzückende Töchter, beide unter fünf Jahre alt, und ein wunderschönes Haus, dem man ihre Liebe zu ihren Kindern geradezu ansah. Der Haushalt schien das perfekte Abbild für häusliche Harmonie und ein gutes Familienleben zu sein – abgesehen von den Alufolien, der Pappe, dem Pfeffer, den Orangenschalen ...

Pat hatte mich auf Empfehlung ihres Tierarztes angerufen. In ihrer Hoffnungslosigkeit hatte sie nämlich zufällig erwähnt, dass es ein hartnäckiges Problem mit ihren beiden zwölfjährigen Katzen gab, denn sie pinkelten ins Haus. Pat war immer der Meinung gewesen, daran nichts ändern zu können, und das Ganze gehörte schon fast zum Alltag. Doch ihre Familie hatte langsam wirklich die Nase voll von dem ständigen Hin und Her. Und als der Tierarzt ihr sagte, dass ich bestimmt Rat wüsste, war Pat sehr an meinem Besuch interessiert, wenngleich sie auch etwas skeptisch war. Wir vereinbarten einen Termin, um das Problem weiter zu diskutieren.

Sofort machte ich mich zu Pat und Jeremy auf den Weg. Ihre Kinder waren wirklich bezaubernd, auch die beiden goldigen Tabbykater Tinker und Sinbad bewunderte ich. Als ich sie kennen lernte, waren sie zwölf Jahre alt. Charakterlich unterschieden sich die beiden Katzenbrüder sehr. Tinker war anhänglich und gesprächig und forderte ständig Aufmerksamkeit von Pat. Sinbad war ruhig und ziemlich selbstständig. Seine Zeit verbrachte er lieber mit sich selbst als mit der Familie. Als Kinder ins Haus kamen, waren die beiden Kater etwas schockiert, sodass sie den Kleinen ständig aus dem Weg gingen. Es war großartig mit Pat über Tinker und Sinbad zu plaudern. Offensichtlich liebten sie und Jeremy die Kater inniglich und betrachteten sie als äußerst wichtige Familienmitglieder.

In den letzten Jahren hatten Pat und Jeremy in drei verschiedenen Häusern gewohnt. Man zeigte mir Fotos der Brüder in den unterschiedlichsten Posen, als Kitten, Youngsters und im Erwachsenenalter.

Wahrscheinlich war es diese intensive Zuneigung zu ihren Katern, die Pat und Jeremy das Problemverhalten so geduldig ertragen ließ. Während unseres Gesprächs erfuhr ich, dass Tinker regelmäßig im ganzen Haus Urin absetzte. Überall im Haus ist wörtlich zu verstehen, denn es gab nicht einen einzigen Raum (auch nicht in den früheren Häusern), der nicht mit seinem Urin verunziert war. Zu allem Überdruss versprühte auch Sinbad beinahe täglich seinen Urin im Haus. Als ich mich danach erkundigte, wie lange das schon so ginge, traf mich fast der Schlag: etwa zehn Jahre lang. Ich hatte es hier also mit zwei Katzen zu tun, die ihr gesamtes Erwachsenendasein unter Stress zugebracht hatten. Im Geiste krempelte ich mir also die Ärmel hoch und machte mich daran, die Ursache dafür herauszufinden.

Alle drei Häuser, in denen die Familie gelebt hatte bzw. lebte, hatten eines gemeinsam, nämlich eine hohe Katzenpopulation in der näheren Umgebung. Da sowohl Tinker als auch Sinbad auf andere Katzen „allergisch" reagierten, war dies eine mögliche Ursache für ihr Fehlverhalten. Nach einiger Zeit erfuhr ich von dem oben erwähnten Tierarzt, dass Tinker schon seit Jahren unter einer chronischen, stressinduzierten Harnwegserkrankung litt, die man nur durch Veränderungen in seiner Lebensweise und durch Gabe von Medikamenten in den Griff bekommen könnte. Dass Sinbad Urin verspritzte lag daran, dass er sich in seinem Zuhause nicht sicher fühlte. Deshalb wandten wir uns zunächst den Auswirkungen der Katzenklappe zu. Kamen andere Katzen herein? Wir planten, zuerst die Katzenklappe zu blockieren, die Fütterung zu verändern und zu versuchen, den Katern mehr Anreize zu bieten, und zudem mit verschiedenen anderen arbeitsintensiven Maßnahmen den Tieren den Eindruck eines sichereren Zuhauses zu vermitteln. Ich handhabe es immer so, dass meine Kunden nach unserem ersten Treffen acht Wochen lang mit mir in Kontakt bleiben, damit ich die Fortschritte überwachen und, falls nötig, Veränderungen in der

Vorgehensweise vornehmen kann. Von Pat bekam ich schon sehr bald einen Anruf, der meine schlimmsten Befürchtungen bestätigte: Nachdem Jeremy die Katzenklappe außer Funktion gesetzt hatte, verschlimmerte sich das Fehlverhalten der beiden Kater noch mehr. Dies konnte nur eines bedeuten: Für Tinker und Sinbad befand sich der Feind dauernd *im* Haus. Mein Gefühl hatte mich nicht getäuscht, denn ich war zu Beginn schon ziemlich sicher, dass es sich so verhalten müsse. Doch bei meinem Besuch war mein Vorschlag, die Brüder zu trennen, auf ein hartes und nachdrückliches „Nein" gestoßen. Das kam überhaupt nicht infrage. Sinbad war Jeremys Kater, und nicht im Traum würde er darüber nachdenken, sich von ihm zu trennen. Tinker gehörte Pat, und sie fühlte sich gleichermaßen verantwortlich für ihr Tier. Jede Überlegung, einen von beiden in ein anderes Zuhause abzugeben, oder ihn womöglich sogar einschläfern zu lassen, würde nur bedeuten, ihn aufs Schlimmste zu vernachlässigen oder Verrat an ihm zu üben.

Da ich ihr Vertrauen und ihre Freundschaft nicht verlieren wollte, unternahmen wir alles Mögliche, was mir nur einfiel, um die Beziehung der beiden Katzen wieder ins Lot zu bringen. Doch ich machte mir allmählich ernstlich Sorgen, weil ich wusste, dass ich für die Katzen dabei nicht das Richtige tat. Denn ich verfolgte nur das, was eigentlich unerreichbar war und verschlimmerte damit ihre Höllenqualen. Wie ich es auch anstellte, ich konnte Pat und Jeremy nicht davon überzeugen, loszulassen. Solche Fälle gehören zu den schwierigsten, mit denen ich mich auseinandersetzen muss. Wie um alles in der Welt bringt man treusorgenden Haltern nahe, dass der größte Liebesbeweis für ihre Katzen der ist, ihnen „Adieu" zu sagen?

In den nächsten Wochen entwickelte sich eine echte Freundschaft zwischen Pat, Jeremy und mir. Nach und nach erkannten die beiden Verhaltensmuster, die ich vorhergesehen hatte, und es leuchtete ihnen ein, dass die beiden Brüder tatsächlich nicht zusammenpassten. Wir einigten uns schließlich darauf, dass Tinker für kurze Zeit in der komfortablen Katzenpension des Tierarztes leben sollte, wo man routinemäßige Urinkontrollen durchführen und das geschulte Personal seine Verhaltensweisen genau beobachten konnte. Sinbad sollte zu Hause bleiben, von Pat und Jeremy überwacht, um festzustellen, ob er irgendwelche sichtbaren Verhaltensveränderungen zeigte. Was daraufhin geschah, überzeugte selbst Pat und Jeremy restlos. Der Tierarzt teilte uns mit, dass Tinker dünnflüssigen Urin ohne Blutbeimengungen abgab und dass er sein Katzenklo verwendete. Er schien entspannt und spielte gern mit den Betreuerinnen in der Pension. Auch Sinbad verwandelte sich. Nun, da sein Bruder nicht da war, versprühte er nicht ein einziges Mal Urin. Zudem wurde er freundlich und aufmerksam und gestattete sogar den Kindern, ihn zu streicheln. Beispiellos!!

Als Sinbad eingekringelt auf Pats und Jeremys Bett schlief (das erste Mal seit seiner Welpenzeit), lagen diese wach – von Gewissensbissen geplagt. Denn sie fühlten sich schuldig und gleichzeitig erleichtert; das Leben mit Sinbad war wunderbar, nirgendwo im Haus gab es irgendwelche Urinspritzer. Sie konnten seine Gesellschaft richtig genießen, anstatt ihm mit einer Flasche Waschbenzin und einem Küchenpapier hinterherzueilen. Was ihnen aber noch größere Schuldgefühle bereitete, war die Tatsache, dass sie Tinker überhaupt nicht vermissten. Mehrere sehr tränenreiche Telefonate folgten. Schließlich sahen sowohl Pat als auch Jeremy ein, dass sich Tinker und Sinbad gegenseitig krank machten. Wir mussten eine äußerst schwierige Entscheidung treffen, denn es galt nun für einen zwölfjährigen Kater mit „Pinkel-Vorgeschichte" ein neues Daheim ausfindig zu machen, oder ihn einschläfern zu lassen. Diese Woche werde ich immer als sehr schwierig in Erinnerung behalten; ich fühlte ihren Schmerz. Gerade als die Zeit für Tinker abzulaufen schien, wurde er „begnadigt". Pats ältere Tante erfuhr von dem Dilemma und bot an, Tinker bei sich aufzunehmen. Nur drei Tage später wurde er in sein neues Heim gebracht, und nach einer kurzen Phase der Umstellung lebte er sich gut ein. Jetzt hatte er ihn bekommen, den Einzelkatzen-Haushalt, den er sich schon immer erträumt hatte. Endlich konnte er sich entspannen. Seine Symptome verschwanden, und er benutzte die Katzentoilette im Haus – immer, ohne Ausnahme. Sinbad blühte weiter auf, und Pat und Jeremy nahmen jede Gelegenheit wahr, Tinker in seinem neuen Zuhause zu besuchen. Zum Schluss waren alle glücklich, und eine wichtige Erfahrung war gemacht: Manchmal ist der größte Liebesbeweis für eine Katze, wenn man sie ziehen lässt ...

Stress im Mehrkatzen-Haushalt

Weil ich ja selbst einen Mehrkatzen-Haushalt habe, muss es seltsam anmuten, dass ich mich derart negativ über die gemeinschaftliche Haltung von Katzen äußere. Doch ich muss zwangsläufig voreingenommen sein, denn ich verbringe schließlich meine Zeit damit, die Scherben aufzusammeln, wenn bei dieser Konstellation etwas schief geht. Übertriebenes Putzen, übermäßige Lautäußerungen, idiopathische Zystitis (Blasenentzündung ohne feststellbare Ursache; Anm. d. Ü.) und Fresssucht sind nur einige der Symptome, die aus chronischem Stress resultieren können. Chronischer Stress beeinflusst auch das Immunsystem, sodass Erkrankungen auftreten können. Bei Tieren, denen es nicht gelingt, Bewältigungsstrategien zu entwickeln, um dem Stress zu begegnen, können zudem krankhafte Angst oder Depressionen auftreten. Ich bin ungewöhnlich sensibel im Hinblick auf Spannungen zwischen Katzen und neige deswegen dazu, in allen Mehrkatzen-Haushalten Probleme zu sehen, selbst dann, wenn alles bestens zu funktionieren scheint. Im Ganzen gesehen, wird das Zusammenleben mehrerer Katzen nie vollkommen harmonisch verlaufen. Hin und wieder ein kleines Geplänkel ist gesund, normal und absolut akzeptabel. Es ist alles eine Frage des Ausmaßes.

Tipps für die Harmonie im Mehrkatzen-Haushalt

Viele Katzen haben großen Spaß an sozialen Interaktionen mit Artgenossen. Allerdings sollte man sich immer vor Augen führen, dass keine Katze (oder Katzengruppe) der anderen gleicht. Mit all diesen neuen Informationen über Katzen und über deren differenzierte Fertigkeiten, sich einander mitzuteilen, scheint es sinnvoll, sich einmal die nachfolgenden Maßnahmen anzuschauen, mit deren Hilfe sich Probleme im Mehr-katzen-Haushalt auf ein erträgliches Maß begrenzen lassen.

▶ Halten Sie nur so viele Katzen zusammen, wie ihre Räum-lichkeiten erlauben. In einer Dreizimmerwohnung beispiels-weise wird es mit fünf Katzen höchstwahrscheinlich Probleme geben. Eine Regel „Katzenanzahl pro Quadratmeter Wohnflä-che" gibt es natürlich nicht, hier zählt einfach der gesunde Menschenverstand.

▶ Wählen Sie verträgliche Tiere aus wie etwa Wurfgeschwis-ter, etwa Bruder und Schwester. Zwei gleichaltrige Kater könn-ten, sobald sie erwachsen sind, um die Rangfolge kämpfen.

▶ Nehmen Sie keine extremen „Fälle" wie etwa hypernervöse, außergewöhnlich selbstbewusste oder überaktive Katzen. Mit solchen Tieren kann das Zusammenleben schwierig sein. Auch fällt es ihnen oft schwer mit anderen Katzen zusammen-zuleben.

▶ Versuchen Sie möglichst nicht, einer gut funktionierenden Katzengruppe andere Tiere zuzugesellen. Jeder Haushalt hat seine individuelle „Eine-Katze-zu-viel-Schwelle" und Sie wür-den damit ihr Schicksal herausfordern.

▶ Möchten Sie Ihre Gruppe dennoch erweitern, wählen Sie Tiere aus, die auch bisher schon gut mit anderen Katzen aus-gekommen sind. Meiden Sie solche Tiere, die zur Vermittlung abgegeben wurden, weil sie im Haus Kot bzw. Urin abgegeben hatten oder übermäßig ängstlich waren.

▶ Meiden Sie auch freundliche nicht kastrierte männliche Streuner, die wirklich lieb und unwiderstehlich scheinen, aber nur solange, bis sie bei Ihnen eingezogen sind. Denn solche Kater können sich nicht einfügen!

▶ Zu viele Burmesen in einem Haushalt tun nicht gut, denn sie neigen zu extremer Territorialität.

▶ Machen sie Ihr Haus dreidimensional: Stellen sie eine Viel-zahl hoch gelegener Ruheplätze zur Verfügung, damit jedes Tier die Möglichkeit hat, das Geschehen von einem sicheren Platz aus zu beobachten.

▶ Richten Sie Rückzugsgebiete ein. Jede Katze, egal wie verträglich sie ist, braucht „Auszeiten", in denen sie ganz für sich allein ist. Kleider- und Küchenschränke eignen sich prima dafür. Genügend viele müssen es sein, damit sich jede der Katzen ihren eigenen Lieblingsplatz aussuchen kann.

▶ Wenn Sie in einer Gegend leben, in der es viele Katzen gibt, sollten Sie selbst nicht zu viele Katzen halten. Sie könnten sonst dazu beitragen, dass die Tiere aufgrund der Übervölkerung unter Stress geraten, was schnell Probleme nach sich ziehen würde.

▶ Stellen Sie Trockenfutter bereit, damit die Tiere den ganzen Tag über „grasen" können. Oder teilen Sie die Mahlzeiten auf mehrere kleine Portionen auf. So vermeiden Sie Futterneid, der normalerweise dann entsteht, wenn das Futter nur zu ganz bestimmten Zeiten zur Verfügung steht.

▶ Stellen Sie ausreichend Kratzbäume auf. So schützen Sie Ihre Möbel.

▶ Schlafplätze an warmen Orten werden gern verteidigt. Richten Sie deshalb genügend solcher Plätze für jedes Tier ein.

Ich kann mit Sicherheit sagen, dass ich diese Regeln (mehr zufällig als gewollt) immer befolgt und – außer einem seltsamen Urinstrahl hie und da – relative Harmonie geerntet habe. Mehrkatzen-Haushalte sind nicht selten Brutstätten von Disharmonie. Trotzdem funktioniert die Mehrzahl von ihnen. Denn die meisten Katzen finden sich damit ab, dass sie einander nicht grün sind, und zeigen nie irgendwelche gravierende Anzeichen dafür, dass das Zusammenleben sie fertig macht.

Haben Sie Probleme in Ihrem Mehrkatzen-Haushalt, ist es wichtig, zunächst die einfachen Gründe dafür auszuschließen bevor Sie sich an die komplizierten Dinge wagen.

Flora – ein einfacher Fall

Flora und ihr Gefährte Fauna (logisch) lebten mit Bridget und ihrem Partner Larry in einem stilvollen Haus in Surrey. Bridget war eine äußerst erfolgreiche Geschäftsfrau und hatte ihr Problem schon gründlich erforscht, bevor sie um meine Hilfe bat. Flora pinkelte auf den Küchenboden und Bridget war davon überzeugt, dass sie tief sitzende psychische Probleme hatte. Als ich sie besuchte, war ich beeindruckt von den Regalen voll von Lehrbüchern und Selbsthilfe-Leitfäden. Diese Frau hatte sich in das Thema eingelesen, und sie war darauf vorbereitet, mir ihre Einschätzung des Problems zu unterbreiten. So führe ich nicht notwendigerweise Konsultationen durch, doch ich lehnte mich zurück und hörte zu.

Bridget war davon überzeugt, dass sich zwischen Flora und Fauna etwas Unheilvolles zutrug. Beide waren Bruder und Schwester, aber Bridget wusste, dass dies unter Katzen hinsichtlich ihrer Verträglichkeit gar nichts bedeutete. Fauna hatte sich schon mehrfach auf Flora gestürzt, um sie anzugreifen. Flora hatte dies mit Zischen und Fauchen beantwortet, und Bridget war sich sicher, dass Flora vom Verhalten ihres Bruders beunruhigt wurde. Weil sie auch gelesen hatte, dass es Katzen gibt, die ihre Toiletten bewachen, hatte sie drei davon (nach meiner Formel „eins pro Katze plus eins") in unterschiedlichen Ecken ihrer Küche aufgestellt. Die arme Bridget war auch in Panik geraten, als sie von den Gefahren der Katzenklappen erfuhr – woraufhin sie sofort ihre eigene in der Küche verriegelte. Bei ihrem Tierarzt hatte sie sich ein Gerät besorgt, das synthetische Pheromone aus dem Gesichtsbereich der Katze verströmte, um damit Floras Furcht zu verringern. Nun war sie ratlos, weil nichts von dem, was sie unternahm, auch nur in irgendeiner Weise half. Flora pinkelte weiterhin in die Küche, immer an zwei bestimmten Stellen, und manchmal setzte sie dort auch Kot ab.

Wenn ich bei einem Beratungsgespräch bin, höre ich aufmerksam zu, aber ich beobachte auch. Während Bridget erzählte, schaute ich mir die beiden Geschwister genau an. Fauna reagierte etwas ängstlich auf mich, aber er rang sich doch dazu durch, hereinzukommen und sich neben Flora zu setzen. Trotz seiner Spielaufforderungen ignorierte sie ihn. Die beiden waren erst ein Jahr alt und in ihrem Verhalten noch sehr kindlich. Ich sagte Bridget schließlich, sie könne sie rauslassen, und augenblicklich stürmten beide davon. Für mich war offensichtlich, dass Fauna Floras Gesellschaft genoss. Flora hingegen zeigte sich weniger begeistert, und wenn sie nicht in Stimmung war, fand sie ihren Bruder ziemlich lästig. Doch Angst hatte sie bestimmt keine vor ihm. Im Verlauf unserer Diskussion wurden einige wichtige Fakten aufgedeckt.

▸ Bridget hatte stets Katzenstreu auf Holzpellet-Basis verwendet.

▸ Flora löste sich immer an denselben Stellen, bis Bridget die Katzentoilette dorthin stellte. Nun suchte sie sich einen anderen Platz.

▸ Flora löste sich am liebsten draußen und beschmutzte das Haus nur, wenn die beiden Katzen nachts eingeschlossen waren.

▸ Flora hatte immer schon ab und zu ins Haus gemacht, aber das Problem wurde nun schlimmer und trat täglich auf.

▸ Es gab, wenn überhaupt, nur sehr wenige andere Katzen in der Nachbarschaft.

▸ Wenn man Flora in ihrer Katzentoilette beobachtete, sah man, dass sie dabei eine komische gestreckte Haltung einnahm und mindestens ein Bein auf die Umrandung stellte.

Nun, was glauben Sie, war das Problem? Es war kein Beziehungsdrama; die beiden waren ja noch jung. Auch die Katzenklappe war es nicht; ich glaube nicht, dass Flora oder Fauna draußen überhaupt andere Katzen getroffen haben. Flora löste sich auf dem Boden, weil sie es hasste, auf den harten Holzpellets in der Katzentoilette stehen zu müssen! Sie versuchte alles, um doch irgendwie reinlich zu bleiben und suchte sich deshalb nur zwei Plätze in der Küche für ihr Geschäft aus. Diese lagen in der Nähe der Katzenklos, doch sie brachte es einfach nicht fertig sich dort hineinzubegeben. Je schwerer sie wurde, umso unangenehmer war es, auf den Pellets zu laufen. Das Einzige, was Bridget nicht gemacht hatte, war, die Einstreu-Sorte zu wechseln. Es gibt immer wieder Katzen, die diese Holzpellet-Einstreu nicht mögen. Es ist zwar ein großartiges Produkt, leicht und biologisch abbaubar, doch Sand sieht es nicht gerade ähnlich, oder?

Also reinigte Bridget ihre Fußböden, wechselte die Einstreu der Katzentoiletten und öffnete ihre Katzenklappe wieder. Das Problem war innerhalb von 24 Stunden gelöst – und Bridget freute sich über die Maßen, dass ihre beiden Babys nun doch keine Todfeinde waren. Vergessen Sie also nie, die einfachste Lösung zuerst zu suchen!

* * *

Meine süße kleine getigerte „Rockerbraut" Lucy ist immer noch ein wichtiger Teil unserer übrig gebliebenen Vierergruppe. Leider ist sie heute nicht mehr gesund. Einer der großen Vorteile meines Mehrkatzen-Haushalts war, dass sich meine Tiere gemeinschaftlich dagegen stark machten, dass andere Katzen in ihr Territorium eindrangen. Nachdem Zulu – unser kleiner Krieger – tot war, erlebten wir eine kleine Invasion. Lucy wagte sich nie wirklich weit vom Haus weg, daher war es ein großer Schock, als sie von einer ungewöhnlich verwahrlosten Streunerkatze gebissen wurde. Wir hörten sie schreien, und es war uns klar, dass die Streunerkatze sie im Garten unseres Nachbarn angegriffen hatte. Ich kann mich nicht erinnern, dass andere Katzen jemals so nah heran gelassen wurden. Tragischerweise besiegelte diese zufällige Begegnung ihr Schicksal, denn sie wurde daraufhin als FIV-positiv getestet. Das feline Immunschwächevirus ist das kätzische Pendant zu AIDS. Betroffene Katzen leben nach der Diagnose selten länger als ein paar Jahre. Sie wurde krank und mein Tierarzt vermutete zunächst, es wäre Diabetes. Ich war äußerst beunruhigt, denn sie hatte eine stark schwankende Körpertemperatur, was oft Zeichen eines viralen Problems ist. Als ihre Erkrankung sicher feststand, war ich sehr erschüttert, machte mir aber auch Sorgen um den Rest der Gruppe, denn FIV kann über Speichel übertragen werden (wie es geschah, als Lucy gebissen wurde). Deshalb war ich sehr erleichtert, dass alle anderen ein negatives Ergebnis hatten. Dank des Rats meiner Tierärzte an den Universitäten von Edinburgh und Bristol bekommt Lucy die neueste Behandlung mit Alpha-Interferon, sodass es ihr auch ein gutes Jahr nach ihrer Erstdiagnose immer noch ganz prima geht. Ich bin optimistisch, dass sie noch einige gute Jahre vor sich hat.

KAPITEL 6
Die merkwürdige Katze

Binks Geschichte

Die Katze, die sich als Letzte in unser Heim eingeschlichen hat, kam in Form eines fauchenden, zischenden, wütenden Welpen zu uns. Zu dieser Zeit arbeitete ich in einer Tierarztpraxis in Cornwall, und ein Kunde hatte das Kitten in seinem Garten gefunden. Alle Versuche, seine Besitzer ausfindig zu machen, waren fehlgeschlagen. Und so hatte es der Kunde (mithilfe dicker Gartenhandschuhe) in eine Kiste verfrachtet und zu uns in die Praxis gebracht. Das Kätzchen war äußerst scheu und verängstigt; es war höchstens fünf oder sechs Wochen alt. Wir hielten es für ein halbwildes Tier, das kaum ein gutes Heimtier abgeben würde. Peter ließ sich niemals von der Aussicht auf eine widerspenstige Katze entmutigen und meinte, sie wäre das weibliche Gegenstück zu Bln. Das war nicht mal so weit hergeholt, weil beide Katzen das berüchtigte Orange-Gen trugen, welches sowohl für die Apricotfärbung als auch für die Schildpattfleckung des Fells verantwortlich ist. Unter Tierärzten sind Schildpatt-Katzen bekannt für ihre Kratzbürstigkeit. Fragen Sie irgendeine Tierarzthelferin, welche Katze ihr, beim Gedanken aus deren Halsvene Blut abnehmen zu müssen, kalte Schauer den Rücken hinunterlaufen lässt. Genau! Die Schildpatt. Die Apricotfarbenen und Red-Tabbys gelten auch als streitsüchtig. Nicht ohne Grund vergleicht man sie mit den feurigen Rotschöpfen.
Widerwillig, und nur weil sie niemand haben wollte, stimmte ich zu, sie bei uns einziehen zu lassen. Heute, nach acht Jahren, schäme ich mich fast, dies zuzugeben. Denn nun ist sie ein geliebtes und gehegtes Mitglied unserer Familie. Peter übernahm ihre Aufzucht, und tatsächlich wuchs sie zu einer weiblichen Version von Bln heran. Sie liebt Peter, weist aber jeden anderen zurück. Keine unserer Katzen war so wenig „benutzerfreundlich" wie Bink. Es ist ein Albtraum, sie medizinisch versorgen und impfen zu müssen.

Erst jetzt, kurz nach ihrem siebten Geburtstag, hat sie mir das erste Mal gestattet, sie zu berühren ohne mich dabei völlig entrüstet anzusehen. Glauben Sie mir: Das ist ein Fortschritt!

Bink und ich, wir sprechen einfach nicht dieselbe Sprache. Gelegentlich sehe ich aus dem Augenwinkel, wie sie mich von einem Küchenschrank aus beobachtet. Es ist sehr entnervend, sich im eigenen Zuhause wie ein Eindringling vorzukommen. Wenn ich (in meiner besten Therapeutinnenmanier) versuche, mit ihr Kontakt aufzunehmen, erreiche ich bloß, dass ich sie noch mehr verschrecke. Vielleicht gibt es einfach ein paar Katzen, die ich nicht für mich gewinnen kann. Welche Ironie, dass gerade eine von meinen dazu zählt.

Welchen Verhaltensaspekt ich in Binks Kapitel behandeln wollte, war nicht schwer zu entscheiden. In all den Jahren meiner Arbeit gab es immer wieder Situationen, in denen mich Problemfälle vor Rätsel stellten und in Erstaunen versetzten. Viele ungewöhnliche Verhaltensweisen von Katzen sind schon ausführlich beschrieben worden, andere indes bleiben nach wie vor rätselhaft. In Lehrbüchern und Fachzeitschriften über Verhalten findet man zwar Hinweise auf solche Verhaltensweisen, wirklich verstanden hat man sie aber ganz offensichtlich noch nicht. Im Folgenden möchte ich ein paar solch merkwürdiger und erstaunlicher Fälle vorstellen, die mir im Laufe der Jahre begegnet sind.

Zebedee – der Wolle fressende Siamese

Ein merkwürdiges Verhalten, das bei orientalischen Rassen recht häufig vorkommt, wurde in der Geschichte von Ying und Yang bereits kurz erwähnt. Es geht dabei um einen bizarren Appetit, der für Katze und Halter große Probleme mit sich bringen kann. Menschen können zwar ungewöhnliche Gelüste auf bestimmte Nahrungsmittel entwickeln, speziell schwangere Frauen. Warum man aber gerade auf das zarte Aroma und die Beschaffenheit beispielsweise eines Haushalts-Gummihandschuhs stehen kann, ist für uns trotzdem schwer verständlich! „Pica" nennt man diese Aufnahme von nicht nahrhaften Stoffen. Es ist dies eine Gewohnheit, der ein sehr kleiner Prozentsatz aller Hauskatzen frönt. Viele verschiedenartige Substanzen sind davon betroffen, doch zu den (scheinbar) köstlichsten zählen unter anderen Stoff, Pappe, Gummi, Teppich und Plastik. Manche Katzen bringen es nicht fertig, das Ganze auch zu verzehren, sie erfreuen sich einfach am Belecken und Beknabbern. Bei ihnen stehen Polyethylen und Fotos ganz weit oben in den Top Ten der beliebtesten Geschmacksrichtungen.

Heutzutage wird Katzen eine Schwindel erregende Zahl an köstlichen Dosen- und Trockenfuttersorten kredenzt, und viele Besitzer geben ihren Tieren zusätzlich noch Leckerbissen vom Tisch. Wieso sollte eine Katze ein Geschirrtuch attraktiver finden als eine Schüssel mit Lachs und Forelle in Hummergelee? Der Fall von Zebedee, dem Siamkater, gibt die Antwort auf diese Frage.

Zebedee war ein zweijähriger Lilac-Point-Siamese, der mit seinen Besitzern Laura und Dominic zusammenlebte. Eines Tages erreichte mich der Anruf von Laura, die am Ende ihrer Kräfte war, weil sie das Problem zu lange toleriert hatte. Ich machte mich also auf den Weg, um sie und Zebedee aufzusuchen. Eigentlich war Zebedee ein süßer, sehr freundlicher Kater, doch als er nach meiner Hose grapschte, um daran zu kauen, wurde mir klar, dass bei ihm etwas nicht stimmte. Und das war sein Problem: Er musste einfach ständig Wolle fressen, ebenso Baumwolle, Leinen und Leder. Sein ganzes Dasein drehte sich darum, Socken, Handschuhe, Unterwäsche, Brieftaschen, Halstücher, Geschirrtücher und Spielzeug – ja eigentlich alles, das aus diesen Materialien bestand und dessen er habhaft werden konnte – in Unmengen zu ergattern und danach zu „konsumieren".

Die arme Laura hatte ihre gesamte Lebensweise an Zebedees Gewohnheit ausgerichtet. So musste ich als ich eintrat ein Ritual befolgen, nämlich meine Jacke ausziehen und meine Aktentasche in einen Schrank legen, bevor ich ins Haus hineingehen konnte. Ich hatte den Eindruck, als wollte sie mich auch noch bitten, meine Hose auszuziehen; denn Zebedee war nichts heilig. Mit militärischer Gründlichkeit hatte es Laura geschafft, alle Gegenstände, die ihm „gefallen" könnten, aus seiner Reichweite zu entfernen; alles war in Schränken weggeschlossen. Leider war diese Maßnahme zu effizient gewesen, denn sie hatte zu einer überraschenden und schlimmen Wendung in Zebedees zwanghaftem Verhalten geführt. Er war regelrecht kriminell geworden und zum ultimativen Katzeneinbrecher mutiert, der systematisch alle Nachbarn heimsuchte. Durch offene Türen, Fenster oder Katzenklappen verschaffte er sich Zugang und stahl heimlich, was er begehrte. Als Zebedee schließlich Brieftaschen und Handys klaute, was sogar die örtliche Polizei auf den Plan rief (die Nachbarn waren nämlich davon überzeugt, Opfer einer Überfallserie geworden zu sein), sah Laura ein, das es nun wirklich reichte.

Dies war eine krasse Variante eines Problemverhaltens, das bei Siamesen und anderen verwandten Rassen relativ oft vorkommt. Das am häufigsten konsumierte Material ist Wolle, aber die Gewohnheit weitet sich häufig auf andere natürliche Stoffe aus. Die Behavioristen glauben, dass eine genetische Komponente dabei eine Rolle spielt, und dass das Gehirn einer dafür prädestinierten Katze wohl etwas anders arbeitet als das anderer Katzen. Eine Theorie besagt, dass der Akt des Kauens im Gehirn zur Ausschüttung von „Glückshormonen" führt, die dem Tier das Gefühl großer Freude vermitteln. Dass so etwas süchtig macht, überrascht eigentlich nicht. Katzen sind streng genommen räuberische Lebewesen. Normales Katzenfutter besitzt aber nichts, was die Tiere vor dem eigentlichen Fressen dazu anspornen würde, es zu fangen und zu töten. Zebedees Verhalten zeigte verschiedene Elemente der Beutefangabfolge; sie wurden lediglich etwas anders ausgeführt.

Die Motivation für dieses Verhalten kann unterschiedlich sein. In Zebedees Fall wurde es von seinem offensichtlichen Mangel an alternativen Aktivitätsmöglichkeiten angetrieben. An ungeheurem Appetit, den es zu stillen galt, litt er nicht, vielmehr gab es einfach nichts anderes zu tun, was ihn entsprechend mit Glücksgefühlen entschädigt hätte. Zebedee war ein hochintelligenter Kater, und diese Verhaltensweise war ein herausfordernder aktiver Zeitvertreib mit einer sehr lustbetonten Belohnung. Was also konnte ich ihm bieten, das sich daran messen ließe?

Zuerst sprach ich mit Zebedees Tierarzt. Ich hatte mir eine Vorgehensweise überlegt, brauchte dafür allerdings etwas Unterstützung.

Deshalb verschrieb der Tierarzt Zebedee ein paar Medikamente, die durch ihre Wirkung auf bestimmte Gehirnareale sein Verlangen, unangebrachte Dinge zu fressen, etwas dämpfen sollten. Laura widmete sich voll und ganz der Aufgabe, Zebedee einen anregenden alternativen Zeitvertreib zu bieten. Im Haus richteten wir Aktivitätsbereiche ein, die der Kater erkunden konnte. Dort versteckte schmackhafte Katzenleckerli dienten als Anreiz. Laura fütterte Zebedee nicht mehr aus der Schüssel, sondern mit Trockenfutterpellets, die sie an verborgenen, schwer zu erreichenden Stellen im Haus verteilte. Zudem bot sie ihm gekochte Kalbshaxe mit noch anhaftenden Fleischresten an, damit er etwas Akzeptableres hatte, auf dem er herumkauen konnte. Sie machte Spiele mit ihm und brachte ihm das „Apportieren" bei, und sie gestaltete eine Art Trimmdich-Parcours für ihn im Garten. Alle ihre Nachbarn wurden mit Wasserpistolen ausgerüstet und angehalten, auf ihn zu zielen, sobald er sich anschickte in ihr Haus einzudringen. (Zebedee bekam eine große, laut klingende Glocke ans Halsband, sodass sie ihn unmöglich überhören konnten.)

Zebedee war zunächst etwas irritiert, doch schon bald stellte er sich den Herausforderungen seiner neuen Umgebung. Nach zwölf Wochen wurden die Medikamente schrittweise abgesetzt, und er machte weiterhin exzellente Fortschritte. Trotz gelegentlich vermisster Socken, ist seine „pica" nun gut unter Kontrolle. Dank des großen Einsatzes von Laura und all ihren Nachbarn gehört der kriminelle Teil seines Lebens nun der Vergangenheit an.

Simon und der DOCS-Stiefel

Nicht alle Wollfresser entwickeln auch Vorlieben für andere Materialien. Doch ein anderer Siamese namens Simon, an den ich mich mit ein bisschen Bewunderung erinnere, mochte alles Mögliche. Simon war ein weiterer junger erwachsener Kater, der sich seit seiner Kindheit durch sämtliche Haushaltsgegenstände gefressen hatte. Wie Laura arrangierten sich seine Besitzer damit: Auch sie versteckten alles vor ihm. Simon beeindruckte dies allerdings nicht; er verwendete eben etwas mehr Zeit auf die Erforschung seines Reiches und zog Socken aus Wäschekörben, öffnete Kommoden und Schränke, und ging ganz einfach mit seiner Gewohnheit „in den Untergrund". Kurz bevor seine Besitzerin mich kontaktierte, hatte sie eine Veränderung in Simons Vorlieben bemerkt – ähnlich der von Zebedee. Sie hatte nämlich einen halb aufgefressenen Ledergürtel gefunden. Weil sie das Schlimmste befürchtete, wies sie alle Familienmitglieder an, sämtliche Schuhe und Taschen hinter Schloss und Riegel zu halten. Leider halten sich Teenager nicht immer penibel an Anordnungen, und die „DOCS" einfach nur unters Bett zu kicken, schreckte Simon nicht wirklich ab. Ein paar Wochen lang herrschte Frieden im Haus. Simon verhielt sich ruhig ... ein bisschen zu ruhig. Erst dann entdeckte man, dass Simon zwei herrliche Wochen unter dem Bett des Sohnes gehabt und dabei zu drei Viertel dessen wadenhohen linken Stiefel gefressen hatte. Doc Martens rühmt sich der Haltbarkeit seiner Produkte. Demzufolge musste ich meinen Hut ziehen vor der Ausdauer, mit der sich Simon dieser anspruchsvollen Aufgabe gewidmet hatte.

Es liegt schon viele Jahre zurück, dass ich mich mit Simon und seiner Familie befasst habe; derzeit scheint er „in Remission" zu sein. Nicht alle Fälle dieser Art lassen sich ganz "heilen". Rückfälle sind häufig, und ich sehe mich manchmal nicht in der Lage, etwas gegen die andauernden Schwierigkeiten auszurichten, die die jeweiligen Familien haben. Zudem muss man betonen, dass solche Verhaltensweisen für die Katze gefährlich werden können. Denn viele der konsumierten Gegenstände führen leicht zu einem Darmverschluss, der eine Notoperation erforderlich macht. In früheren Zeiten haben einzelne Besitzer sich damit beholfen, ein bisschen zerhäckselte Wolle neben den Futternapf ihrer Katze zu stellen, um diesen ständigen Drang zu befriedigen. Das ist freilich nicht die ideale Methode, doch das Leben ist nun mal nicht perfekt, oder?

Wenn Sie eine Katze besitzen, die irgendetwas leckt, kaut oder frisst, das sie nicht soll, ist es wichtig, so rasch wie möglich Hilfe in Anspruch zu nehmen. Als ob mögliche Darmverschlüsse nicht schon schlimm genug wären, ist das Kauen auf Stromkabeln (ein anderes Lieblingsobjekt von Burmesen und Ähnlichen) äußerst gefährlich und ein Problem, das man nicht auf die leichte Schulter nehmen darf. Zunächst kann Ihnen Ihr Tierarzt da weiterhelfen, und falls nötig, wenden Sie sich an jemanden wie mich.

Lily – die Perserkätzin, die sich selbst verstümmelte

Einer der allerersten Fälle, die ich selbst behandelt habe, betraf eine kleine cremefarbene Perserkatze, die Lily hieß. Sie war das liebevollste, zärtlichste kleine Wesen, das man sich vorstellen kann. Ihre Besitzerin hatte sie in die Tierarztpraxis gebracht, in der ich gerade arbeitete, um eine fürchterliche Wunde, die auf ihrer Körperseite entstanden war, untersuchen zu lassen. Die Wunde sah aus wie ein großes nasses Ekzem und belastete die arme kleine Katze wirklich sehr. So weit ich weiß, war es für den Seniorpartner der Praxis zunächst eine Routineuntersuchung, doch dann rief er mich zu sich, um sich mit mir zu beraten. Lily hatte sich die Wunde scheinbar selbst zugefügt. Über einen Zeitraum von mehreren Monaten hatte sie sich systematisch ihre rechte Seite geleckt und geleckt, bis das ganze Fell verschwunden war. Doch sie hörte nicht auf, sich ständig zu putzen, sodass schließlich das Fleisch offen lag, was zu diesem schrecklichen Krankheitsbild führte. Man einigte sich darauf, dass der Tierarzt einige allgemeine dermatologische Untersuchungen durchführen würde, um auszuschließen, dass dem heftigen Juckreiz an diesem Körperbereich möglicherweise ein physisches Problem zugrunde lag. Ich wurde gebeten, mich in der Zwischenzeit um Lily und ihre Besitzerin zu kümmern und zu schauen, ob ich eventuell einen Stressindikator ausfindig machen konnte.
Ich war unglaublich aufgeregt, weil ich nun mit einem solch komplexen und dramatischen Fall zu tun hatte. Zudem machte ich mir Sorgen, dass ich mit der wenigen Erfahrung, die ich besaß, hier überfordert sein könnte. Da die Ergebnisse der Tests keinerlei Anzeichen für eine Allergie oder ein anderes Hautproblem erbrachten, wurde ich gebeten, parallel zu der tierärztlichen Behandlung zu prüfen, ob mit einer Verhaltenstherapie etwas zu erreichen war.
Lilys Besitzerin Enid war eine Frau mittleren Alters, die allein in einem wunderschönen Stadthaus in Truro wohnte. Sie hatte Lily vor

drei Jahren von einem Züchter in der Nähe gekauft und seitdem mit
stetiger Liebe und Aufmerksamkeit überhäuft. Lily wurde ausschließlich als Wohnungskatze gehalten. Das Leben ging seinen
Gang und jeder war für den anderen ein ständiger Begleiter. Dann
hatte sich Enid in einer örtlichen Wohltätigkeitseinrichtung enga-
giert und verbrachte mit einem Mal mehr Zeit außer Haus. Weil sie
befürchtete, Lily könnte einsam sein (sie freute sich doch immer so
sehr, wenn Enid heim kam), beschloss sie, zu ihrer Gesellschaft
noch eine Katze aufzunehmen – ein älteres Männchen, das bisher
ausschließlich drinnen gehalten worden war. Obwohl sie nur das
Beste wollte, hatte sich Enid damit ein echtes Problem ins Haus geholt. Lily protestierte heftig gegen Arthur den Eindringling und
schien sehr große Angst vor diesem recht strammen Hauskater aus
Cornwall zu haben. Enid war darüber nicht übermäßig besorgt,
denn zu richtigen Kämpfen zwischen den beiden kam es nicht. Sie
glaubte nur, dass Lily ein bisschen eifersüchtig sei, vor allem weil
Arthur so ein Schmusekater war. Doch dann bemerkte sie, dass sich
Lily allmählich immer stärker veränderte. Sie zog sich mehr und
mehr zurück und verbrachte immer längere Zeiten an abgeschiedenen Stellen des Hauses. Auf ihrer Körperseite tauchte ein kahler
Fleck auf – den Rest kennen Sie ja.

Der Fall schien relativ unkompliziert zu sein. In Lilys Leben als
Wohnungskatze geschah wenig, alle Liebe und alle Anregungen kamen von Enid. Für die Leere, die durch den Verlust eines Menschen
entsteht, einfach einen Katzenkumpel anzubieten, funktioniert nur
selten. Und so hatte Lily plötzlich bemerkt, dass sie nicht nur ihren
menschlichen Gefährten verloren, sondern dazu noch einen kätzischen Störenfried bekommen hatte. Ihre Welt war zusammenge-
brochen und ihr verwirrtes Gehirnchen hatte alles versucht, eine
Strategie zu entwickeln, um mit der neu entstandenen Unsicherheit klarzukommen. Katzen wenden oft natürliche Verhaltensweisen wie etwa Putzen an, um sich in Stresssituationen mit etwas Be-
kanntem und Ungefährlichem beschäftigen zu können. Aus
irgendeinem Grund hatte sich Lily beim Grooming an dieser Stelle
„festgebissen" und selbst der dabei entstehende Schmerz begann
Teil dieser fürchterlichen Sucht zu werden.

Als ich Enid besuchte, war Lily nicht zu Hause. Wegen des schlechten Zustandes ihrer Wunde hatte sie die Tierklinik nicht verlassen dürfen. Um die Infektion der Wunde in den Griff zu bekommen, wurde sie mit entzündungshemmenden Medikamenten und Antibiotika behandelt. Auch bekam sie einen Kragen um ihren Hals, damit sie sich nicht an dem verletzten Bereich zu schaffen machen konnte, zudem stand sie dort dauernd unter Beobachtung.

Damals wusste man nur wenig darüber, weshalb es Tiere gibt, die sich übermäßig putzen. Das Erscheinungsbild wurde gelegentlich als Selbstverstümmelung oder psychogene Alopezie bezeichnet. Als Ursache vermutete man einen komplexen neurochemischen Prozess. (In Wirklichkeit haben nur sehr wenige dieser Probleme ihre Ursache ausschließlich auf der Verhaltensebene.) Auf der Suche nach Informationen fand ich unterschiedliche Empfehlungen bezüglich der Medikamente, die helfen konnten, diesen Teufelskreis zu durchbrechen. Wenn es uns nur gelänge, den scheußlichen Juckreiz loszuwerden und die Haut zum Heilen anzuregen, dann könnten wir uns tatkräftig daran machen, ein wirksames Verhaltenstherapie-Programm zu entwerfen. Der Tierarzt stimmte zu, es mit Valium zu probieren (heute würde man das nicht mehr gutheißen, weil Valium offen gestanden die verschiedensten Auswirkungen zur Folge haben kann und es inzwischen bessere Alternativen gibt). Und so wurde Lily die erste Patientin, die ich mit Anti-Angst-Medikamenten behandelte.

Im folgenden Monat war Lily unsere Praxis-Katze. Sie schluckte brav ihre Tabletten, und ihre Haut erholte sich. Nach Praxisschluss spielten die Tierarzthelferinnen und ich in den Untersuchungsräumen viel mit ihr. Sie liebte es, hin und her zu rennen und Kordeln zu erhaschen. Außerhalb der Zwingeranlagen hatten wir draußen einen eingefriedeten Bereich, in dem Lily abends stundenlang saß, einfach nur um die Nachtluft zu schnüffeln. Ich war ihr äußerst zugetan und wusste, was zu tun war.

Enid besuchte Lily jeden Tag, und ich nutzte die Gelegenheit, ihr zu zeigen, wie sehr Lily es genoss, außer Rand und Band zu sein. Zu Hause hatte sie niemals an den Möbeln hochklettern dürfen. Deshalb war Enid verblüfft, als sie sah, wie Lily wie ein kleiner Affe in der Praxis herumsprang. Als ihre Haut schön verheilte, nahm ich mir ein Herz und besprach mit Enid das Undenkbare. Ein Leben zusammen mit Lily könnte es für sie wohl nicht mehr geben. Wenn Arthur woanders unterkommen würde, wäre es vielleicht noch machbar, doch ich spürte, dass Lily mehr brauchte als das, um psychisch gesund zu bleiben. Zum einen konnten wir ihr nicht immer und ewig Valium geben, zum anderen war ich mir fast sicher, sie würde einem natürlicheren Leben den Vorzug geben. Aus nahe liegenden praktischen Gründen glauben viele Besitzer, Perserkatzen müssten ausschließlich drinnen gehalten werden: Ein langer seidiger Pelz verträgt sich nur schlecht mit dem Gartenbewuchs. Da muss ich sofort widersprechen; ich kenne viele Perser, die es überaus schätzen, draußen zu sein, sich auf den Boden zu legen und schmutzig zu werden. Sie sauber zu halten ist, ehrlich gesagt, ein Graus. Doch was zählt das schon, wenn sie dabei zufrieden sind? Wenn ich von etwas sehr überzeugt bin, kann ich bei bestimmten Themen ziemlich leidenschaftlich sein, und zu meiner Verwunderung war Enid schnell davon überzeugt, dass dies das einzig Richtige für die hübsche Lily war. Sarah, eine Kundin der Tierarztpraxis, hatte vor kurzem ihre Katze verloren und stand nach vielen Jahren plötzlich das erste Mal ohne Haustier da. Sie war Single und lebte in einem kleinen Haus in einem Dorf in unmittelbarer Nähe von Truro. Das Umfeld war perfekt und bot genügend Sicherheit – ideal also, um Lily an die große weite Welt zu gewöhnen. Telefonanrufe folgten. Dann kam die potenzielle neue Mama in die Praxis, um Lily kennen zu lernen, und um dort auch Enid zu treffen. Alle waren sich sofort sympathisch, und man einigte sich darauf, dass Lily jetzt in ihr neues Heim umziehen sollte. Gleichzeitig sollten unter der Kontrolle des Tierarztes und meiner Aufsicht die verabreichten Medikamente langsam ausgeschlichen werden. Ich kann nicht beschreiben, wie glücklich ich war, als ich Lily das erste Mal in ihrem neuen Garten sah. Ich bin mir absolut sicher, sie hatte ein breites Grinsen auf ihrem Gesicht. Lily erholte sich zusehends; nie wieder wurde sie „rückfällig". Arthur blühte auf, wurde etwas zu mollig, fühlte sich aber rundum wohl bei Enid. Lily und Sarah wurden dicke Freunde – nichtsdestotrotz liebte Lily das Freigängerleben und ließ sich während der langen Sommertage nur selten blicken. Nicht jeder Fall, den ich seither behandelt habe, verlief so glücklich und ging so gut aus, wie dieser. Aber um ganz ehrlich zu sein, es ist Lily gewesen, der ich meine eigentliche Hingabe zu dieser Arbeit verdanke.

Ein Antidepressivum für Miezen

Seit der Zeit mit Lily und ihrem Valium bin ich dieser medikamentösen Behandlung von Katzen sehr abgeneigt. Im Verlauf der Jahre habe ich nämlich festgestellt, dass es nur sehr wenige Verhaltensprobleme gibt, die nicht auch ohne den Einsatz solch starker und toxischer Arzneimittel zu lösen wären. Weshalb man sie heute relativ häufig verwendet, liegt daran, dass die Alternative oft die Abgabe der Katze in ein anderes Zuhause ist, was für die Besitzer jedoch nicht infrage kommt. Es gibt zwar einige Situationen, denen ernsthafte neurologische oder neurochemische Probleme zugrunde liegen und gegen die man mit Kurz- bzw. Langzeitmedikation etwas ausrichten kann, meistens genügt es aber, die Katze einfach nur aus der unpassenden Umgebung herauszunehmen. Dies ist wirklich ein sehr komplexes Thema, und bevor Sie sich auf irgendeine medikamentöse Therapie des Problemverhaltens Ihrer Katze einlassen, empfehle ich Ihnen, sich zunächst gründlich mit dem Tierarzt zu besprechen.

Tipps zur medikamentösen Therapie

▶ Medikamente können nur vom Tierarzt verordnet werden.
▶ Ziehen Sie eine Therapie mit Medikamenten immer erst als letztes Mittel in Betracht, nachdem Sie alle anderen Möglichkeiten ausgelotet haben.
▶ Glauben Sie nicht, Medikamente allein könnten das Verhaltensproblem lösen.
▶ Eine Medikamententherapie sollte immer begleitend zu einer Verhaltenstherapie erfolgen, die von einem Tierverhaltenstherapeuten oder einem Tierarzt mit dem Spezialgebiet „Verhalten" ausgearbeitet wurde.

▶ Um die Leberfunktion bewerten zu können, sollten vor – und in manchen Fällen auch während – der medikamentösen Behandlung Blutuntersuchungen durchgeführt werden.

▶ Halten Sie die Dosierungsempfehlungen genau ein. Beenden Sie niemals abrupt die Behandlung ohne dies vorher mit Ihrem Tierarzt abgesprochen zu haben.

▶ Bewahren Sie Medikamente außerhalb der Reichweite von Kindern auf.

Alle diese Erwägungen sollen dazu beitragen, dass wir bei unseren Katzen nicht so stark auf „Glücksdrogen" setzen wie sonst allgemein üblich.

Nip – der Kater, der an seinem Penis lutschte

Oft begegne ich Katzen mit interessanten Namen, so etwa der roten Burmakatze eines Doktors mit dem Namen Petechia (Petechiae sind kleine rote Flecken auf der Haut infolge gerissener Blutgefäßchen), oder der einäugigen schwarz-weißen Katze namens Cooking Fat (tauschen Sie die Anfangsbuchstaben, dann wissen Sie, was damit eigentlich gemeint ist). Ich kann nicht wirklich behaupten, dass etwa Bln und Bakewell ganz vernünftige Namen wären, aber ich liebe es eben, neue Namen zu hören, die mich zum Schmunzeln bringen. Nip und Tuck (eine Möglichkeit der Übersetzung: Schlückchen und Häppchen; Anm. d. Ü.) war ein solches Namens-Duo, bei dem ich lächeln musste. Ein Hauskatzen-Bruderpärchen hieß so. Als ich sie besuchte, waren sie acht Monate alt und schöne silbergraue Tabbys. Louisa, ihre Besitzerin, rief mich an, und ich erinnere mich noch genau daran, wie sie sagte: „Ich wette, so etwas haben Sie noch nie gesehen!" Offensichtlich hatte sie ein größeres Problem mit einem ihrer jungen Kater, von dem sie mir unbedingt erzählen wollte.

Louisa hatte die Kitten mit sieben Wochen in einem Pet-Shop gekauft und sie nur drinnen gehalten. Sie hatte eigentlich geplant, die Kater, nachdem sie kastriert worden waren, in den Garten zu lassen. Doch es war ein Problem aufgetreten, das ihren „Freigang" verzö-

gerte. Eines Tages hatten Nip und Tuck im Wohnzimmer miteinander gebalgt, und Tuck war dabei wohl etwas zu stürmisch gewesen.
Als Louisa sich die beiden genau anschaute, stellte sie fest, dass Nip
eine schlimme Schramme an seiner Vorhaut davongetragen hatte.
Weil es überaus schmerzhaft aussah, brachte sie ihn zum Tierarzt.
Dieser verabreichte dem Kater einige Antibiotika und meinte beru-
higend, dass die Wunde mit der Zeit verheilen würde. Als Louisa
mit Nip heimkam, bemerkte sie, dass er dem Wundbereich sehr viel
Aufmerksamkeit zollte. Das beunruhigte sie zunächst noch nicht
besonders. In den nächsten Wochen geriet die Situation allerdings
ziemlich außer Kontrolle. Nip verwendete immer mehr Zeit darauf,
sich um den Penis herum zu lecken. Doch eigentlich tat er das überhaupt nicht. Denn zu ihrem völligen Entsetzen entdeckte Louisa
bald, dass Nip sich gar nicht putzte, sondern vielmehr jeden Tag viele Stunden damit zubrachte, glückselig an seinem Penis zu lut-
schen! Louisa versuchte ihn davon abzubringen (denn sie glaubte,
das könne nicht normal sein), aber Nip saugte einfach heimlich weiter. Er begann nämlich damit, sich zu verstecken, um diesem recht
unüblichen Zeitvertreib nachzugehen. Ich verabredete einen Besuchstermin für die nächste Woche.
Nips Geschichte war nicht so absonderlich, wie Sie vielleicht denken. Viele Katzen behalten bestimmte kindliche Verhaltensweisen
bis ins Erwachsenenalter bei. Das Verlangen danach, zum Spaß zu
saugen, lässt sich bei vielen erwachsenen Hauskatzen beobachten.
Die Gründe dafür sind vielfältig, doch eine abrupte oder sehr früh-
zeitige Entwöhnung zusammen mit einer „bedürftigen" Katzenpersönlichkeit sind ausschlaggebend dafür. Meine Lucy war ein
klassisches Beispiel. Nichts liebte sie so sehr, als rhythmisch mit
den Vorderpfoten zu treten, während sie auf meinem Schoß saß,
und dabei wie verrückt an meinem Pullover zu saugen. Manche Katzen kneten nur mit ihren Pfoten und sabbern unkontrolliert. Dieses Verhalten ahmt dasjenige eines kleinen Katzenwelpen nach, das
damit den Milchfluss aus der Zitze seiner Mutter anregt. Das Sabbern ist eine unwillkürliche Reaktion auf die Erwartung von Futter.
Nip und Tuck waren beide noch sehr jung als Louisa sie gekauft hatte. Über ihr genaues Alter wusste man ebenso wenig wie über ihre

Vorgeschichte. Schon als die beiden gerade in ihrem neuen Zuhause angekommen waren, sah Louisa, wie beide eng zusammengekuschelt da lagen und Nip dabei an Tucks Nacken saugte. Die Verletzung seiner Vorhaut lenkte seine Aufmerksamkeit nun auf diese Körperstelle und verleitete ihn dazu, diese wiederholt zu putzen. Als er entdeckte, dass sein Penis die günstige Größe und Form zum Saugen hatte (und das Gefühl selbst auch nicht unangenehm war), machte Nip immer weiter. Nicht alle Katzen entwickeln derart übertriebene Gewohnheiten. Doch einzelne Tiere zeigen sie, weil sie dadurch die Gelegenheit bekommen, mögliche Lücken in ihrem Alltag zu stopfen. Viele Katzen wählen den Schlaf, um die Leere zu füllen, Nip aber hatte anderes im Sinn. In seinem Leben gab es einfach nicht genug, das ihn hätte ausreichend zerstreuen und vom Penis-Saugen ablenken können.

Also dachten wir uns eine Vorgehensweise aus (inklusive eines Kragens), die selbst die abgelenkteste Katze hätte stimulieren können, um Nip eine spannende Umgebung innerhalb des Hauses zu bieten. Louisa war wirklich sehr daran gelegen, alles zu probieren. Denn Nip war – man bräuchte es eigentlich gar nicht zu erwähnen – für all ihre Freunde zu einer echten Party-Nummer geworden. Auch hatte sie von den ständigen schlabbernden Sauggeräuschen langsam die Nase voll. Nip schien aber immer noch stark daran interessiert, zu einem guten Saug-Erlebnis zu kommen und setzte alles daran, seinen Kragen los zu werden. Doch Louisa war äußerst entschlossen, ja sie nahm sich sogar Urlaub, um ihre Katzen zu unterhalten. Denn bekämen wir das geregelt, könnten wir Nip in den Garten lassen, wo er die große weite Welt mit ihren dauernden Veränderungen entdecken konnte. Dies genügt normalerweise, um die meisten jungen Katzen davon abzuhalten, Unfug zu machen.

Die Zeit verging, und nach vier sehr langen Monaten konnte Nip auch ohne seinen Kragen leben, wenn man ihn überwachte. Es war ein langer Prozess, doch Louisa blieb standhaft, und schließlich war der Kater kuriert. Nicht alle zwanghaften Verhaltensweisen dieser Art lösen sich so wunderbar. Wir waren glücklich, dass wir Nip eine solche Vielzahl an alternativen Aktivitätsfeldern eröffnen konnten, mit denen wir ihn gleichzeitig dauerhaft von der Ausübung des unerwünschten Verhaltens abhielten. Dies ist nämlich immer der Schlüssel zu einem erfolgreichen Ausgang. Den Besitzern, die Katzen mit derartig abnormalen Verhaltensweisen haben, empfehle ich schnellstmöglich Hilfe bei ihrem Tierarzt sowie einem Tierverhaltensberater zu suchen.

Baldrick – der masturbierende Kater

Ein anderes Verhalten, dessen sich Katzen oft bedienen, um mit den Schwierigkeiten ihres Lebens zurechtzukommen, ist die Masturbation. Spricht man mit Haltern über die kleinen Schwächen ihrer Tiere, dann ist dieses Verhalten für viele ein Tabuthema, sodass ich mich oft frage, wie stark es tatsächlich verbreitet ist. Die meisten Besitzer drücken ob Miezens Liebesaffäre mit dem Morgenrock ein Auge zu. Doch gelegentlich wird das Verhalten so leidenschaftlich, dass man es nur schwer ignorieren kann. Wenn eine derart hartnäckige Gewohnheit daraus wird, ist es immer ein Zeichen dafür, dass in der Welt der Katze nicht alles im Lot ist.

Baldrick gehörte einer jungen Krankenschwester mit Namen Chrissie. Beide lebten zusammen in einem kleinen Haus an einer sehr befahrenen Straße. Chrissie arbeitete immer sehr lange, und wenn sie nach einer ermüdenden Schicht nach Hause kam, war Baldrick stets da, um sie zu begrüßen. Der ausgelassene und liebenswerte schwarz-weiße Langhaar-Kater war etwa drei Jahre alt als ich ihn kennen lernte. Während meines Besuchs warf er Sachen um und sprang wie ein ungezogenes Kind durch die Gegend (lustig anzusehen). Das machte es schwierig, sich auf das zu konzentrieren, was Chrissie mir über seine nicht einwandfreien Gewohnheiten erzählte.

Baldrick lebte ausschließlich im Haus, weil die Straße draußen einfach zu befahren war und Chrissie ein ungutes Gefühl hatte, ihn hinauszulassen. Der Kater bekam gutes Futter, und sobald Chrissie zu Hause war, überhäufte sie ihn mit Streicheleinheiten. Er hatte mehrere Spielsachen, die aber alle zu riesigen Bergen aufgetürmt unter Stühlen und Sofas endeten, wo sie auf die Ablösung durch neue warteten. Chrissie liebte ihn augenscheinlich sehr, doch es gab etwas in ihrer Beziehung, das sie wirklich nicht mehr tolerieren konnte. Ausnahmslos jede Nacht wachte Chrissie auf, weil Baldrick – mit glasigen Augen – einen ihrer Arme oder eines ihrer Beine fest umklammert hielt. Sein Becken schob er dabei wie wild hin und her, und jeder Versuch, ihn dort wegzubringen, bevor er zu Ende kam, entfesselte einen Ausbruch frustrierter Aggression. Nach dem „Höhepunkt" verzog er sich und verschwand in einer Ecke des Schlafzimmers, um sich in aller Ruhe zu lecken. Für Chrissie bedeutete das Ganze weit weniger Spaß. Sie hatte versucht, ihn aus dem Schlafzimmer zu verbannen. Doch das Ende vom Lied war ein erheblicher Schaden am Teppich vor der Tür, den Baldrick beim verzweifelten Versuch, zu ihr vorzudringen, verursacht hatte. Chrissie brauchte dringend ihren Schlaf, zudem waren die nächtlichen Vorkommnisse durch und durch unangenehm. Alles zusammen machte die Beziehung zu ihrem geliebten Baldrick regelrecht kaputt. Wie schon im vorigen Fall zeigten sich Freunde und Familie belustigt, und fanden, dies sei einfach der Gag. Doch für Chrissie als direktes Opfer dieser Verhaltensweisen war das Ganze sehr zermürbend.

Es war wichtig, den Auslöser für Baldricks Verhalten herauszufinden. Obwohl die meisten Katzen kastriert sind, können sie die belohnenden Effekte, die eine Masturbation mit sich bringt, immer noch für sich entdecken. Manchmal kann ein Geruchsstoff der auslösende Reiz sein. Deswegen wollte ich unbedingt wissen, ob Chrissie irgend ein Medikament, eine Seife, ein Parfum oder Deodorant verwendete, das ihrem eigenen Geruch vielleicht ein Pheromon ähnliches Element hinzufügte. Doch da gab es nichts dergleichen, und so wurde schnell klar, dass wir noch einmal Baldricks und Chrissies Lebensweise unter die Lupe nehmen mussten, um den wahren Grund zu entlarven. Baldrick war enttäuscht und ihm war langweilig. Im Haus gab es nichts für ihn zu tun, und auch die Begeisterung bei Chrissies Ankunft war nur von kurzer Dauer. Kurz nachdem sie heimgekommen war, musste Chrissie oft schon wieder zu Bett gehen, und Baldrick lag dann auf der Lauer, weil er hoffte, dass irgendwann ein nackter Arm oder ein nacktes Bein unter der Bettdecke herausfallen würden. Dann konnte er sich darauf stürzen, und der Spaß begann ...

Wenn man einer Katze die Möglichkeit nimmt, ein Verhalten aus-zuüben, das sie selbst als belohnend empfindet, ist es wichtig, das dadurch entstandene Loch mit einem alternativen und ebenso span-nenden Zeitvertreib zu stopfen. Baldrick hatte nicht genug Katzen-typisches zu tun, weshalb er, wie so viele Wohnungskatzen, an „un-tätigen Pfoten" litt. Wir mussten ihm Unterhaltung bieten – weg von Chrissies Arm, und ihn dazu anregen, akzeptablere Verhal-tensweisen auszuleben. Chrissie machte sich an die Arbeit und bau-te interessante Klettergerüste und Regaleinrichtungen in ihr kleines Haus, um diesem mehr Dreidimensionalität zu verleihen. Mit cle-ver eingesetzten Pappkartons und Papiertüten schuf sie für ihren Kater aufregende Möglichkeiten, dort nach Futter und Wasser zu suchen. Spielsessions wurden zur täglichen Routine in Baldricks Leben – hauptsächlich mit Spielzeug, das für Chrissie nach dem langen Arbeitstag ohne großen Körpereinsatz benutzt werden konnte (erstaunlich, wie viel Spaß man mit ein paar Federn haben kann, die mit einer Schnur ans Ende eines Bambusstocks gebun-den sind).

Nachdem wir die neue Unterhaltungsmethode eingeführt hatten, war es an der Zeit, uns den nächtlichen Ungezogenheiten zu wid-men. Es galt einen geschickten Plan zu ersinnen, mit dem wir das Masturbationsverhalten weniger attraktiv machen, bzw. den Reiz, der es auslöste, gleich ganz unterdrücken konnten. Wir stellten fest, dass Baldrick immer dann mit dem Masturbieren begann, wenn er eines unter der Bettdecke hervorlugenden Beines oder Armes an-sichtig wurde. Chrissie schlief, wenn man so will, etwas ausladend, was bedeutete, dass bei ihrem Einzelbett und der kleinen Zudecke selten alle Körperteile gleichzeitig im Bett lagen. Die einfache, aber wirkungsvolle Abhilfe dafür: Eine übergroße Bettdecke, bei der es wahrscheinlicher wurde, dass sämtliche Gliedmaßen darunter ver-schwanden. Leider bedeutet ein unruhiger „bewegter" Schlaf, dass die Decke nicht immer alles bedeckt. Also mussten wir die jetzt noch hervorschauende Haut weniger attraktiv machen. Im Verlauf eines Gesprächs findet man viel über die Vorlieben und Abneigun-gen einer bestimmten Katze heraus. Ich erinnerte mich daran, dass Chrissie gesagt hatte, dass Baldrick Tesco-Tragetaschen hasste und in die Luft sprang, wenn man mit einer von diesen vor ihm raschelte. Könnten wir diese Kunststofftaschen hinterlistig zum Einsatz bringen? Und tatsächlich ging Chrissie diese Nacht mit Tesco-Einkaufstaschen, die sie sich um Arme und Beine gewickelt und mit Klebeband befestigt hatte, zu Bett. Wie verlässlich sie doch war! Einige Stunden später wurde sie dann von einem furchtbar aufgeregten Baldrick aufgeweckt, der ihren Arm vorsichtig mit der Pfote betatschte – mit dem Ausdruck völligen Entsetzens auf seinem Gesicht, denn das hatte er nun wirklich nicht erwartet! Nach mehreren Nächten mit Kunststoffbeutel-Armierung sowie mehreren Tagen mit verstärkter Stimulation und Beschäftigung versuchte es Baldrick nachts nicht einmal mehr, bis zu Chrissies Bett vorzudringen. Knapp zwei Jahre später erhielt ich einen Telefonanruf mit der Nachricht, dass Baldrick wieder mit dem Masturbieren angefangen hatte. Dieses Mal hatte er sich den Arm von Chrissies Untermieter ausgesucht. Alle waren sehr unzufrieden. Glücklicherweise konnten wir das alte Therapieprogramm wieder ausgraben, hier und da ein paar Anpassungen vornehmen, und so Baldricks „gutes Benehmen" erneut wiederherstellen.

Ceefor – die Katze, die ihren Schwanz jagte

Schwanzjagen gehört eigentlich nicht zum Verhaltensrepertoire einer Katze. Bei Border Collies und nervösen Hunden kann ich dieses Verhalten zwar verstehen, aber ich hätte nie gedacht, dass es auch bei Katzen ein Thema wäre – bis ich Ceefor traf. Auf Empfehlung des Tierarztes rief mich ihre Besitzerin an, denn alle anderen Möglichkeiten waren bereits ausgeschöpft. Ceefor hatte damit begonnen, ihrem Schwanz nachzujagen und so oft und so heftig hineinzubeißen, dass sie ständig einen Kragen trug (was würden wir bloß ohne diese Teile tun?) und überwacht werden musste. Der Tierarzt hatte versucht, eine medizinische Ursache für das Problem ausfindig zu machen, konnte aber nichts feststellen, das diesen starken Hass, den die Katze scheinbar auf ihren Schwanz entwickelt hatte, hätte erklären können. Es hörte sich faszinierend an, also schaute ich es mir noch am selben Abend an.

Ceefor war eine etwa dreijährige Schildpatt-Katze, die die Familie vor geraumer Zeit von einer Katzenhilfe vor Ort übernommen hatte, bei der sie als Streunerin angekommen war. Etwa drei Monate vor meinem Besuch hatte Ceefor damit begonnen, ihre Schwanzspitze zu jagen und zu beißen. Ihre Besitzer Jillian und Tom dachten zunächst, das wäre ziemlich spaßig, machten sich aber doch bald Sorgen und brachten sie zum Tierarzt. Dieser stellte fest, dass ihr Fell von Flöhen übersät war (was zu Hause nicht immer so einfach zu entdecken ist) und sie Unmengen winziger Schorfkrüstchen auf ihrem Schwanz hatte. Er diagnostizierte eine Flohallergie, verschrieb entzündungshemmende Medikamente und eine lokale Behandlung der kleinen Parasiten. Doch dies schien überhaupt keinen Effekt zu haben, denn Ceefors Verhalten wurde immer merkwürdiger. Gerade als Jillian mir über Ceefor berichtete, zeigte die Kätzin – wie gerufen – das beschriebene Verhalten. Ihre Pupillen weiteten sich und ihre Schwanzspitze vibrierte heftig. Sie drehte sich herum, um sich das anzuschauen, und just in diesem Moment begann der Schwanz wie wild hin und her zu peitschen. Ceefor knurrte, fauchte, jagte dann im Kreis und überschlug sich. Wie besessen packte sie dann den Schwanz und biss mehrfach hinein, solange bis ich sie mit meiner Feder an der Schnur ablenkte und sie das Verhalten stoppte. Man konnte sie immer sehr leicht ablenken, entweder mit dem guten alten zuverlässigen Halskragen, mit einem Spiel oder einer sanften Berührung.

Bei einer Verhaltensberatung reicht es nicht, sich das abnormale oder unangebrachte Verhalten anzusehen, und dann nach Möglichkeiten zu suchen, es zu beenden. Zuerst einmal muss ich etwas über die Katze in Erfahrung bringen. So muss ich ihre Gewohnheiten und ihre Beziehung zu den Besitzern kennen lernen, und wissen, wie sie andere Katzen sieht und mit ihrer Umgebung interagiert. Außerdem muss ich Kenntnisse über ihre Lebensweise bekommen und unbedingt erfahren, welche Veränderungen stattgefunden haben oder mit welchen Gegebenheiten das Einsetzen des unerwünschten Verhaltens zusammengefallen ist. In diesem Fall gab es absolut nichts dergleichen. Ich forschte nach und fragte nach: nichts. Soweit sich die Besitzer erinnern konnten, war alles genauso wie immer. Welche Veränderungen es auch gegeben haben mochte, es würde ein Rätsel bleiben.

Es gibt immer wieder Fälle, die nicht der Norm entsprechend verlaufen. Ebenso gibt es viele Fälle, bei denen die Grenzen zwischen Verhaltensproblem und neurologischem Problem stark verschwimmen. Dieser hier war ein solcher. Aus diesem Grund kümmerte ich mich sofort um die Überweisung an einen tierärztlichen Neurologen. Ceefor wurde zu ihm gebracht – mit dabei waren einige Meter recht aufschlussreichen Videomaterials. Die Ergebnisse waren hochinteressant. Infolge der Immunreaktion auf all die Flöhe war Ceefors Haut in einem eng umschriebenen Bereich überempfindlich geworden. Deshalb dieses seltsame Gefühl in ihrem Schwanz, das schließlich zu ihrer Verwirrung führte, bei der sie anzugreifen versuchte, was auch immer sie da angriff. Obwohl ihr Tierarzt auf einer gründlichen Flohbekämpfung bestand, hatten Jillian und Tom nicht ganz erkannt, auf welche Weise diese kleinen Wesen in der Lage waren, die Macht in ihrem Haus zu übernehmen. Ein einzelner Floh kann eine Unmenge an Eiern legen, die sich dann in unseren luxuriösen Teppichen einnisten, und ausschlüpfen, sobald sich in ihrem Umfeld etwas bewegt – weil dies nämlich eine gute Mahlzeit verspricht. In Jillians und Toms Haus gab es überall Flöhe und mit jeder Behandlung Ceefors musste man gegen einen massiven Ansturm ankämpfen. Es gab daher keinen anderen Weg, als das ganze Haus einer Behandlung zu unterziehen, während sich Ceefor in der Tierklinik aufhielt, um dort die unerwünschten Besucher loszuwerden. Ceefor kehrte (flohfrei) nach Hause zurück und das vorgesehene Aktivitäts- und Ablenkungsprogramm konnte nun in die Tat umgesetzt werden. Mithilfe der Medikamente, die der Tierarzt verordnet hatte, erlangte sie ihr früheres Selbst wieder. Doch es gibt auch schwierigere Fälle, die sich nur mit einer Teilamputation des Schwanzes lösen lassen. Ich kenne eine Katze, bei der drei Teilamputationen durchgeführt wurden, nur damit sie – als schließlich der ganze Schwanz verschwunden war – ihr eigenes Hinterteil jagte. Nun, das war wirklich ein extremer Fall.

* * *

Wie Sie sehen, gibt es in der Tat einige sehr merkwürdige Probleme, ganz zu schweigen von der Katze, die Hunde angriff, von der, die „moonwalkte", von der, die Fotos fraß, von der, die dauernd ihr Gesicht betatschte oder der, die immer die Unterwäsche ihrer Besitzerin fraß! Ungeachtet der Tatsache, dass es für all diese Absonderlichkeiten absolut rationale medizinische oder verhaltensmäßige Gründe gab, blieben sie doch sonderbar! Bink, meine eigene seltsame Katze, ist die jüngste der übrig gebliebenen Vierergruppe und mit ihrer idyllischen Lebensweise in Cornwall ganz und gar zufrieden. Seit Bln nicht mehr lebt, hat sie allmählich immer mehr von seinen kleinen Gewohnheiten angenommen, und ich werde das Gefühl nicht los, dass sie und Peter in den nächsten Jahren richtige Kumpel werden. Bink ist auf dem besten Weg „Bln – die Fortsetzung" zu werden. Wie schon zu Beginn des Kapitels berichtet, durfte ich sie kürzlich streicheln, ohne dass sie dabei diese entrüstete Miene aufzog. Also gehe ich davon aus, dass ich ihren Widerstand langsam breche. Wenn sie 14 Jahre ist, kann ich sie vielleicht sogar hochnehmen!

KAPITEL 7
Die Mensch-Katze-Beziehung

Zulus Geschichte

Kurz nachdem Hoppy, das kräftigste Mitglied unserer Katzenfamilie, gestorben war, bekamen wir Besuch in unserem Heim in Cornwall. Zulu (anscheinend so benannt, weil er die Katzenversion eines Zulus, also eines „schwarzen Kriegers", war) war ein unkastrierter Kater, der bei einer Frau im Dorf lebte. Wir hatten ihn in der Gegend schon gesehen, doch Hoppy hatte jeden seiner möglicherweise aufkommenden Gedanken, auch nur in die Nähe unseres Hauses kommen zu wollen, im Keim erstickt. Obwohl er zu dieser Zeit nur mehr schlecht sehen konnte, brauchte Hoppy ihn dazu bloß mit einem wütenden durchdringenden Blick zu fixieren, und Zulu tat dann so, als ob er Hoppy gar nicht sähe und änderte lässig seine Richtung, als wäre ihm plötzlich eingefallen, dass er zu Hause noch etwas sehr Dringendes vorhatte.

Nur wenige Tage nach Hoppys Tod kam ich ins Haus und dachte, Bakewell säße da auf dem Sofa. Ich fragte mich, weshalb er wohl so komisch aussähe. Doch als er sich umdrehte, um mich anzuschauen, erkannte ich, dass es ein Eindringling war. Zulu war einfach gekommen und wollte auch bleiben; keiner konnte etwas dagegen tun. Wir redeten mit seiner Besitzerin darüber, und sie sagte, sie wolle ihn nicht, wir könnten ihn gern behalten. Also wurde er kastriert und die Nummer Sechs im Hause Halls. Die einzigen beiden Katzen, die Zulu von Anfang an hassten, waren Bln und Puddy. Bln war nach Hoppys Tod zur „Oberkatze" avanciert, als er aber diesen schwarzen Muskelprotz erblickte, wusste er, dass seine Vorherrschaft nur von kurzer Dauer sein würde. Im Lauf der nächsten Wochen machten wir dann auch unsere ersten Erfahrungen mit Katzen, die im Haus Urin verspritzten. Puddy hasste Zulu wirklich leidenschaftlich, doch trotz aller Anfeindungen blieb Zulu der festen Überzeugung, für immer dableiben zu wollen. Weil es Zulu wahrhaftig an zahlreichen sozialen Tugenden mangelte, gab es immer ein paar Streitereien, aber niemals verlor er diesen Ausdruck der puren Freude auf seinem Gesicht über sein schönes neues Zuhause.

Oft denke ich über Zulus frühere Besitzerin nach und über ihren augenscheinlichen Mangel an Bindung zu diesem entzückenden Wesen. Sie war eine nette Dame und eine wirkliche Tierliebhaberin, trotzdem hat sie ihr Haustier bereitwillig in andere Hände abgegeben. In den vergangenen Jahren habe ich mit zahllosen Katzenbesitzern gesprochen. Der Gedanke, sich von ihren Haustieren trennen zu müssen, fiel ihnen stets schwer. Allerdings gibt es immer besondere Umstände oder Beziehungsarten, die solche Abschiede auch ohne viel emotionales Hin und Her zulassen. Mittlerweile habe ich mich damit abgefunden, dass es bei den Beziehungen zwischen Menschen und Katzen extreme Unterschiede gibt. Und gerade dieser Gesichtspunkt fasziniert mich bei meiner Arbeit am meisten.

Die meisten von uns akzeptieren es völlig, dass wir unseren felinen Schätzchen – bis zu einem gewissen Grad – nach der Pfeife tanzen. Uns ist durchaus bewusst, dass wir alles für sie tun und sie über und über verwöhnen. Doch wir tun das, weil es uns Freude bereitet. Wir glauben, wir leben unser Leben und entscheiden dabei selbst, was wir tun und wann wir das tun wollen. Aber stimmt das auch? Fragen Sie sich nicht auch immer, wer in Ihrem Haushalt wirklich das Sagen hat? Während Sie Gingers fünfte Tigergarnele sorgfältig vorbereiten, haben Sie da nicht permanent den Eindruck, irgendjemand würde Sie ausnutzen? Ich staune immer wieder aufs Neue darüber, wie clever und manipulativ die durchschnittliche Hauskatze sein kann. Wie demütigend und belustigend ist es doch, wenn wir uns vor Augen führen, wie erfolgreich ein kleines pelziges Lebewesen uns Menschen „dressieren" kann. Katzen sollen auf der Evolutionsleiter angeblich weit unter uns angesiedelt sein; manchmal verwundert's mich aber doch.

Denken Sie einmal zurück, wie es bei Ihnen am Anfang abgelaufen ist: Binnen Minuten nach seiner Ankunft hat das neue Kätzchen mit seinem allerliebsten Kulleräugleinblick und dem putzigen O-Beinchen-Gang jeden gänzlich für sich eingenommen. Mit einem Jahr dann lehnt die Mieze jedes Futter ab, mit Ausnahme des teuersten Gourmetprodukts. Sie belegt den besten Stuhl im Wohnzimmer und das Fußende Ihres Bettes. Doch damit gibt sich die Miez längst nicht zufrieden, und mit der Zeit lernt sie, wie leicht es ist, Sie dazu zu bringen, alles Erdenkliche zu tun, um damit ihr unersättliches Verlangen nach Gefälligkeiten zu befriedigen. An ihrem 10. Geburtstag beschlagnahmt sie das große Bett fast ganz für sich allein, denn sie hat mittlerweile das Talent entwickelt, beim Schlafen die Gliedmaßen in alle Himmelsrichtungen auszustrecken und sich dabei auf das Dreifache ihrer Größe und ihres Gewichts auszudehnen. Sie frisst ausschließlich frisch gekochte Hühnchenbrust, und hat es überdies geschafft, zu jeder Tages- und Nachtzeit Aufmerksamkeit einzufordern: Sie braucht bloß zu rufen.

Wie konnte es dazu kommen? Wieso lassen wir es zu, dass Smokey – aus der Bequemlichkeit seiner Heizkörperhängematte heraus – jede unserer Aktionen lenkt? Weshalb sind Katzen nur so wählerisch und so fordernd? Die einfache Antwort ist: Wir bringen sie dazu (und wir lieben es). Eine Katze wird mit einer Vielzahl vorprogrammierter Verhaltensweisen geboren, doch vieles von dem, was unsere Katzen tun, tun sie allein aufgrund ihrer Lebenserfahrung. Der Fachbegriff dafür heißt operante Konditionierung; was bedeutet, dass sie anhand der Auswirkungen lernen, die eine ihrer Aktionen (bzw. mehrerer solcher Aktionen) nach sich zieht. Wenn Sie Ihrer Katze etwa jedes Mal die Tür öffnen sobald sie daran kratzt, wird sie lernen, dass dies eine wirksame Methode ist, Zugang zum Haus zu bekommen. Obwohl dies unglaublich erfolgreich ist, kann die Fähigkeit, diese Begabung zu verfeinern, auch Extreme nach sich ziehen. Wagt es Ihre „Geliebte" erst einmal tief Luft zu holen, bevor sie ihre Mahlzeit zu sich nimmt, oder schreitet sie, nach einem eher missbilligenden Blick darauf, von dannen, reichen Sie Ihr dann andere leckere Häppchen, die noch verführerischer sind? Ist das der Fall, werden Sie bald eine Katze Ihr Eigen nennen, die nur noch geräucherten Lachs, aus der Hand gefüttert, zu sich nimmt, und nur noch die cremigste Schlagsahne trinkt – aus chinesischem Porzellan natürlich.

Uns allen ist es freigestellt, wie wir damit umgehen wollen. Ich jedenfalls habe mich dafür entschieden, meine Katzen mit Liebe und Aufmerksamkeit zu verwöhnen, darüber aber nicht zu vergessen, dass auch ich ein unumstößliches Recht darauf habe, in meinem Haus zu leben. Bin ich beschäftigt, weise ich sie manchmal zurück. Und wenn sie über das Futter, das ich ihnen anbiete, ihre Nasen rümpfen, schließe ich daraus, dass sie nicht hungrig sind. Ich habe das Glück, Katzen zu besitzen (ich wage es zu sagen), die sich vergleichsweise gut damit arrangiert haben.

Wenn Sie annehmen, Sie seien nicht mehr der Chef in Ihrem eigenen Haus, möchten aber gern das Gleichgewicht der Kräfte wiederherstellen, dann lesen Sie die nachfolgenden Tipps:

▶ Fangen Sie so an, wie Sie auch weitermachen wollen.

▶ Im Handel finden Sie viele von Tierärzten bilanzierte Katzenfuttermittel, mit denen Ihr Tier alles bekommt, was es benötigt. Der gelegentliche Leckerbissen ist in Ordnung. Machen Sie sich keine Sorgen, wenn Ihr Tier nicht dauernd Hunger hat. Solange es nicht an Gewicht verliert, ist das nicht schlimm.

▶ Es ist vollkommen in Ordnung, die Katze zurückzuweisen, wenn Sie gerade anderweitig zu tun haben. Sie wird Sie deshalb nicht weniger lieben.

▶ Sollte Ihre Katze nachts um Ihre Aufmerksamkeit heischen, versuchen Sie Ihr Bestes, das zu ignorieren. Tun Sie dies nicht, werden Sie am Ende unter den schrecklichen Symptomen eines Schlafentzugs leiden – und ebenso unter einer Katze, mit der das Zusammenleben sehr schwierig ist.

▶ Versuchen Sie es einzurichten, dass Ihre Katze neben Ihnen noch andere Interessen hat, etwa – wann immer das möglich ist – nach draußen zu gehen sowie allerlei Aktivitätsmöglichkeiten drinnen im Haus wahrzunehmen.

Wenn alle Zuwendung in Ihrer Mensch-Katze-Beziehung auf Gegenseitigkeit beruht, schadet das keinem von beiden. Ich muss zugeben, dass ich es immer interessant finde, mit Leuten zu sprechen, die die Gesellschaft von Katzen der von Menschen vorziehen – und in Anbetracht ihrer Lebensumstände kann ich ihre Ansicht oft auch verstehen. In meiner Laufbahn habe ich viele Fälle erlebt, bei denen diese Bindungen aber nicht unbedingt im beiderseitigen Interesse standen. Wir alle kennen jemanden, dessen Umgang mit seiner Katze uns doch äußerst merkwürdig erscheint (wir selbst zählen freilich nicht dazu). Normalerweise ist dies aber harmloser Spaß, wie etwa bei Bln und Peter, bei denen beide – Mensch wie Katze – ihr Vergnügen daran haben. Gelegentlich sind diese Beziehungen nicht ganz so heilsam und führen zu Problemen, insbesondere dann, wenn entweder die Katze oder der Mensch, oder auch beide, eine übermäßige Bindung an den anderen entwickeln. Es ist schwer zu glauben, dass wir unsere Katzen wirklich *zu* sehr lieben können. Doch wenn man sich den Charakter einzelner Beziehungen genauer betrachtet, erkennt man die Fallstricke.

Würde man mich bitten, übermäßige Bindung zu definieren, würde ich vermutlich antworten: *Ein emotionaler Bund mit einem Heimtier, der so stark ist, dass er für das physische oder psychische Wohlergehen entweder des Menschen oder des Tieres, oder beider, Nachteile bringt.* Wie ich bereits gesagt habe, sind es zweifellos die im Verborgenen gelebten Beziehungen, die viele von uns nie ganz richtig beurteilen oder verstehen werden. (Ich muss hier nur an die arme Frau X denken, von der ich in der Einleitung erzählt habe.) Es gibt wahrscheinlich Tausende ähnlicher „Paare", die aber niemanden wie mich konsultieren, weil ihre Abhängigkeit in der Regel kein Problem für sie darstellt.

Das Personal in Tierarztpraxen bekommt die Nachwirkungen solcher überstarken Bindungen zu spüren, wenn das Tier stirbt oder eingeschläfert werden muss und der Besitzer nicht damit fertigwird. Manche Menschen zeigen dann ungewöhnlich heftige Gefühlswallungen. Auch sind sie nicht in der Lage, die unterschiedlichen Stadien der Trauer auf die übliche Art und Weise zu bewältigen. Sie gehen nicht derart damit um, dass sie den Verlust schließlich zwangsläufig doch akzeptieren. Erst kürzlich habe ich eine liebenswürdige Dame namens Emma getroffen, die, obwohl sie ihre Lieblingskatze bereits vor etwa acht Monaten verloren hatte, immer noch äußerst stark darunter litt. Ich hatte die Gelegenheit, mich eine Zeit lang mit Emma zu unterhalten. Offenbar hatte es in ihrem Leben schon sehr viel Kummer gegeben – infolge einer gescheiterten Beziehung, und weil sie ihren Ehemann verloren hatte. Wendet sich ein Besitzer einem liebevollen, ihn nicht mit Kritik drangsalierenden Heimtier zu, um damit ein ungelöstes emotionales Trauma besser zu bewältigen, kann dies leicht zu einer solchen unnatürlich starken Bindung führen. Gut erinnere ich mich daran, wie ich mit einer Besitzerin, die ihren Kater verloren hatte, zusammensaß, und versuchte sie zu trösten, während sie mir erzählte, dass dieser ihrem verstorbenen Ehemann gehört hatte. Unter heftigen Tränen deutete sie an, dass sie selbst „Sterbehilfe" geleistet habe, als er unheilbar krank geworden war. Bei derartigen Beziehungen geht es manchmal überhaupt nicht um die Katze als solche.

In all den Jahren meiner Arbeit als Katzenverhaltensberaterin habe ich eine Unmenge an Problemfällen bearbeitet. Die meisten betrafen das Verunreinigen des Wohnraums, das Urinverspritzen im Haus und die Aggression. Doch nur rund 10 % aller Fälle waren Verhaltensprobleme, denen eine übermäßig starke Bindung zugrunde lag. Unter diesen 10 % wiederum kamen ungewöhnliche Reaktionen vonseiten des Halters auf die Katze bzw. umgekehrt am häufigsten vor. Trifft zum Beispiel eine etwas unfähige und nervöse Katze mit einem liebevollen, fürsorglichen, empfindsamen Besitzer zusammen, kann diese Beziehung schließlich zu einer „erlernten Hilflosigkeit" bei der Katze führen und gleichzeitig eine übermäßig starke gegenseitige Bindung zur Folge haben. Während der Besitzer sich ständig bemüht, der Katze zu versichern, dass sie gut beschützt wird, sieht das arme zitternde Wrack überall Gefahren und wird zu einem Häuflein Elend – vollkommen unfähig, irgendetwas zu unternehmen, ohne dass der Besitzer dabei ist. Das andere Szenario ist die hochintelligente sensible Katze (etwa die entzückenden, aber anspruchsvollen Siamesen und Burmesen), die auf denselben liebevollen, fürsorglichen, empfindsamen Halter trifft. Was dabei herauskommt, kann schon außergewöhnlich sein, weil hier unerwünschtes, Aufmerksamkeit heischendes Verhalten das Hauptproblem ist. (Bald werden wir Chesters Fall untersuchen, welcher zeigt, wie lästig ein solches Verhalten sein kann.)

Nun zappeln wir alle nervös auf unseren Sitzen, kraulen unseren Burmesen beunruhigt unter seinem Kinn und fragen uns dabei: „Gibt es einen speziellen Menschentyp, der in dieser Kategorie landet?" Es überrascht nicht, dass solche Fälle immer auch einige Gemeinsamkeiten haben, und natürlich werden wir alle in einigen der nachfolgenden Kategorien auch etwas von uns selbst wieder erkennen. Das erwartet man ja auch. Bevor man aber losstürmt, um nach Hilfe Ausschau zu halten, ist es wichtig, daran zu denken, dass Probleme nur auftreten, wenn viele der aufgeführten Faktoren zusammentreffen. Auch muss die Katze diese Art von Persönlichkeit haben, welche es ihr unmöglich macht, vor einem überbehütenden Besitzer wegzulaufen. Hier ist eine Liste von Faktoren, die all meinen Fällen, bei denen Probleme infolge extremer Bindungen zwischen Halter und Katze aufgetreten waren, gemeinsam ist.

► Die Besitzer sind ausschließlich Frauen (schon besorgt?).

► Die Besitzerinnen leben allein oder mit einem Partner oder Freund, mit dem sie nur wenig Zeit zusammen verbringen.

► Die Besitzerinnen nehmen oder nahmen Prozac oder ein ähnliches Psychopharmakon, oder sie wurden/werden wegen eines psychologischen Problems behandelt. Ein hoher Prozentsatz von ihnen hat einen schmerzlichen Verlust oder eine Scheidung erlebt.

► Die Besitzerinnen vermenschlichen ihre Katzen und behandeln sie auch wie Menschen. (Bei Beratungsgesprächen reden viele eher mit der Katze als sich an mich zu wenden.)

► Sie gehen weder in den Urlaub, noch bleiben sie über Nacht bei Freunden oder Familienangehörigen, weil sie ihre Katze ungern verlassen.

► Die Katzen werden ausschließlich im Haus gehalten, oder ihnen wird aus „Sicherheitsgründen" nur unter Aufsicht ein beschränkter Zugang nach draußen gewährt. (Die Besitzerinnen befürchten, ihre Katzen wären unakzeptablen Gefahren ausgesetzt, wenn sie nach draußen gehen.)

► Viele von ihnen bezeichnen sich selbst als Perfektionistinnen, die sehr darauf bedacht sind, zu gefallen und sich verzweifelt bemühen, stets das Richtige zu tun.

► Ihr Leben dreht sich oft nur um die täglichen Bedürfnisse ihrer

Katze. Sind sie berufstätig, treffen diese Besitzerinnen für die Zeit ihrer Abwesenheit unglaubliche Vorkehrungen für das Wohlergehen ihres Heimtieres, und sie können es kaum erwarten, nach Hause zurückzukommen.

Ich möchte wirklich nicht den Eindruck erwecken, ich wäre hier die Richterin und würde mit Fragen bezüglich solcher Kriterien um mich werfen. „Nehmen Sie Prozac oder haben Sie es jemals eingenommen?" Das geht einfach nicht. Und offen gestanden, wenn ich es täte, müsste ich davon ausgehen, dass man mir die Tür weisen würde. Alle Informationen, die ich bekomme, gibt man mir aus freien Stücken. Solche Informationen können von Bedeutung sein oder auch nicht. Stets höre ich sie mir an, denn es ist besonders wichtig, dass ich die Stärke der emotionalen Abhängigkeit einer Person von ihrer Katze kenne, wenn ich ihr sagen muss, dass sie ihre Beziehung zu ihrem geliebten Tier verändern soll. Ich muss eingestehen, dass ich mich immer noch mit diesem Themenkomplex „kleiner Mensch in der Felljacke" herumplage. Jedes Verhalten, das ein entsprechender Halter bei seiner Katze beobachtet, deutet er mit menschlichen Ausdrücken. Das ist gewöhnlich die Basis der ganzen Beziehung, und ich gebe zu, dass auch ich in meinen etwas lauschigen Momenten dasselbe tue. Doch ich meine das nicht ernst – ich sage es nur zum Spaß. Wie dem auch sei, häufig werde ich mit Äußerungen wie der folgenden konfrontiert: „Bubbles sagt, ich wäre eine dumme Mami, und er sei besorgt über den Umgang, den ich pflege." Erst vor ein paar Wochen habe ich ziemlich unbedacht gesagt: „Katzen sind keine kleinen Menschen." In dem Augenblick, da ich es ausgesprochen hatte und mich das Gefühl überkam, ich solle lieber meinen Mantel nehmen und gehen, kam die Antwort: „Doch, sind sie!" Unter solchen Umständen wähle ich eine Vorgehensweise, die meine Kollegen missbilligen würden. Der Kundin jetzt ihre Illusion zu nehmen, wäre zwecklos und würde der Katze überhaupt nicht helfen. Also gehen wir mit Alice Hand in Hand „durch den Spiegel" und besprechen ein Therapieprogramm, das auf *ihrer* Interpretation der Beziehung sowie der „Denkfähigkeit" des kleinen pelzigen Menschen beruht. Ohne die irrige Meinung der Halterin wirklich anzuerkennen bzw. abzulehnen, geht es der Katze besser – und ich habe meine Arbeit getan.

Diese übermäßig starken Bindungen können zu den schwierigsten Fällen zählen, weil es so überaus bedeutsam ist, den Besitzer hier richtig zu verstehen. Das Wichtigste, was ich mir dabei stets ins Gedächtnis rufen muss, ist, nicht zu urteilen. Jeder hat andere Lebenserfahrungen, und ich kann nicht garantieren, dass ich es – unter denselben Umständen und mit der gleichen Persönlichkeit – überhaupt besser machen würde. Trotzdem gibt es Fälle, bei denen ich mich wirklich wundere. Beispielsweise ließ eine Frau die ganze Nacht über die Heizung an, nur, damit es der Katze nicht zu kalt würde. Sie selbst blieb die meiste Zeit wach, weil es zu heiß war, um zu schlafen. Eine andere Frau stellte jeden Tag sieben Futterschalen mit unterschiedlichen Futtersorten auf den Boden – für den Fall, dass der Katze gerade nicht nach einer bestimmten Geschmacksrichtung wäre und sie deshalb hungern müsste. (Unnötig zu erwähnen, dass die arme Frau selbst unter einer Essstörung litt.) Ich erinnere mich auch an eine liebe alte Dame, die für gewöhnlich um drei Uhr morgens aufstand, um Fisch zu kochen, weil ihre Katze genau dann danach verlangte.

Bevor Sie jetzt vor lauter Ungläubigkeit niedersinken, denken Sie daran, dass viele Menschen unbedingt etwas brauchen, um das sie sich kümmern und das sie lieben können. Bis zu einem gewissen Grad gibt es bei uns allen bestimmt einige ähnliche, aber vielleicht nicht ganz so extreme Elemente in unseren Beziehungen zu anderen Menschen oder Heimtieren. Ich bin nicht da, um zu urteilen, sondern um zu helfen.

Chester – die Aufmerksamkeit heischende Katze

Lassen Sie uns nun über Chester und seine ziemlich „unsozialen" Gewohnheiten reden. Obwohl es in der Regel als ein territoriales oder mit Angst in Verbindung stehendes Verhalten auftritt, ist das Verspritzen von Urin eine außerordentlich wirkungsvolle Möglichkeit, um Aufmerksamkeit zu erlangen! Chester war ein dreijähriger kastrierter Siamkater, der mit zwei anderen Katzen und seinen Besitzern Rebecca und Matthew zusammenlebte. Damit er auch nach draußen gehen konnte, hatte er eine Katzenklappe, die aber nachts und wenn die Besitzer außer Haus waren aus „Sicherheitsgründen" verschlossen wurde. Chester hatte die recht beunruhigende Angewohnheit, in Autos zu springen und mit seinen neu gefundenen Freunden im Land herumzureisen. Nach einer besonders ermüdenden Fahrt nach Norwich war Rebecca schließlich derart genervt, dass sie die Katzenklappe für immer verschloss und Chester kasernierte. Für seine Unterhaltung musste er sich jetzt an Rebecca wenden, denn die anderen Katzen im Haushalt waren keinerlei Ersatz. So wie Chester das wohl sah, war nun menschliche Gesellschaft das Wichtigste in seinem Leben.

Es stand außer Frage, dass er Rebeccas Lieblingskater war. Sie war der Meinung, er sei seelisch verletzlicher als die anderen und bräuchte es unbedingt, dass sie sich um ihn kümmerte. Rebeccas Partner Matthew war beruflich immer viel unterwegs, weshalb Chester regelmäßiger in ihrem Bett zu finden war als Matthew. Als Rebecca während meiner Konsultation für einen Moment den Raum verließ, betonte Matthew ausdrücklich, dass ich für dieses Problem so rasch wie möglich eine Lösung finden sollte, weil es enorme Spannungen in ihrer Beziehung hervorriefe. Anscheinend dachte Chester gar nicht daran, seinen Platz neben Rebecca im Bett zu räumen, nur weil Matthew nach Hause gekommen war. Zudem erwies sich Chester als ein äußerst effektives Empfängnisverhütungsmittel, weil eine einzelne strategisch günstig eingesetzte Kralle jedes Vorspiel unterbrach (Klasse. Genau diese Art von Drangsalisierung, die ich brauchte, um meine Lösungsvorschläge zu präsentieren.)

Nun, es schien, als ob die Beziehung zwischen Rebecca und Chester für Matthew zum Problem wurde. Doch die Schwierigkeiten, die Rebecca mit Chester hatte, waren weitaus schlimmer. Seit Chester erzwungenermaßen eingesperrt lebte, hatte er damit angefangen, sich fast ausschließlich auf sie zu konzentrieren. Ständig miaute er, umschmeichelte ihre Beine und folgte ihr überallhin. Rebecca reagierte darauf, indem sie ihn hochnahm, wieder hinunter setzte und ihn auch sonst fürchterlich verwöhnte. Die wirklichen Unannehmlichkeiten begannen, als Besucher kamen. Rebecca war eine perfekte Gastgeberin und immer aufmerksam, wenn ihre Familie und Freunde sie besuchten. Chester, der plötzlich ohne ihre volle Beachtung dastand, probierte nun verschiedene Methoden aus, um ihre Aufmerksamkeit zu erhaschen. Er schlug gegen Bilder, die an der Wand hingen und warf Nippes von den Regalen. Das zeigte schon Wirkung. Aber als er einen Urinstrahl in Rebeccas Gesicht platzierte, war das der absolute Hit! Chester sprang auf den Tisch, wenn das Abendessen serviert wurde, oder auf Rebeccas Schoß, wenn sie gemütlich mit Freunden zusammensaß; dann hob er elegant seinen Schwanz und spritzte einen warmen Strahl Katzenurin auf das Objekt seiner Begierde. Das funktionierte jedes Mal. Rebecca war außer sich. Sie liebte Chester, doch dieses Verhalten fand sie wahrhaft abscheulich. Wie so oft bei derlei Beziehungen sah sie sich selbst als allein verantwortlich für das Verhalten ihres Katers und fühlte sich überaus schuldig. Was hatte sie falsch gemacht?

Während ich ständig darum bemüht war, Chesters bebendem Schwanz auszuweichen, versuchte ich Rebecca zu erklären, was da passierte. Hier war ein Besitzer, der sein Tier über alles liebte und über die Maßen beschützte, mit einer intelligenten, äußerst geselligen und manipulativen Katze zusammengetroffen – deshalb diese leidenschaftliche gegenseitige Beziehung. Wann immer Chester nach Interaktion und Anreizen zumute war, wandte er sich an Rebecca. Sein Bedürfnis nach Zuwendung war deutlich gestiegen, seit sie die Katzenklappe geschlossen und ihn somit anderer Beschäftigungsmöglichkeiten beraubt hatte. Rebecca war absolut willfährig und ging jedes Mal darauf ein, wenn er Kontakt zu ihr aufnahm. Je mehr sie ihm gab, umso mehr verlangte er. Zu Problemen kam es immer dann, wenn Rebecca ihm nicht all ihre Aufmerksamkeit widmete, denn das frustrierte Chester total. Zunächst versuchte er dann mit seinen bewährten Methoden, ihre Aufmerksamkeit zu erlangen. Kein Erfolg. So wurde er eben energischer. Immer noch kein Erfolg. Also ließ er sich etwas einfallen, probierte alles Mögliche aus, und schließlich kam er auf seine Idee mit dem raffinierten Urin-Trick. Normalerweise versprühen Katzen ihren Urin, weil sie ängstlich sind oder sich in einer Konfliktsituation befinden. Chester lernte bald, dass er speziell mit dieser Verhaltensweise sein Ziel erreichen, nämlich die Aufmerksamkeit Rebeccas auf sich ziehen konnte. Gleichzeitig verflog auch seine Frustration. Voilà!

Es gab eine Lösung für dieses Problem, bei der ich allerdings Rebecca auf meiner Seite brauchte. Ich musste ihr zeigen, wie sie Chester auf andere Weise lieben konnte. Nicht weniger – das war mir wichtig, ihr klarzumachen – nur anders. Rebecca musste lernen, ihr Interesse Chester gegenüber zu kontrollieren, und es musste ihr bewusst werden, dass es für ihn, wenn er sich permanent derart auf sie konzentrierte, ebenso anstrengend und belastend war wie für sie selbst. Chester brauchte mehr Freiheit, und so beschlossen wir, alle Nachbarn zu bitten, besonders darauf zu achten, dass sie ihn nicht versehentlich im Auto mitnahmen. Die Leute ringsum hatten sich bald zur Gewohnheit gemacht, vor jeder Abfahrt zuerst einen „Chester-Check" vorzunehmen. Rebecca hatte jetzt keinen Anlass mehr, Chester einzusperren, und so durfte er wieder zu seinen Jagdzügen aufbrechen. Trotz seiner Zuneigung zu seiner Halterin war diese freilich kein Ersatz für das Vergnügen, das es brachte, stundenlang ununterbrochen eine Hecke anzustarren und auf eine Maus zu warten.

Chester blieb nachts weiterhin im Haus. Ich schlug vor, dass man ihm an der Heizung im Gästeschlafzimmer eine Schaffell-Hängematte bereitstellen sollte, weil dies sicher eine verlockende Alternative zum Ehebett wäre. Ich finde es nicht gut, einer Katze, die eine sehr enge Bindung an ihren Besitzer hat, den Zugang zu diesem zu entziehen ohne ihr gleichzeitig anderes dafür anzubieten. Chesters Streifzüge nach draußen lenkten ihn zwar stark ab, doch die Nacht war immer noch schwierig. In diesem speziellen Fall fand ich, wäre es für alle Beteiligten besser, ihn nachts aus dem Schlafzimmer zu verbannen. Glücklicherweise führten sein gieriger Appetit und seine Lust auf Wärme schließlich dazu, dass die Heizkörper-Hängematte und eine Schale knuspriger Pellets ein perfekter Ersatz für eine Nacht unter Rebeccas Bettdecke wurden. Logisch, dass dieser Wandel nicht von heute auf morgen eintrat. Viele Tränen flossen, und viel, viel Geduld und Zielstrebigkeit waren vonnöten, um Chesters anfängliche Versuche, doch Einlass ins Schlafzimmer zu bekommen, zu ignorieren. Die hektischen nächtlichen Aktivitätsausbrüche wurden nach und nach weniger und Chester zog sich allmählich in die Behaglichkeit des Gästeschlafzimmers zurück, wo er seine Hängematte genoss. Hätte Matthew Rebecca in dieser Phase nicht unterstützt, wäre sie nie stark genug gewesen, diese Veränderung in ihrem Alltag durchzusetzen. Irgendwie nämlich spielte er in diesem Teil des Therapieprogramms eine sehr aktive Rolle!

Offenbar kam es in den nächsten Wochen noch vor, dass Chester seine zuvor stets funktionierende Technik anwandte, um auf sich aufmerksam zu machen. Rebecca hatte sehr strikte Anweisungen, dies zu ignorieren und nicht in der Weise darauf zu reagieren wie früher. Auf dem Papier hört sich das ja einfach an, aber wenn man vor Katzenurin trieft und verzweifelt „Igittigitt" rufen und es wegwischen will, ist es äußerst schwierig, schön lässig zu bleiben. Wir einigten uns darauf, dass Rebecca, so lange wie nötig, alte Klamotten tragen und das Ganze einfach sehr zielsicher weiterverfolgen sollte, bis sich das Problem besserte (und dabei in jenen gefährlichen Momenten Mund und Augen fest zumachen sollte). Würde sie nämlich hin und wieder schwach werden und sich ihm zuwenden, wäre es sogar noch schwieriger, ihn vom Urinverspritzen abzubringen. Denn mit diesem verführerischen gelegentlichen „Belohnen" kann das Verhalten sogar manifestiert werden – jeder Spieler wird bestätigen, wie süchtig machend diese zufälligen Gewinne sein können. Zu den Zeiten, in denen Chester sich brav verhielt und sie weder belästigte noch bepinkelte, wurde er mit Spielen und Zuneigung bestärkt. Ihre unglaublichen Anstrengungen wurden schließlich belohnt, als Chester nämlich – nach mehreren enthusiastischen Versuchen Aufmerksamkeit auf sich zu ziehen – eines Tages mit einem gut hörbaren Schnaufen den Raum verließ und sie fortan nie mehr bespritzte. Wäre es nicht großartig, wenn alles immer so prima klappen würde?

Für übermäßig an ihren Katzen hängende Besitzer ist das Ignorieren ihrer Tiere die wohl schwierigste Aufgabe, die sie jemals meistern. Keinen Augenkontakt darf es geben, keine verbale Kommunikation und dazu eine Körpersprache, die ungewohnt für die Katze ist: Alles, damit das Signal „Jetzt gerade nicht! Danke!" klar und verständlich wird. Liebend gern würde ich jedes Mal aufstampfen, wenn ein Besitzer meine Anweisungen falsch verstanden hat und sich mit erhobenem Zeigefinger an sein geliebtes Heimtier wendet und sagt: „Hör jetzt damit auf! Ich habe dir gesagt, dass ich dich ignoriere, weil dein Verhalten absolut unakzeptabel ist." Pläne, mit deren Hilfe das lästige Verhalten eines Tieres verändert oder abgestellt werden soll, schlagen oft fehl, weil es für solche Besitzer (ohne die wunderbare Unterstützung eines Matthews) völlig unmöglich ist, ihr geliebtes Haustier zurückzuweisen. Und selbst wenn sie ihre Zähne zusammengebissen und das Therapieprogramm durchgestanden haben, weiß ich, dass viele Geläuterte zu ihren alten Gepflogenheiten zurückkehren, sobald ich ihnen den Rücken kehre. So ist nun mal das Leben.

Billy – der übermäßig anhängliche Kater

Ein anderer Fall, an den ich mich erinnere, veranschaulicht eine ungewöhnliche Abweichung innerhalb der Thematik „übermäßige Bindung". Es handelte sich um eine sehr einseitige Beziehung, bei der allein die Katze der treibende Faktor war und nicht der Halter. Zudem zeigt dieser Problemfall einmal mehr, dass sich nicht immer alles zum Guten wendet. Billy war ein junger kastrierter Hauskater – diese „Rasse" wird oft auch vornehm als domestizierte Kurzhaarkatze bezeichnet. Er wurde im Alter von fünf Monaten von einer Katzenhilfe an ein Paar vermittelt, das ganztägig außer Haus berufstätig war. Alles ging gut, bis er im Alter von neun Monaten anfing, auf dem Fußboden Kot abzusetzen. Er tat dies scheinbar unabsichtlich, wenn er abends seine Besitzer begrüßte. Die Halter brachten ihn zur Katzenhilfe zurück, weil es für sie unmöglich schien, mit einem solchen Problem zu leben. Nun kam er in eine Pflegefamilie zu einer äußerst erfahrenen Frau, die viel über Katzen wusste und ihn dazu bringen sollte, diese Unart abzulegen, damit man ihn anschließend dauerhaft vermitteln konnte.
Billy erwies sich als Nervensäge. War seine Pflegemutter nicht da,

schlich er ständig miauend umher. Und sobald er sie sah, kotete er, manchmal sogar auf ihre Füße. Den Kot schien er dabei völlig unkontrolliert auszuscheiden und zwar immer nachdem er ihr äußerst heftig um die Beine gestrichen war. War er in ihrer Nähe, hyperventilierte er und schien übererregt. Er versuchte sogar an ihrer Kleidung hochzuklettern, um seinen Kopf in ihren Mund zu stecken! Nie hörte er auf, aktiv ihre Gesellschaft zu suchen, nie erschien er ruhig und entspannt. Seine ganze Aufmerksamkeit richtete er nur auf diese eine Person.

Ich war bestürzt. Ich wusste nicht, wie es zur Entwicklung einer solch ernsthaften Bindungsstörung gekommen sein konnte. Leider war seine Motivation für dieses Verhalten völlig unklar. Vielleicht war es Enttäuschung und ängstliche Unsicherheit oder eine ausgefallene Form von Aufmerksamkeit heischendem Verhalten, welche eine unbeabsichtigte Bestärkung durch die Pflegeperson erfahren hatte. Ich konnte auch ein zugrunde liegendes medizinisches Problem nicht ausschließen, möglicherweise ein Zuviel oder ein Zuwenig einer bestimmten Substanz in seinem Gehirn. Ich versuchte verzweifelt mit Kollegen diesen Fall zu ergründen, doch für jeden blieb er ein Rätsel. Billys Tierarzt hatte ein Antidepressivum verordnet, das bei Katzen oft zur Behandlung von Angst und damit in Beziehung stehenden Problemen eingesetzt wird. Aber es machte das Ganze bloß noch schlimmer. Obwohl Billys Pflegebesitzerin jede Verhaltenstherapie, die ich in Angriff nahm, perfekt umsetzte, erreichten wir keinerlei positiven Effekt. Nach langwierigen Nachforschungen kam ich auf die Idee, eine spezielle Diät zu füttern, die die Bildung dieser Substanz in Billys Gehirn – von der ich annahm, dass sie die eigentliche Ursache seines Problems war – verstärken konnte. Ein großes Blutbild und eine Überweisung an den Neurologen wurden geplant, doch ich kam zu spät. Billys Pflegemutter war am Ende ihrer Kräfte. Da sie keine psychischen Reserven mehr hatte, um mit diesem äußerst belastenden Problem umzugehen, bat sie darum, dass man ihn einschläferte. Niemals werde ich nun erfahren, warum Billy sich so merkwürdig verhielt. Seither ist mir nie wieder ein auch nur halbwegs ähnlicher Fall untergekommen.

George – die Katze, die fast keine Bindung hatte

Für manche Leute kann auch eine zu schwache Bindung ein Problem sein. Die Stärke einer Bindung ist allerdings eine sehr subjektive Einschätzung, denn was für den einen eine zu geringe Anhänglichkeit bedeutet, ist für den anderen die normale unabhängige Miez. Ein Fall, bei dem eigentlich Aggression das Thema war, zeigt dies. Manchmal muss man eben hinter die Kulissen schauen, um zu erkennen, was wirklich abläuft.

George war ein zweijähriger cremefarbener kastrierter Britisch-Kurzhaar-Kater. Er lebte mit seinen Besitzern Michael und Sandy und deren beiden halb erwachsenen Kindern in einem großen zweistöckigen Haus. Es war ein stilvolles Heim, alles in Beige und Gold, und George hatte sich gut dort integriert. Ich beginne meine Beratungsgespräche gewöhnlich (so es keinen guten Grund gibt, dies nicht zu tun) damit, den Patienten kurz zu begrüßen, um zu sehen, wie er sich Fremden gegenüber verhält. George saß (mit unter den Körper gezogenen Pfoten) auf einem Sofa in der hintersten Ecke des Wohnzimmers und kehrte der Familie den Rücken zu. Er zeigte deutlich, dass er im Moment keinerlei Interaktionen wünschte, doch ich dachte, ich sollte einmal testen, wie ernst ihm damit war. Als ich mich mit leiser Stimme an ihn wandte, konnte ich sehen, wie sich seine Ohren drehten. Also hockte ich mich hin und streichelte ihm freundlich den Kopf. Hätte ich ihn mit irgendeiner abscheulichen Paste beschmiert, er hätte nicht angewiderter dreinschauen können. Als ich ihn weiter über den Nacken zum Rücken hin streichelte, kräuselte sich seine Haut und er sah aus, als wolle er sich sogleich übergeben. In Ordnung. Er war von Fremden offensichtlich nicht sehr angetan, reagierte ihnen gegenüber aber auch nicht aggressiv.

So ließ ich ihn allein – sehr zu seiner Freude – und begann Sandy zuzuhören, die über das Problem und über Georges Lebensweise berichtete. George konnte nach draußen gehen, aber er erkundete die Gegend nur sehr widerwillig. Eigentlich ging er nur raus, wenn sich auch die Familie an warmen Tagen im Garten aufhielt. Er hatte einen guten Appetit; zwei Mal täglich bekam er ein Katzen-Alleintrockenfuttermittel und etwas Dosenfutter. Menschen gegenüber reagierte er sehr reserviert (wirklich?) und mied jede Berührung. Wie auch immer, er liebte es, mit Fellmäusen zu spielen und die Kinder warfen diese für ihn im Haus hin und her.

Die Aggression bezog sich auf ein Verhalten, dem er schon seit seiner Ankunft im neuen Heim als zwölfwöchiges Kitten frönte. Er liebte es, menschliche Füße anzugreifen, und zwar normalerweise dann, wenn er gerade mit einer seiner Fellmäuse gespielt hatte. Als er klein war, wurde das als amüsant angesehen; die Familie freute sich ja, dass er sich für sie interessierte, und unterstützte deshalb dieses Verhalten. Sonst war er ein so distanziertes Tier, dass sie ihm damit die Interaktionen schmackhaft machen wollten. Das ging so weiter, doch als er älter und stärker wurde, schmerzten seine Bisse und Kratzer. Die Kinder verloren bald das Interesse. Zu der Zeit, als sie mich um Hilfe baten, hatten sie ganz aufgehört mit ihm zu spielen, in der Hoffnung, dies würde weitere Attacken verhindern. Unglücklicherweise tat es dies nicht und die Familie war langsam entmutigt. An diesem Punkt in der Besprechung wurde offenbar, dass es eine andere, bedeutendere Ursache für all das gab. Jeder meinte, dass George einfach kein Familienmitglied war. Offen gestanden konnten sie ihn einfach nicht richtig verstehen. Die meiste Zeit war er patzig und hochnäsig, und wenn er sich nicht gerade zurückzog, riss er ihnen die Füße kaputt. Sie begannen allmählich, ihm das übel zu nehmen und konzentrierten sich auf die Aggression, um zu rechtfertigen, dass er nicht zu ihnen passte. Im Grunde genommen hatte er es nicht geschafft, einem ungeschriebenen Katzenverhaltensgesetz zu entsprechen, und sie hatten sich schon überlegt, zum Züchter zu gehen und ihn um eine Rückerstattung des Kaufpreises zu ersuchen, da der Kater schlimme Fehler hatte.

George hatte sicherlich einen sehr reservierten Charakter. Doch ihm fehlte es auch an Selbstvertrauen, was ihn davon abhielt, sich an einer Vielzahl herausfordernder Aktivitäten zu erfreuen. Wenn er spielte, erregte ihn das über die Maßen, sodass er auch Menschen verletzte. Dies war zu einem erlernten Verhalten geworden, weil die Familie das (als er noch ein kleines Kätzchen war) so überaus positiv belegt hatte – genau wie bei Monty in Kapitel 3. Alle, auch

George, waren unglücklich. Es musste sich also etwas ändern. Ziel war, dass beide, Familie und Kater, auf positive und gefahrlose Art und Weise Gefallen aneinander finden sollten. Die Angriffe mussten aufhören, weshalb wir seine einzige wirkliche Freude durch etwas ersetzen mussten, das für ihn genauso belohnend wirkte und gleichzeitig von der Familie akzeptiert werden konnte.

Die erste Veränderung betraf Georges Fütterung. Wir überlegten uns einige neue Fütterungsmethoden für seine Trockennahrung, bei denen die Gefahr, dass er beim Fressen die Füße seiner Besitzer attackieren würde, vermieden wurde. Die Hauptmenge seines Trockenfutters verteilten wir an unterschiedlichen Stellen im Wintergarten; zunächst an ziemlich einfachen Plätzen, damit er schnell lernte, worum es ging, später an versteckteren Orten. Die Kinder der Familie bekamen die Aufgabe, einen „Trimm-dich-Parcours" aus Pappe mit vielen Verstecken für Futter und Katzenminze zu basteln. Auch wurde sein ehemaliges Kratzbaum-Ertüchtigungsareal reaktiviert (man hatte es abgebaut als George etwa sechs Monate alt war) und ihm ein hoch gelegener Aussichtspunkt hinzugefügt, von dem aus George die Vögel draußen am Vogelhaus beobachten konnte.

Die Spiele, die George so gern mochte, unternahm man nun mit Fellmäusen, die am Ende eines langen Bambusstocks befestigt waren, also weit ab von den Füßen der Kinder, die ihn jetzt nicht mehr zum Hineinbeißen reizten. Da George von fließendem Wasser fasziniert war, wurde im Wintergarten ein Zimmerbrunnen aufgebaut, den er sehr liebte. Feng-Shui-Wasserinstallationen sind eine großartige Erfindung für gelangweilte Wohnungskatzen!

Als er sich mit seiner neuen Lebensweise arrangiert hatte und sich immer mehr für all die neuen Beschäftigungsmöglichkeiten begeisterte, stieg auch sein Selbstvertrauen. Wie zuvor vereinbart, ließen seine Besitzer nach ungefähr drei Wochen eines Tages (ganz zufällig) die Tür des Wintergartens offen und gaben ihm die Chance, nach draußen zu gehen, sofern er das wollte. Und er ging hinaus, ohne dass seine Besitzer irgendwie eingriffen – zuerst einmal versuchsweise und mit einem Tempo, das allein er bestimmte.

Georges Verhalten verbesserte sich enorm, seine Aggression verschwand über Nacht. Auf seinem Aktivitätsprogramm standen stattdessen Spaß und Spiel sowie den Garten erkunden und sein neu erlangtes Selbstvertrauen herausfordern. Die Familie empfand mehr Zuneigung zu ihm, weil er in ihrer Gegenwart lebhaft und entspannt wirkte. Ich hatte sie gebeten, nicht auf George zuzugehen, sondern ihn einfach das machen zu lassen, wonach ihm war. Er wurde nicht gegen seinen Willen menschlichem Kontakt ausgesetzt, sondern durfte selbst entdecken, wie lohnend die Interaktionen mit Menschen sein konnten. Es war nur eine Frage der Zeit, bis er die Möglichkeiten, die der direkte Körperkontakt bot, erforschen würde.

Mehrere Monate später erhielt ich einen Telefonanruf von Sandy. Sie war äußerst erregt, und mir fiel es zunächst schwer, herauszuhören, wer da anrief. Alles was ich hören konnte, war ein hektisches Flüstern, das da wisperte: „George sitzt neben mir! Er ist gerade auf das Sofa gesprungen, und sitzt jetzt direkt neben mir!" Nun, für Sie mag das jetzt gar nichts bedeuten, aber für George und Sandy war es ein Meilenstein. Die Beziehung war nicht gerade sehr beglückend gewesen, und allein die Tatsache, dass sich George nun dazu entschieden hatte, sich neben seine Besitzerin zu setzen, war das wunderbarste Resultat. Ich flüsterte zurück (ich wollte ihn ja schließlich nicht gleich wieder vertreiben), dass ich total begeistert sei und hoffen würde, dies sei der Anfang einer schönen und heiß ersehnten Freundschaft.

Twinkle – ein bedrückender Fall

Bei meiner Arbeit werde ich auch mit Situationen konfrontiert, die mich manchmal lange verfolgen. Ein ganz besonderer Fall zeigt, wie kompliziert einzelne Mensch-Katze-Beziehungen werden können. Wenngleich zur Ausbildung zum Haustierverhaltenstherapeuten auch etwas menschliche Psychologie dazugehört, so sind wir letzten Endes keine Psychiater, und hin und wieder entstehen Situationen, die das nur zu gut unterstreichen.

Nie werde ich den Telefonanruf eines Tierarztes aus Hampshire vergessen, den ich mittlerweile recht gut kannte, weil er üblicherweise

und auch regelmäßig Fälle an mich verwies. Er zeigte sich ungewöhnlich besorgt wegen eines Katers mittleren Alters, Twinkle war
sein Name, der seit etwa 18 Monaten an einem Hautproblem litt.
Man hatte ihn an einen Dermatologen überwiesen, bei dem zahlreiche Tests durchgeführt worden waren, alle ohne Befund. Twinkle
kratzte sich wohl ständig an seinen Ohren, bis sie wund waren und
bluteten. Das Dilemma war, dass es anscheinend keinerlei physische Ursache für diese Reizung gab. Wie ich im letzten Kapitel erwähnt habe, sind solche Probleme mit Selbstverstümmelung oder
übermäßigem Putzen vorwiegend physischer und nicht psychi-
scher Natur. Ich hielt sehr viel von diesem Tierarzt und zwischen
seinen Worten hörte ich heraus, dass er bei diesem Fall offensichtlich ein komisches Gefühl im Bauch hatte. Was er wirklich sagte,
war: „Tu' mir einen Gefallen Vicky, sieh' dir das an und schaue, was
du herausfinden kannst." Das tat ich dann auch.

Frau Frobisher freute sich sehr, schon am selben Nachmittag meinen Anruf zu erhalten. Wir sprachen kurz miteinander und auch
ich begann in meiner Magengrube etwas Merkwürdiges zu verspüren. Im Lauf der Jahre habe ich gelernt, diese intuitive Warnlampe
nicht zu ignorieren, weshalb ich nun das Gefühl nicht los wurde, es
könnte sich hier um irgendeine Beziehungsgeschichte handeln. Ich
machte mit Frau Frobisher einen Besuchstermin in der nächsten
Woche aus, bat sie allerdings, in der Zwischenzeit Tagebuch zu führen und für mich aufzuschreiben, wie ein typischer Tag in Twinkles
Leben so aussah. Solche Tagebücher können sehr aufschlussreich
sein. Und es ist nützlich, während der ersten Konsultation nochmals einen Blick hineinzuwerfen.

Als ich an ihrem kleinen Bungalow, der in einer Sackgasse in einem
ruhigen Wohngebiet lag, ankam, staunte ich darüber, dass alle Vorhänge zugezogen waren. Als ich an der Tür klopfte, befürchtete ich,
sie könne vielleicht verschlafen haben und würde mich nun schlaftrunken und verwirrt begrüßen. Aber ich hatte Unrecht. Frau Frobisher empfing mich begeistert und führte mich in ihr kleines
Wohnzimmer. Dort mussten sich meine Augen erst einmal an die
Dunkelheit gewöhnen. Als ich anschließend meinen Blick kurz
durchs Zimmer schweifen ließ, sah ich, dass das Mobiliar äußerst

ungewöhnlich angeordnet war. Da standen zwei Stühle direkt vor einem kleinen Sofa, alle auf den kleinen Fernsehapparat in der Ecke gerichtet – fast wie die beiden ersten Reihen im Kino. Es gab einen kleinen Tisch und zwei Stühle in Richtung Wand orientiert. In der Ecke standen eine Katzentoilette und vor dem Kamin eine Futter- und eine Wasserschale. Zudem war da noch eine kleine Katze mit einem Halskragen. Sonst gab es kaum etwas in diesem Raum. Twinkle spähte unter dem Tisch hervor und kam sofort herbei, um mich zu begrüßen. Er schnurrte und zwitscherte in regelmäßigem Wechsel, wobei er immer wieder um die beiden Stühle in der Mitte des Raumes herumstrich, gerade so wie ein kleines Auto auf einer imaginären Rennstrecke. Frau Frobisher achtete nicht auf Twinkle, sondern überreichte mir das mit Maschine geschriebene Tagebuch mit den Eintragungen der letzten Woche zum Lesen. Seit Twinkle den Kragen trug, um damit zu verhindern, dass er sich selbst verletzte, so erklärte sie, habe sie ihn zu seiner eigenen Sicherheit in diesem Raum eingesperrt. Ich begann, das Tagebuch zu studieren – mehr zur Ablenkung als zu sonst irgendetwas. Der erste Tag verlief etwa folgendermaßen:

7:16 Uhr Aufgestanden.

7:24 Uhr Wohnzimmer betreten. Katzenklo gereinigt – Inhalt bestehend aus einer „Darmbewegung" und einer Harnabgabe.

7:35 Uhr Twinkle Futter gegeben, mit den Morgen-Medikamenten darin.

8:00 Uhr Gefrühstückt und zur Arbeit gegangen.

14:12 Uhr Nach Hause gekommen. Katzenklo gereinigt – Inhalt bestehend aus einer Harnabgabe.

14:30 Uhr Twinkles Halskragen gereinigt und angetrocknetes Futter entfernt.

14:45 Uhr Twinkles Gesicht geputzt.

17:30 Uhr Twinkle Futter gegeben, mit den Abend-Medikamenten darin.

19:34 Uhr Katzenklo gereinigt – Inhalt eine Harnabgabe.

22:48 Uhr Ins Bett gegangen.

Das Tagebuch ging nach genau demselben Muster weiter, was bedeutete, dass Frau Frobisher ihren Tag damit verbrachte, das Katzenklo zu reinigen, Twinkle Futter und Medikamente zu geben und seinen Plastikkragen zu säubern. Diese tägliche Routine beunruhigte mich sehr. Als ich mich dann mit Frau Frobisher unterhielt, kam die schreckliche Wahrheit ans Licht. Sie hatte Twinkle mit diesem Plastikgefäß um seinen Kopf fast 18 Monate lang in diesem einen Raum eingesperrt gehalten. Er hatte kein Tageslicht gesehen (das wäre, so fand sie, zu störend für ihn) und den Raum nie verlassen (er hätte ja durch die Katzenklappe entwischen können). Ich fragte Frau Frobisher, ob sie so nett sein könnte, mir eine Tasse Tee zu machen, denn ich musste allein sein, um mir ein genaues Bild von dem Raum zu machen. Fast ein Fünftel seines Lebens hatte Twinkle in einem Bereich zubringen müssen, der nicht größer war als vier auf drei Meter.

Als Frau Frobisher zurückkam, holte ich tief Luft und versuchte mein Glück. Ich fragte sie, ob sie mir vertrauen würde. Sie hatte sich wirklich ausgesprochen große Mühe bei der Fürsorge und der gründlichen Pflege ihres Heimtieres gegeben, worin ich sie auch bestärkte. Ihr war offensichtlich klar geworden, dass ich verstand, welch pflichtbewusste Halterin sie war, und so versicherte sie mir, dass sie mir durchaus vertrauen würde. Ich sagte ihr, dass Twinkles Ohren verheilt seien und es somit keinen Grund gäbe, ihm einen Schutzkragen anzulegen oder ihn noch länger einzusperren. (In diesem Augenblick wurde die Unterhaltung abrupt unterbrochen, weil Twinkle eine „Darmbewegung" von sich gab. Frau Frobisher zog sich sofort Gummihandschuhe an, um das anstößige Objekt mithilfe eines Schäufelchens sowie eines Plastikbeutels aus der Katzentoilette zu entfernen. Sie verschloss den Beutel fest und deponierte ihn im Mülleimer neben der Hintertür. Dann ging die Unterhaltung weiter, als wäre nichts gewesen.) Frau Frobisher schien äußerst besorgt; sie fragte: „Was würde passieren, wenn er wieder mit dem Kratzen anfängt?" Ich erklärte ihr, dass es absolut normal wäre, wenn er sich jetzt kratzen und putzen würde, da er ja seit sehr langer Zeit so gut wie keine Gelegenheit dazu gehabt hatte. Doch das überzeugte sie nicht. Ich bot ihr sogar an, seine Krallen zu schneiden, damit er sich dabei nicht verletzen konnte. Widerwillig stimmte sie schließlich zu.

Niemals werde ich Twinkles kleines Gesicht vergessen als ich ihm den Kragen abnahm. Er schien desorientiert und verängstigt. Ich beruhigte und berührte ihn, sprach mit ihm und gab ihm die Chance, sich auf dieses gänzlich neue Gefühl einzustellen, mit einem Mal viel beweglicher zu sein und auch seitwärts schauen zu können. Er begann sich zu putzen. Er putzte sich und putzte sich und putzte sich. Es tat gut, das zu sehen. Schließlich gab es viel nachzuholen. Als er anfing, ziemlich vorsichtig im Zimmer umherzulaufen, zog ich behutsam die Vorhänge zurück. Twinkle und ich blinzelten, und wir beide zwinkerten uns zu. In diesem Moment traten mir die Tränen in die Augen, weshalb ich es mir wahrscheinlich nur vorstellte, dass er mich jetzt ansah und dabei sein Mäulchen zu einem stillen Dankes-Miau öffnete. Während all dies geschah, saß Frau Frobisher auf ihrem kleinen Sofa, die Arme fest um ihre Knie geschlungen, und blickte sorgenvoll drein. Vorsichtig öffnete ich die Wohnzimmertür (nachdem ich auf Frau Frobishers ausdrücklichen Wunsch die Katzenklappe mit allen möglichen Möbelstücken verbarrikadiert hatte) und ermutigte Twinkle, sich zu recken und zu strecken und auf Erkundungstour zu gehen.

Nach ein paar Stunden sah Twinkle entspannt aus und ließ sich auf dem Bett seiner Besitzerin nieder. Frau Frobisher hatte sich nun auch genügend entspannt, um ihren Monolog über ihre Fähigkeiten als Katzenhalterin und ihre überaus fürsorgliche Natur fortzusetzen. Sie erzählte mir von ihrem vorherigen Kater (auch er hieß Twinkle – was für ein Zufall) und schilderte mir, wie er 16 Jahre lang medikamentös behandelt wurde und dann im Schlaf verstarb. Frau Frobisher war damals todunglücklich, doch sie hatte sich mit der Anschaffung von Twinkle (die Fortsetzung) aus einem Tierheim in ihrer Nähe getröstet. Wie tragisch, dass auch er so kurz nach seiner Ankunft im neuen Zuhause zu kränkeln begann.

In den nächsten acht Wochen arbeitete ich mit Frau Frobisher und Twinkle. Schließlich durfte der Kater seine Freigängeraktivitäten wieder aufnehmen, sodass er ein relativ normales Leben führen konnte. Ich empfahl eine strikte Flohkontrolle und regelmäßige Besuche beim Tierarzt, um sicherzustellen, dass Twinkle keinen Grund für neuerliches Ohrenkratzen bekäme. Einige Jahre später hatte ich die Gelegenheit mit dem Tierarzt, der Twinkle an mich verwiesen hatte, zu sprechen und fragte ihn, ob er Frau Frobisher und Twinkle in der letzten Zeit mal wieder gesehen hätte. Der Kater war nach meinem Besuch wohl ein Jahr lang beschwerdefrei gewesen, dann erkrankte er und starb kurz darauf an Nierenversagen.

Ich habe oft über Twinkle und Frau Frobisher nachgedacht. Ich bemühe mich wirklich sehr darum, Situationen zu verstehen, die scheinbar jeder Erklärungsmöglichkeit entbehren. Wie konnte sie nur davon ausgehen, dass sie gut zu Twinkle sei? War ihre offensichtliche Misshandlung des Katers Anzeichen einer nicht diagnostizierten psychischen Störung? Es gibt eine als „Münchhausen-Syndrom in Vertretung" bekannte Erkrankung, bei der Eltern Krankheiten bei ihren Kindern hervorrufen, um selbst in den Mittelpunkt der Aufmerksamkeit zu gelangen. Ob so etwas auch bei Frau Frobisher und Twinkle von Bedeutung gewesen sein könnte? Welches Problem auch immer dahinter gesteckt haben mag, es war eines der erschütterndsten Beispiele einer dysfunktionalen Mensch-Katze-Beziehung, die ich je erlebt habe. Ich bin froh, dass ich Twinkle helfen konnte, noch ein Jahr der Freiheit zu genießen.

Die guten Seiten der Beziehung

Vermutlich beginnen Sie jetzt zu verstehen, dass das Los eines Katzenverhaltenstherapeuten nicht immer beglückend ist. Wann immer ich mit tränenüberströmtem Gesicht und emotional ziemlich fertig heimfahre, komme ich gerade von einem Fall, bei dem es um ein Bindungsproblem geht. Solche Fälle scheinen oft aus einer tiefen Traurigkeit heraus entstanden zu sein, und während der Konsultation bekomme ich Einsicht in dieses Leiden. Da ich so veranlagt bin, Gefühle wie ein Löschpapier aufzusaugen, kehre ich oft sehr mitgenommen nach Hause zurück.

Trotzdem gibt es bei den Beziehungen zwischen Menschen und ihren Katzen auch unglaublich schöne Seiten. So erfahren Halter in den Beziehungen zu ihren Heimtieren wunderbare Glücksgefühle.

Auch können diese vierbeinigen Kameraden oft Grund genug dafür sein, morgens aufzustehen und durchzuhalten, wenn es schwierig wird. Ich finde es immer noch verblüffend, wie unglaublich mannigfaltig und anpassungsfähig die Hauskatze ist, und mit welch einmaliger und spielerischer Leichtigkeit sie sich in jede noch so absonderliche Situation einfügt. Wir gehen davon aus, unsere Katzen würden es mögen, dass bestimmte Dinge stets in ganz spezieller Art und Weise erledigt werden. Zudem glaubt jeder Einzelne von uns, er sei der Einzige, der sein eigenes Heimtier wirklich versteht, und niemand sonst könnte es jemals so lieben oder sich so gut um es kümmern wie er selbst. Vielleicht trifft dies auf einige Fälle ja zu. Bindungen zwischen Menschen und Katzen können mitunter so stark sein, dass das Weiterleben ohne den Kameraden undenkbar wird. Ich habe traurigerweise einige Katzen kennen gelernt, die kurz nach dem Verlust eines menschlichen Freundes starben. Siamesen scheinen besonders empfänglich für solch übermäßigen Kummer zu sein. Sie hören dann manchmal einfach auf zu fressen, und sterben.

Doch tatsächlich sind Katzen in der Regel – ich freue mich, das sagen zu können – auch sehr gut in der Lage, ohne uns zu überleben. Sie sind in ihrer Haltung dem Menschen gegenüber chamäleonartig und können sich recht leicht an neue Gegebenheiten anpassen. Genauso wie wir uns je nach der Beziehung, in der wir leben, entwickeln, tun das auch Katzen. Manche Halter können aus ihren Katzen das Beste herausholen, andere nur das Schlechteste. Chester beispielsweise hätte vielleicht keinen Urin auf seine Besitzerin gespritzt, und Rover (Kapitel 3) hätte möglicherweise keine Menschen angegriffen, wenn beide Teil einer jeweils anderen Mensch-Katze-Beziehung gewesen wären.

Ich werde nie den Besuch bei einer reizenden Dame vergessen, die ein kleines Problem mit einer ihrer sechs Katzen hatte. Sie war eine sehr aufmerksame liebevolle Halterin, und ihre unartige Birmakatze nutzte diese willfährige Art aus. Das war ein lösbares Problem, weshalb ich es auch mit guter Laune und einer positiven Einstellung anpackte. Die Dame erzählte mir, wie sehr sie ihre Katzen liebte, und zeigte mir zur Verdeutlichung einen dick mit Blättern angefüllten Aktenordner. Es war eine nett gemachte Akte über alle ihre Katzen, die jede erdenkliche Information über deren Charakter, medizinische Vorgeschichte, Gewohnheiten, Abneigungen und Vorlieben enthielt. Sie hatte dieses „Einführungshandbuch" als eine Art Versicherungspolice zusammengetragen, für den Fall, dass sie selbst und ihr Ehemann bei einem Flugzeugabsturz getötet würden (ich konnte nicht ganz in Erfahrung bringen, warum sie meinte, die Wahrscheinlichkeit eines Flugzeugunglückes sei größer als die eines anderen Unfalls). Dieser dicke Wälzer war vermutlich die nutzloseste Sammlung von „Fakten", die ich je gelesen habe. Ich brachte es aber nicht übers Herz, ihr zu sagen, dass dies nur ein Dokument über die einzigartige Partnerschaft zu ihren sechs Katzen darstellte, und dass, im unwahrscheinlichen Fall ihres tragischen Ablebens, zusammen mit ihr auch diese Beziehung untergehen würde.

* * *

Zulu behielt sein Lächeln bei, und er fraß gut bis zu dem Tag vor seinem Tod – in jenem schrecklichen Jahr, in dem wir drei unserer geliebten Katzen verloren. Zulu war imposant, pummelig und liebte sein Futter. Deswegen machte sich Peter Sorgen als er am Neujahrstag sein Frühstück verweigerte. Er rief mich an und sagte, mit Zulu stimme etwas nicht. Ich bat ihn, Zulu geradewegs zur Notaufnahme zu bringen, doch innerhalb von zwei Stunden war er tot. Wir wissen immer noch nicht, was ihn getötet hat. Die Zahl seiner roten Blutkörperchen war sehr gering, was darauf hindeuten könnte, dass er innere Blutungen hatte. Zulus Tod leitete die furchtbare nervöse Spannung und das Leid in unserem Haushalt ein, was schließlich zum Tod von Bln und Puddy, und indirekt auch zur Erkrankung von Lucy geführt hat. Alle Katzen veränderten sich auf dramatische Weise als sie versuchten, mit dem Verlust der einzelnen Gruppenmitglieder fertig zu werden. Zudem war es für mich ausgesprochen schwierig, mit meinem Kummer zurechtzukommen und gleichzeitig sehen zu müssen, wie auch die Katzen auf ihre eigene Art zu leiden hatten.

KAPITEL 8
Die ältere und behinderte Katze

Hoppys Geschichte

Während meiner Zeit beim RSPCA bekam unsere Familie zwei weitere neue Mitglieder, eines davon war Hoppy. Ein älterer Herr im Ort war gestorben und hatte seinen vierbeinigen Begleiter ohne Zuhause hinterlassen. Weil die Familie den Kater nicht haben wollte, wurde er zur Vermittlung ins Tierheim gebracht. Niemand schien über sein Alter Bescheid zu wissen, der Jüngste war er aber ganz bestimmt nicht mehr. Hoppy hieß er deshalb, weil er als Kitten in einer Schlinge gefangen worden war und dabei einen Teil seines Hinterbeines eingebüßt hatte. In der heutigen Zeit würde der Tierarzt ein solches verbliebenes Glied entfernen, damit sich der Körper auf eine „Drei-Bein-Statur" einstellen kann. Hoppys Beinstumpf hatte (obwohl er eigentlich ein nutzloses Anhängsel war) gewissermaßen als Ausgleich beim Auftreten eine Verkrümmung der Wirbelsäule und einen schwerfälligen Gang induziert.

Hoppy war ein großer Tabby-and-White-Kater mit einem hübschen runden Gesicht, der sich im Tierheim schrecklich unwohl fühlte. Er fraß nicht, und wir machten uns Sorgen, dass er Sehnsucht nach seinem früheren Besitzer haben könnte. Daher beschloss ich, ihn mit nach Hause zu nehmen und zu sehen, wie er sich in unsere Gruppe integrieren würde. Es war ein kalter Tag und in der kleinen Wohndiele, die wir die „Gemütliche" nannten, loderte das Holzfeuer. Alle fünf Katzen, also Spooky, Bln, Puddy, Bakewell und Lucy, hatten es sich lang gestreckt vor dem Kamin gemütlich gemacht als ich Hoppy hereinbrachte und vor ihnen auf den Teppich setzte. (Mit dem, was ich heute weiß, würde ich Hoppy den anderen nicht mehr auf diese Weise vorstellen!) Alle fünf Katzen schauten auf und zischten, doch Hoppy verzog keine Miene. Er näherte sich einem nach dem anderen und beschnupperte ihn. Dann blickte er sich um, sah das Feuer an und humpelte an eine Stelle direkt vor den Flammen. Anschließend

legte er sich hin und schlief ein, und die anderen folgten seinem Beispiel. Hoppys Kummer wegen seines Vorbesitzers war verschwunden, denn augenblicklich avancierte er zum Anführer seiner neuen
Gruppe. Streitigkeiten gab es keine weiteren, auch stellte niemand
Hoppys unumstößliches Recht auf den Platz als „Oberkatze" infrage.
Hoppy hatte ein unglaubliches Wesen. Er war sanft und knuddelig
und liebte nichts mehr als hochgenommen und gedrückt und ge-
küsst zu werden. Doch er war darüber hinaus auch ein Furcht einflößender Verteidiger unserer anderen Katzen und seines Reviers.
So saß er etwa oben an der Zufahrtsstraße und wartete darauf, dass
unser Nachbarshund sich anschickte, eine der Katzen zu jagen.
Kam es dann dazu, lotsten die Katzen den Hund absichtlich in Hoppys Richtung, welcher freilich nicht vom Fleck wich. Näherte sich
der Hund, hob Hoppy beide Vorderpfoten (nicht einfach, wenn man
hinten nur noch eineinhalb Beine zum Ausbalancieren hat) und
zerkratzte ihm unter zahllosen wild kreisenden Bewegungen seiner
Pfoten mit den Krallen die Nase. Aus nahe liegenden Gründen gaben wir ihm den Spitznamen „Hoppy, die Scherenpfote". Er wusste,
dass Spooky und Lucy draußen etwas nervös reagierten, und so war
es sicher nicht nur Zufall, dass er stets in der Nähe war, wenn die
beiden zusammengerollt im Steingarten schliefen.

Mary Stewart – die Katze mit den zweieinhalb Beinen

Hoppys Körperbehinderung war weder für ihn noch für eine der anderen Katzen jemals ein Problem. Im Lauf der Jahre habe ich viele
amputierte Katzen kennen gelernt und war jedes Mal hocherfreut,
wie schnell sie sich erholten und mit welcher offensichtlichen
Leichtigkeit sie sich auf ein Leben auf drei Beinen umstellten. Ich
habe amputierte Katzen gesehen, die Mäuse fingen, flugs auf Bäume kletterten und Hunde in die Flucht schlugen! Eine besondere
Katze, an die ich dabei unweigerlich denken muss, ist die tapfere
kleine Mieze namens Mary Stewart. Ich hatte immer angenommen,
sie wäre nach der schottischen Königin benannt. Doch ihre Besitzer
April und Paul waren sich bloß ihres Geschlechtes nicht sicher
gewesen als sie ein Kitten war und hatten ihr demzufolge sowohl

einen Jungen- als auch einen Mädchennamen gegeben. Mary Stewarts Mutter war eine Bauernhofkatze, die in den Feldern hinter
Aprils und Pauls Haus im ländlichen Cornwall ihr Zuhause hatte.
Die kleine Mary Stewart wurde ihrer Katzengruppe zugesellt und
entwickelte sich zu einer unabhängigen und abenteuerlustigen erwachsenen Katze.

Als Mary Stewart etwa drei Jahre alt war, kam es zu einer Tragödie,
denn sie wurde Opfer eines schrecklichen Unfalls. An jenem Abend
kam sie nicht wie gewohnt zum Abendessen heim, was April (die die
Gründe dafür ja nicht kannte) zunächst nicht über Gebühr beunruhigte. Weil die Katze aber weder in der Nacht noch am nächsten Morgen nach Hause kam, begann sie sich schließlich doch Sorgen zu
machen. Fast zwei Tage lang blieb Mary Stewart verschollen, bis April
ein klägliches Jammern an der Hintertür vernahm. Da war sie – und
schleppte sich auf ihren Vorderpfoten die Stufe zur Küche hoch.
April war entsetzt, als sie sah, dass ihre hintere Hälfte ein blutiger
Brei war. Ohne Zögern wickelte sie die Katze in ein dickes Handtuch
und fuhr sie geradewegs zum Tierarzt. Die Prognose war traurig. Ein
Hinterbein war so schlimm zerschmettert, dass es amputiert werden
musste. Das andere war mehrfach gebrochen und hatte kaum mehr
Fleisch und Muskeln. Es schien keine andere Möglichkeit zu geben,
als die süße Mary Stewart von ihrem Leid zu erlösen. Ich weiß immer noch nicht, weshalb April und ihr Tierarzt so fest entschlossen
waren, die kleine Katze zu retten. Sicher war es eine dramatische Entscheidung als sie sich einigten, das schwer geschädigte Bein zu am-
putieren und beim anderen zu versuchen, es zu retten.

Monate um Monate vergingen – mit chirurgischen Behandlungen,
Verbänden, Antibiotika und Schmerzmitteln. Mary Stewart blieb
friedlich und war die ganze Zeit über die perfekte Patientin. April
fühlte sich schrecklich, weil ihre Katze so leiden musste, doch sie
war wie besessen davon, ihr Leben retten zu wollen. Leider war die
Behandlung des verbliebenen Hinterlaufs nicht erfolgreich, denn
es zeigte sich, dass die unteren Glieder nicht erhalten werden konnten. April und ihr Tierarzt beratschlagten nochmals, dann trafen sie
eine ziemlich unübliche Entscheidung: An diesem Nachmittag
wurde Mary Stewart die untere Hälfte dieses Hinterbeines operativ

entfernt; für den Rest ihrer Tage sollte sie nun also mit zweieinhalb Beinen leben.

Diese Geschichte war in der Gegend zu einer Legende geworden. Und obwohl ich von dieser erstaunlichen kleinen Katze gehört hatte, war ich ihr noch nie begegnet. Ich kannte April, eine reizende Frau, die sich unermüdlich für das Wohlergehen von Tieren auf der ganzen Welt einsetzte. Also rief ich sie an und fragte, ob ich kommen könne, um Mary Stewart zu besuchen. An Mary Stewarts 16. Geburtstag reiste ich schließlich zu dem kleinen Haus in Cornwall. Als ich die Katze zum ersten Mal sah, lag sie zusammengerollt auf einem prächtigen blauen Samtkissen auf einem sonnigen Fensterbrett. Ich fühlte mich gerade so, als ob man mir hier eine königliche Audienz gewährte. Mary Stewart begrüßte mich mit höflicher Zuneigung und entschloss sich, von ihrem Polster herunterzuspringen, um nachzusehen, welche Köstlichkeiten in der Küche warteten. Sie bewegte sich fast so wie Hoppy, also mit einem schleppenden Gang. Doch April versicherte mir, dass sie (genau wie Hoppy) wirklich flink rennen könne, wenn sie es wolle. Ihr Fell war in einem guten Zustand, auch ihr Gewicht war ideal. April war immer darum bemüht gewesen, ihr Gewicht niedrig zu halten, um unnötige Belastungen auf ihrem Stumpf zu vermeiden. Der verbliebene Teil ihres Hinterbeins war kurz, muskulös und V-förmig und die Haut am Stumpfende hart. Ihre Katzentoilette benutzte sie genauso wie jede andere Katze und auch sonst verhielt sie sich wie ein Tier, dem keine einzige Gliedmaße fehlte. Ihre Vorderbeine und ihre Schultern waren auffallend muskulös. April sagte, dass sie wohl von Zeit zu Zeit unter Krämpfen litt. Doch trotz alledem genoss sie ein langes Leben und wurde seit ihrem Unfall extrem verwöhnt. Ich nehme stark an, dass ich sie auch an ihrem 20. Geburtstag in ihrem idyllischen Zuhause besuchen und mit ihr feiern werde!

Die Besonderheiten von älteren Katzen

Hoppy ist „schuld" daran, dass ich eine so große Begeisterung für ältere Katzen hege. Schwer zu sagen, aber wahrscheinlich war er mindestens zwölf Jahre alt, als er zu uns kam. Vor seiner Gelassenheit und seinem Verständnis für die Welt um ihn herum hatte ich großen Respekt. Nichts konnte ihn aus der Ruhe bringen, und seine Fähigkeit, Leute und Situationen derart zu manipulieren, dass er einen Vorteil daraus zog, konnte einem die Stimme verschlagen. Nachdem ich schon so viele Katzen habe auf ähnliche Weise alt werden sehen, frage ich mich, ob dies ein recht normales Verhaltensmuster ist, das die Hauskatze entwickelt, um die offensichtlichen Einschränkungen, die das Alter mit sich bringt, zu kompensieren. Sind wir doch mal ehrlich: Wenn man etwas selbst nicht mehr machen kann (oder sich, offen gesagt, nicht durchringen kann, es zu tun), weshalb sollte man sich dann nicht jemand anderen holen, der es für einen übernimmt?

Ich machte mich also daran, mir einen Fragebogen auszudenken, den Besitzer älterer Katzen ausfüllen sollten, damit etwas Licht in die individuellen Eigenschaften ihrer alternden Haustiere gebracht werden konnte. Mithilfe von Claire Bessant, der talentierten und äußerst kenntnisreichen Geschäftsführerin des Feline Advisory Bureau (seit 1958 etablierte Beratungsstelle für sämtliche Katzenfragen, u. a. Behandlung von Erkrankungen, Haltungsbedingungen usw.; Anm. d. Ü.) stellte ich ein zweiseitiges Dokument zusammen, das von der Fütterung bis zur Gesundheit und von der Lebensweise bis zu den Beziehungen alles abdeckte. Nun musste ich nur noch genug Leute finden, die den Fragebogen ausfüllten, sodass die Daten repräsentativ wurden.

Verschiedene Katzenzeitschriften und Lokalzeitungen druckten einen kurzen Leitartikel, in dem sie die Leser aufforderten, sich zu melden, damit sie an der Umfrage teilnehmen konnten. Ich war hocherfreut als ich von 178 Freiwilligen, die eine Menge zu erzählen hatten, Post bekam. Ich war also auf dem besten Weg, die Antworten zu bekommen, die ich suchte. Doch die Umfrage sollte bald noch viel umfangreicher werden. Ich bekam nämlich einen Telefonanruf von Celia Haddon, der Haustier-Kolumnistin der Wochenend-Ausgabe des *Telegraphs*. Sie fragte an, ob sie einen Artikel schreiben dürfe, um damit mehr Leute zu ermuntern, an dieser lohnenswerten Umfrage mitzumachen. Sie ist selbst eine große Katzenliebhaberin und das, was sie schrieb, war lustig und brachte jedem, der mit einer älteren Katze zusammenlebt oder ältere Tiere mag, interessante Informationen. Die Resonanz war unglaublich. Innerhalb weniger Tage brach der Betrieb auf der Poststelle in meinem Wohnort in Cornwall zusammen. Man engagierte Saisonkräfte, um mit einer beispiellosen Welle von Briefen klarzukommen – alle an mich adressiert. Peter und ich verbrachten Wochen damit, Briefe zu öffnen und Fragebogen loszuschicken. Noch einige Monate später erhielt ich Geschenke und Fotos aus den entlegensten Winkeln der Welt, die ausnahmslos alle die Intelligenz und die Weisheit der älteren Katze priesen. Ich war überwältigt, und das ganze Projekt nahm mich eine Zeit lang total in Anspruch.

Ich erinnere mich an einen besonderen Zwischenfall, der, während ich die Briefe bearbeitete und adressierte Rückumschläge versandte, einige Beunruhigung verursachte. Ich öffnete einen Brief, der – wie es zunächst schien – nur einen gefalteten adressierten Rückumschlag enthielt. Zu meinem absoluten Entsetzen steckten aber in diesem Rückumschlag die letzten fünf bis siebeneinhalb Zentimeter eines Katzenschwanzes. Er war braun wie der einer Siam- oder Burmakatze, und er war recht trocken und gut erhalten. Nun saß ich in der Klemme. Ich gebe zu, dass ich eine lebendige Fantasie habe, denn ich dachte mir: „Ist das ein Hilfeschrei"? oder „Ist es als Protest gedacht, um mich zu schockieren?" und sogar „Leidet da draußen eine arme Katze, der das Ende ihres Schwanzes fehlt?" Ich erklärte meinen Freunden beim RSPCA meine missliche Lage. Aber wir waren uns alle einig, dass es wahrscheinlich einen vernünftigen Grund für diese Angelegenheit gab. Trotzdem sollte ein Tierschutzbeauftragter bei der Adresse vorbeischauen, um sicherzugehen, dass alles in Ordnung war. Am nächsten Tag bekam ich einen Anruf vom Absender des mysteriösen Schwanzes. Es handelte sich um eine nette Frau, die sich mehrfach entschuldigte (und auch etwas kicherte). Anscheinend musste, wegen eines Unfalls vor einiger Zeit, ihrer geliebten Siamkatze das Ende des Schwanzes operativ entfernt werden. Da sie ihre Katze so inniglich liebte, konnte sie den Gedanken daran, dass irgendein Teil von ihr in einem Beutel Klinikabfall verschwinden sollte, nicht ertragen. Daher fragte sie den Tierarzt, ob er so nett wäre, das amputierte Schwanzstück aufzuheben. (Ich muss zugeben, dass ich mir nicht viele Tierärzte vorstellen kann, die begeistert sind, so etwas zu tun, gerade weil amputierte Teile ziemlich unansehnlich sein können.) Als sie nach Hause kam, war sie sich nicht ganz sicher, wie man diese Trophäe am besten lagern sollte. Also legte sie den Schwanz erst einmal in einen alten braunen Umschlag, wo er seinem weiteren Schicksal harren konnte. Klar, dass sie ihn dort vergaß, und sich auch nicht an ihn erinnerte, als eben dieser braune Umschlag als Rückumschlag für die Umfrage zum Einsatz kam. Sie hatte einfach nicht bemerkt, dass der Schwanzrest darin steckte. Wir führten eine nette Unterhaltung am Telefon, und ich schickte „das Ende ihrer Siamkatze" an seinen rechtmäßigen Platz zurück. Ich gehe davon aus, dass sie es nun an einem sichereren Ort verwahrt.

Weit über ein Jahr später war ich endlich damit fertig, die Ergebnisse der Umfrage zusammenzustellen. In den Fragebögen stecken aber immer noch viele Informationen, die ich vermutlich noch viele Jahre lang analysieren kann. Ich denke, es ist ein wichtiges Thema, nicht nur weil ich persönlich bezüglich meiner eigenen alternden Katzengruppe neugierig darauf bin. Auf der ganzen Welt leben Katzen heute länger und werden besser ernährt und besser tiermedizinisch versorgt als je zuvor. Ihre spezifischen Ansprüche begreifen wir als Ausdruck ihrer sich verändernden Physiologie. Dass sie aber auch gefühlsmäßig oder hinsichtlich ihres Verhaltens andere Bedürfnisse haben könnten, ziehen wir nicht in Betracht – so glaubte ich. Die Befragung gab Antwort auf meine Grundsatzfrage „Verändern Katzen sich tatsächlich so deutlich, wenn sie älter werden?"

Als die Umfrage beendet war, hatte ich Daten von 1236 Katzen zusammengetragen, die älter waren als zwölf Jahre. Die Ergebnisse zeigten deutlich, dass es einige Veränderungen gibt, die bei den meisten älteren Katzen auftreten und die ihr Verhalten betreffen. In der Regel lassen sich diese auf den körperlichen Verfall oder auf Krankheiten zurückführen. Die wirklich interessante Information, die sich nicht so ohne weiteres erklären lässt, ist jedoch die im Alter auftretende Veränderung in der Beziehung zwischen dem Halter und seiner Katze sowie zwischen der Katze und ihren Artgenossen.

Denn in den Hunderten von Briefen, die den ausgefüllten Fragebogen beigelegt waren, fanden sich einige faszinierende Einblicke in diesen veränderten Bund Mensch-Katze.

Die unten stehende Tabelle zeigt die demografischen Ergebnisse der Studie über die ältere Katze. Das älteste Tier war Stevie, das zum Zeitpunkt der Untersuchung 26 Jahre alt war.

12–15 Jahre	56 %
16–19 Jahre	38 %
> 20 Jahre	6 %
Kastrierte Kater	45 %
Kastrierte Kätzinnen	55 %
Unkastrierte Kater und Kätzinnen	< 1 %
Als Kitten erworben	68 %
Als erwachsene Katze aufgenommen	32 %
Kurzhaar-Hauskatze	74 %
Langhaar-Hauskatze	7 %
Siamkatze	7 %
Burmakatze	6 %
Alle anderen Rassekatzen	6 %

Ernährung

Der erste Themenkomplex, zu dem die Besitzer befragt wurden, war die Ernährung. 56 % der Teilnehmer gaben an, dass der Appetit ihrer Katze gleich geblieben war, 20 % sagten, er sei gestiegen und 24 %, er sei gesunken. Im hohen Alter treten verschiedene physiologische Veränderungen auf, die dafür verantwortlich sein können, dass das Tier mehr oder weniger frisst. Der verminderte Geruchssinn und das eingeschränkte Seh- und Geschmacksvermögen verringern die Futteraufnahme, denn diese Sinne sind wichtig für die Anregung des Appetits. Auch Zahnprobleme können bei älteren Katzen den Appetit mindern; bei 85 % aller Katzen treten in einem mehr oder weniger großen Umfang Erkrankungen im Bereich der Zähne auf, die, werden sie nicht behandelt, die Lust aufs Fressen drastisch reduzieren können. Oft bestehen Zahnerkrankungen schon lange bevor die Katze tatsächlich ihr Futter verweigert.

Eine generelle Abnahme der Stoffwechselaktivität und der Bewegung bedeutet, dass die ältere Katze weniger Futter braucht, und häufig muss man sogar die Kalorienaufnahme reduzieren, um Übergewicht zu vermeiden. Fettleibigkeit kann zu Krankheitsbildern wie Diabetes führen, welche dann schwer in den Griff zu bekommen sind. Andere Erkrankungen wie etwa die Schilddrüsenüberfunktion können den Appetit steigern. Doch im Großen und Ganzen scheint die Mehrheit der älteren Katzen ihr ganzes Leben lang einen recht konstanten Appetit zu haben – bis eine Erkrankung auftritt.

Die Hälfte der teilnehmenden Katzenhalter war so „erzogen", die Tiere auf Verlangen hin zu füttern. Nur 1 % fütterte ein Mal täglich, die anderen zwei bis drei Mal täglich. Würde man einer Katze die freie Wahl lassen, würde sie wenig, aber oft fressen. Deshalb ist es wahrscheinlich, dass Katzen, die regelmäßig gefüttert werden, im Lauf des Tages mehrmals zur Futterschale zurückkehren. Gerade die Fütterungszeit bietet für Halter und Katze die Gelegenheit für freundliche Interaktionen. Die meisten Menschen gehen automatisch davon aus, dass ein guter Appetit gleichbedeutend ist mit einer guten Gesundheit, und diese Annahme ist vermutlich auch mitverantwortlich dafür, dass bei unseren Hauskatzen Übergewicht stark zunimmt. Bei vielen Besitzern gibt es auch die Philosophie „Ich liebe und deshalb füttere ich". Aus vielen Briefen, die mir mit den Fragebögen zugeschickt wurden, ging diese Auffassung klar hervor. Hier sind ein paar Auszüge, aus denen ersichtlich wird, welche Bedeutung Futter in der Beziehung zwischen Halter und Katze hat:

Sam frisst jetzt nicht mehr so viel. Es scheint als ob er wenig auf einmal zu sich nimmt, doch es steht immer Futter für ihn unten. Ich bedecke es mit einer Untertasse; wenn er mehr will, schlägt er sie mit seiner Pfote herunter. (17 $^1/_2$ Jahre alte Kurzhaar-Hauskatze)

Ginger verlangt häufiger nach Futter, doch ich denke nicht, dass es sich dabei um gesteigerten Appetit handelt, sondern vielmehr, dass er sich so eine Extraportion meiner Zuwendung holen will. (13-jährige Kurzhaar-Hauskatze)

Der Appetit erhöht sich im hohen Alter nicht zwangsläufig stark. Aus den Briefen ging aber doch deutlich hervor, dass viele ältere Katzen der Futteraufnahme mehr Zeit widmen, selbst wenn die konsumierte Menge sich dabei nicht ändert. Katzen haben wirklich eine einzigartige Fähigkeit, Menschen zu „erziehen", und sie lernen bald, dass es sich lohnt, miauend in der Küche herumzustreifen, weil dann schmackhafte Leckerbissen winken. Wenn sie älter werden, verbringen Katzen wahrscheinlich mehr Zeit zu Hause, was unweigerlich zu mehr Fütterungsgelegenheiten führt. Eine Frau aus Oxfordshire, die eine 17 Jahre alte Katze namens Smudge hatte, schrieb mir einen Brief, in dem sie sich auf eben dieses Verhalten bezog, um die Taubheit ihres Tieres zu veranschaulichen: *Wir bemerkten, dass sie nicht auf Rufe oder das Öffnen der Kühlschranktür reagierte.*

Bei der Frage „Ist Ihre Katze beim Futter wählerischer geworden als sie älter wurde?" gab es ein Fifty-Fifty-Ergebnis. Viele Katzen zeigten sich wählerischer, nachdem man ihnen eine große Vielzahl alternativer Mahlzeiten angeboten hatte, die alle jeweils etwas schmackhafter waren als die vorherigen. Oft genügt ein kurzzeitiger Appetitverlust, um den Besitzer dazu zu bringen, noch leckerere Köstlichkeiten anzubieten. Dies scheint ein manipulatives und opportunistisches Verhalten zu sein, das viele Katzen erlernen, nicht nur die alten (erinnern Sie sich an Kapitel 7?). Katzenhalter bieten häufig Nahrung an, die sie auch selbst verzehren. Selbst wenn nicht all diese Leckereien die Katze wirklich begeistern, so sind sie es doch sicherlich wert, genau untersucht zu werden. Es scheint auch sehr tröstlich zu sein, wenn die Katze menschliche Nahrung zu sich nimmt, weil dies gewöhnlich noch mehr Nähe zwischen uns und den „kleinen pelzigen Menschen" bringt. Aus den Briefen der Besitzer geht sehr deutlich deren Meinung hervor, im Leben der älteren Katze gäbe es nur noch wenig Freuden, und Futter wäre für die Mieze somit ganz besonders wichtig. Dies hilft schon ein gutes Stück weiter, sucht man Erklärungen dafür, weshalb die betagte Katze überhaupt wählerisch wird. Schließlich gibt es keinen Anreiz Dosenfutter zu sich zu nehmen, wenn Räucherlachs im Kühlschrank liegt.

Die folgenden Zitate waren besonders aufschlussreich:

Ihr Lieblingsgericht ist Tunfisch mit Majonäse. Sie mag sehr gerne Jogurt, den sie aus dem Becher leckt.

Er liebt dieselben Frühstücks-Cerealien wie mein Ehemann und ich.

Anfangs aß sie nichts anderes als gegarten Blumenkohl in Käsesauce und frische grüne Erbsen.

Sie mögen auch Knoblauch, Kokosnüsse, pflanzlichen Käse usw.

Smokey, der 20 Jahre alt wurde, liebte Orangenschalen.

Ich bin immer wieder erstaunt, wie viele Katzen mit vollkommen ungeeigneter Nahrung überleben. Ich betone nachdrücklich, dass niemand diese Blumenkohl-Käse-Erbsen-Diät oder ähnliche vegetarische Kost ausprobieren möge, weil dies schwerwiegende Erkrankungen nach sich ziehen würde. Katzen sind obligate Fleischfresser, die tierisches Eiweiß in ihrem Futter benötigen. Ganz offensichtlich experimentierten einige dieser Katzen aufs Geratewohl mit neuen Geschmacksrichtungen. Aber glücklicherweise waren all die oben genannten Beispiele als Extraschmaus gedacht und nicht als „Hauptgang".

Zu einer hochwertigen Kost, die ausschließlich für Katzen konzipiert ist, gibt es keine Alternative. Wenn allerdings eine Katze ihren Appetit verliert, etwa weil sie an einer unheilbaren Krankheit im fortgeschrittenen Stadium leidet oder aufgrund ihres hohen Alters allgemein schwächelt, kann man verlockende Häppchen füttern und so ihre Lebensqualität bis zum Ende noch annehmbar gestalten.

Schlaf

Der Hauptzeitvertreib für die ältere Katze ist der Schlaf. Dazu zählt alles vom tiefen Schlaf über das Nickerchen bis zum Ruhen mit geschlossenen Augen. 40 % der Katzen in der Umfrage schliefen über 18 Stunden täglich. Die meisten davon waren in den beiden Altersgruppen „16- bis 19-Jährige" bzw. „über 20-Jährige", was sicher mit dem generellen Alterungsprozess und der Verlangsamung des Stoffwechsels in Einklang steht. Die Mehrheit (57 %) schlief 12–18 Stunden pro Tag, und nur 3 % schliefen weniger als zwölf Stunden. Die meisten Besitzer berichteten, dass ihre Katzen jetzt, da sie älter waren, auf jeden Fall mehr schliefen. Man sollte auch daran denken, dass ältere Katzen weniger nach draußen gehen, weniger erkunden und ganz allgemein weniger unternehmen – diese Lücken im Tagesgang füllen sie dann ganz einfach mit Schlafen.

78 % der Halter sagten, ihre Katzen suchten zum Schlafen Lieblingsplätze auf, welche fast immer – und das war nicht überraschend – in der Nähe einer Wärmequelle lagen. Wenn eine Katze altert, lässt ihre Fähigkeit, ihre Körpertemperatur zu regulieren, nach. Aus diesem Grund sind ältere Katzen anfälliger für Untertemperatur und frieren schneller. Auch ist es wahrscheinlicher, dass sie sich einen weichen Platz aussuchen, weil wegen ihres geringeren Gewichts die Knochen weniger gut gepolstert sind und leicht wund werden, wenn sie über längere Zeit auf harte Oberflächen drücken.

Die Top Ten der Lieblingsschlafplätze

1 Bett des Besitzers (45 %)
2 Sessel (26 %)
3 Draußen in der Sommersonne (11 %)
4 In Heizungsnähe oder in einer Hängematte
5 Katzen-Iglu / Katzen-Bett / Katzen-Korb
6 Trockenschrank (in Deutschland nicht gebräuchlich)
7 Schoß des Besitzers
8 Wintergarten / Gewächshaus / Sonnenlaube
9 Irgendwo an einer sonnigen Stelle im Haus
10 In der Nähe des Herdes / Heißwasserspeichers

Alle oben genannten Plätze sind warm oder weich oder beides. Wenn man die meiste Zeit seines Lebens schlafend verbringt, ist es schon wichtig, gründlich nach einem passenden Ort dafür Ausschau zu halten.

Territoriale Aktivitäten und Unternehmungen draußen

4 % aller Katzen in der Umfrage lebten ausschließlich drinnen. Von den anderen gingen 55 % seltener hinaus als früher. 39 % gingen ungefähr gleich oft hinaus, doch waren dies eher die Jüngeren von ihnen (12–15 Jahre); die meisten der über 16-Jährigen fanden die Vorzüge ihres Zuhauses attraktiver. Nur 6 % verließen das Haus häufiger als zuvor; dies waren vor allem Tiere aus Mehrkatzen-Haushalten, die, seit sie älter waren, den Gruppenmitgliedern gegenüber als weniger gesellig und eher distanziert beschrieben wurden. Und so war dieses vermehrte Nach-draußen-Gehen wohl eher eine Strategie, um die anderen zu meiden, als das Verlangen nach der großen weiten Welt.

Die Zeit, die sie in jüngeren Jahren mit Jagen und im Revier patrouillieren zubrachten, und damit (falls sie das wollten) in der Kälte und Nässe zu sein, musste sich im Alter fast zwangsläufig vermindern, schon weil die Effektivität ihrer Thermoregulation und ebenso die allgemeine Beweglichkeit abnahmen. Darunter leidet unweigerlich auch der Jagderfolg. Außerdem werden der Gesichts- und der Gehörsinn schlechter. Auch arthritische Gelenke sind für erfolgreiches Anpirschen, Nachsetzen und Auf-die-Beute-Springen nicht gerade ideal.

Jagt noch	31 %
Hat nie gejagt	22 %
Hat mit dem Jagen aufgehört	47 %

Ein Drittel der älteren Katzen in der Umfrage war bei der Verteidigung ihres Territoriums gegenüber Außenseitern genauso aggressiv wie früher. Diese Katzen behielten vermutlich alte Gewohnheiten bei. Dennoch ist es unwahrscheinlich, dass sie im Ernstfall jedes Mal noch bestehen könnten; doch ihre Widersacher zwingen sie so vermutlich nicht dazu, Farbe zu bekennen. Ein weiteres Drittel war toleranter und wählte fürs Alter die Philosophie „Leben und leben lassen". Dies scheint für die Älteren ja auch ein vernünftiger Weg zu sein, weil es fraglich ist, ob ein Kampf, bei dem schiere Stärke und Beweglichkeit zählen, noch gewonnen werden kann. Das letzte Drittel ging jeder Streitigkeit aus dem Weg, denn diese Tiere rannten weg und ignorierten den Angreifer, oder sie starrten ihn vom sicheren Platz hinterm Fenster wütend an.

Katzenfreundschaften

Bei der nächsten Kategorie der Umfrage ging es ausschließlich um diejenigen Katzen, die in Mehrkatzen-Haushalten lebten; das betraf insgesamt 59 % der Befragten. Etwas mehr als die Hälfte davon blieben, auch als sie älter geworden waren, ihren Katzenkollegen gegenüber die gleichen. Es sieht so aus, als ob sich Katzen verändern, wenn sie älter werden. Manche reifen, manche werden streitsüchtig, manche suchen aktiv die Gesellschaft anderer Katzen. Die weniger Toleranten und Distanzierteren waren ziemlich oft diejenigen, die in Haushalten mit Kitten oder Jungkatzen lebten. Deren ständige Bewegungen und deren Spiel sind für eine alte Katze, die einfach etwas friedlichen ungestörten Schlaf haben möchte, nicht so günstig. Deshalb ist es nicht immer richtig, wenn man glaubt, ein kleines Kitten würde einer alten Katze frischen Lebensmut einhauchen.

In der überwiegenden Mehrzahl der Briefe, die mich erreichten, ging es um die Reaktionen älterer Katzen auf den Verlust eines kätzischen Freundes. 47 % der Katzen in der Umfrage hatten eine andere Katze überlebt, und 60 % von ihnen reagierten merklich auf diesen Verlust. Die Siamesen, Burmesen und Birmakatzen waren dabei recht gut vertreten. Manche Besitzer erzählten, dass ihre Katzen liebevoller oder fordernder geworden seien. Manche sagten sogar, dass es der Katze danach wesentlich besser ging, und dass sie nach dem Verlust des Kameraden zufriedener erschien. Doch bei fast allen Schilderungen kamen auch Suchen und Rufen vor. Hierzu ein paar Beispiele:

Solomon war sehr desorientiert und verwirrt, und offenbar auch sehr verunsichert. Er suchte im ganzen Haus nach Cy und rief viel. Dies hielt zwei bis drei Wochen an. (18 Jahre alter Burmakater)

Ab diesem Tag begann Kula sich um Kiki zu grämen. Sie rief Tag und Nacht nach ihr. Es gab keinen Küchenschrank, keine Kommode und keinen Kleiderschrank, in den sie nicht hineingeschaut oder Sachen

herausgezogen hat, um sie zu suchen. (Zwölf Jahre alte Siamkatze)
Er heulte monatelang Tag und Nacht und begann schließlich auf die Teppiche zu pinkeln und zu koten. Er wurde sozusagen sofort geheilt, als wir ein neues blaues Kätzchen anschafften, das er sogleich akzeptierte. (13 Jahre alter Burmakater)
Nachdem sein Bruder gestorben war, ertaubte er aus unerfindlichen Gründen. Er schnurrt nicht mehr und kommt auch nicht mehr mit erhobenem Schwanz auf einen zu. Er putzt sich nur noch selten, und wenn, dann lediglich sein Gesicht nach dem Fressen. Ist er wach, stakst er im Haus umher und gibt dabei ein grauenvolles rufendes Miauen von sich – ganz anders als sein Begrüßungsmiauen. Es fällt einem schwer, diese Persönlichkeitsveränderung nicht als Trauer anzusehen. (19 Jahre alte Kurzhaar-Hauskatze)
Snowy musste eingeschläfert werden, weil er seine Beine nicht mehr benutzen konnte. Vickey starb noch am selben Tag – es war sehr traurig. (21 Jahre alte Siamkatze)
Als Biz starb, brauchte seine Schwester etwa fünf Tage, um das zu begreifen. Danach begann sie Tag und Nacht zu heulen. Seit wir die Kitten haben, hat das Heulen aufgehört. (18 Jahre alte Kurzhaar-Hauskatze)

Dieses Thema schien die befragten Halter zu fesseln. Es ist interessant, wie hoch die Anzahl an Katzen war, denen es wesentlich besser ging, nachdem neue Kitten ins Haus gekommen waren. Ich glaube nicht, dass sich diese Reaktion nur auf Katzen in fortgeschrittenem Alter beschränkt. Ähnliches wurde nämlich auch bei jüngeren Katzen beschrieben. Weshalb ältere Tiere häufiger in dieser Weise reagieren, liegt daran, dass sie zum einen meist schon sehr lange mit ihrem Katzenkameraden zusammengelebt hatten, und zum anderen, dass der Wunsch nach Alltagsroutinen verbunden mit möglichst wenigen Veränderungen bei den Älteren zuzunehmen scheint. Der Verlust eines langjährigen Freundes bringt tief greifende Veränderungen im Haushalt mit sich (trauernde Menschen, Änderungen in der Alltagsroutine und das Fehlen eines vertrauten Mitglieds der Gruppe), und dies ist wahrscheinlich ausschlaggebend für das besorgte Rufen und Suchen. Die Katze möchte, dass alles wieder so normal wird wie gewohnt. Kommt ein neu-

es Kätzchen ins Haus, ist dies oft der Auslöser dafür, dass ihr aus
dem Gleichgewicht geratenes seelisches Befinden wieder ins Lot
kommt. Denn der neue Kamerad bringt die Katze auf andere Gedanken. Das ist aber nur die eine Seite der Medaille, denn es gibt
auch diejenigen Besitzer, die berichten, dass die „hinterbliebene"
Katze nach dem Ableben der anderen aufgeblüht ist. Es sieht so aus,
als ob passive Unterdrückung zwischen Katzen nur dann sichtbar
wird, wenn die dominante nicht mehr da ist. Der Überlebende kann
eine selbstsichere und freundlichere Natur entwickeln und damit
anfangen, an den Lieblingsruheplätzen der toten Katze zu schlafen.
Ist dies ein Zeichen von Respekt oder die symbolische Beanspru-
chung des Ranges der Oberkatze? Wohl eher Letzteres!

Die Orientalen haben die Eigenschaft, ihren Besitzern gegenüber
sehr anhänglich und liebevoll zu sein, und oft reagieren sie sehr
empfindsam auf Veränderungen und Stimmungen. Wenn sie sich
an andere Katzen ebenso binden wie an den Menschen, dann kann
man gut verstehen, dass sie über den Verlust eines Katzenfreundes
betrübt sind. Ob dies wirklich ein Beweis für einen Trauerprozess
sein kann, so wie wir ihn verstehen, ist strittig. Wenn wir ein geliebtes Heimtier verlieren, tut es uns bei unserer Schmerzbewälti-
gung gut, wenn auch die verbliebene Katze einfühlsam auf unsere
Traurigkeit reagiert. Doch verhaltensbiologisch ausgedrückt, zieht
sie sich nicht einfach bloß zurück, weil eine ausgesprochen enge
Beziehung abrupt beendet wurde?

Die Beziehung zum Besitzer

Fast alle älteren Katzen wenden sich uns zu, um Liebe und Aufmerksamkeit zu erhalten. 81 % der befragten Besitzer gaben an,
dass ihre Oldies umgänglicher und anhänglicher geworden seien
oder mehr Aufmerksamkeit einforderten oder auch beides. Nur 2 %
meinten, sie wären jetzt weniger umgänglich, während die restlichen 17 % erklärten, dass sie schon immer sehr anhänglich oder
unabhängig gewesen seien und sich eigentlich überhaupt nicht verändert hätten. Einige Befragte berichteten von enormen Veränderungen infolge einer Krankheitsphase, nach der sich die Katze wesentlich abhängiger zeigte und liebreizender geworden war.

Die Vokalisation scheint im Alter eine wichtige Rolle zu spielen. 66 % der betrachteten Katzen machten mehr von Lauten Gebrauch, um damit Futter und Aufmerksamkeit zu bekommen. Ein 13 Jahre alter Siamesen-Mischling beispielsweise *heult und verlangt nach Futter*. Josie *hat ein lautes raues Miauen, welches sie nicht verwendete als sie jung war*. Eine 23 Jahre alte Kurzhaar-Hauskatze *miaut ständig*. Eine 13-jährige Kurzhaar-Hauskatze *macht Geräusche, die viel eher wie ein piepsendes Kitten klingen, als das Miauen, das man mit einer erwachsenen Katze in Verbindung bringen würde. Ihre stimmliche Vielfalt ist jetzt größer als früher. Sie hat nun viele Miaus und andere Geräusche, um unterschiedliche Bedürfnisse anzuzeigen.*

Wenn Katzen altern, kennen die Besitzer ihre Bedürfnisse immer und immer besser, und die Katzen lernen schnell, dies auszunutzen. Es ist nicht ungewöhnlich, dass vielfältige Laute eingesetzt werden, wenn man damit Aufmerksamkeit, Zuneigung oder Futter einfordern kann. Nur 4 % der befragten Halter gaben an, ihre Katze riefe nun weniger. Die restlichen 30 % meinten, sie würden ebenso oft rufen wie früher.

Nächtliche Lautäußerungen

Eine besonders lästige Angewohnheit ist das aufdringliche Rufen in der Nacht. 28 % der Katzen riefen nachts, weil sie Aufmerksamkeit wollten, und sie hörten erst damit auf, wenn sie diese bekamen oder von ihren Besitzern beruhigt wurden. Von diesen 346 Katzen zeigten 54 % dieses Verhalten erstmals, als sie zwischen 10 und 15 Jahre alt waren. Kann sich eine alte Katze allmählich nicht mehr ausreichend selbst schützen, verlässt sie sich immer stärker auf ihren Besitzer. Haben diese heulenden Katzen, nachdem sie tagsüber zusätzliche Aufmerksamkeit erfahren haben, nachts, wenn ihre Besitzer nicht in ihrer unmittelbaren Nähe sind, vielleicht das Bedürfnis nach Rückversicherung? Wenn sie auf diese Weise dann ihren Besitzern ein paar Mal erfolgreich eine Reaktion entlocken konnten (dies ist ein scharfes jämmerliches Jaulen, das schwer zu ignorieren ist), wird das Ganze zur Gewohnheit, die sie fortführen. Mehrere Halter berichteten, dass das Rufen aufhörte, als sie der Katze gestatteten im Schlafzimmer zu übernachten. Trotzdem kann es vorkommen, dass solche Katzen dann oft aus dem Bett springen und sich nach unten davonmachen, nur, um erneut zu schreien.

Es gibt einige physische Gründe für dieses Rufen. Taubheit scheint eine Rolle dabei zu spielen wie laut die Katze ruft (ich kann mir nicht vorstellen, wie eine taube Katze einen solchen Ton empfindet). Eine chronische Sauerstoffunterversorgung im Gehirn könnte möglicherweise Senilitätssymptome und Probleme mit dem Kurzzeitgedächtnis hervorrufen, was nächtliche Verwirrung zur Folge haben kann. Kognitive Fehlleistungen können Veränderungen im Schlaf-Wach-Rhythmus auslösen mit der Folge, dass manche Katzen nachts zu Zeiten aufwachen, zu denen sie früher geschlafen haben. Ein hoher Blutdruck, der allgemeines Unbehagen, Kopfschmerzen und Desorientierung verursacht, könnte ebenfalls zu einer solchen Unruhereaktion führen.

Nächtliches Rufen wird oft als eine jener Verhaltensweisen beschrieben, die bei Tieren mit Schilddrüsenüberfunktion auftritt – einer Erkrankung, die bei älteren Katzen häufig ist. Ein Tumor an der Schilddrüse verursacht Stoffwechselveränderungen wie gesteigerte Herz- und Atemfrequenz, verstärkten Appetit und Gewichtsverlust. Ich habe drei Katzen mit dieser Erkrankung gehabt, Bln, Hoppy und Bakewell, und alle haben nachts jämmerlich geschrien.

Spiel

Andere Veränderungen von Gewohnheiten und Verhaltensweisen können sich ergeben, wenn sich der Halter ausgiebig mit seiner älteren Katze beschäftigt. Ältere Katzen zeigen durchaus noch Spielverhalten, allerdings meist nur, wenn die Aufforderung zum Spiel vom Halter ausgeht. Der zunehmende Gelenkverschleiß und die Abnahme der mentalen Leistungen führen dazu, dass rasche Drehungen und schnelle Bewegungen schlechter möglich sind. Nur 10 % der Halter sagten, dass ihre Katzen immer noch regelmäßig spielten, 48 %, dass sie es gelegentlich taten und 15 %, dass sie überhaupt nicht mehr spielen würden. Der Rest hatte niemals mit den Katzen gespielt. Ich denke, das ist ein Armutszeugnis. Auch die ältere Katze sollte zum Spiel ermuntert werden, um sie körperlich und geistig fit zu halten. Die Spiele werden vielleicht nicht mehr so ausgelassen sein wie früher, doch sie tun gewiss sowohl der Katze als auch dem Halter gut. Spooky und Hoppy liebten nichts mehr, als mit einer Vorderpfote auf eine Feder, die an einer Schnur befestigt war, zu patschen, während sie auf einem weichen Kissen lagen!

Körperpflege

Auch die Putzgewohnheiten ändern sich im Alter. Weil die Katzen steifer werden, fehlt ihnen die Geschmeidigkeit der Bewegungen, die für das gründliche Arbeiten nötig ist. Oft sieht man alte Katzen mit verfilztem Haar im Bereich der Wirbelsäule, was zweifellos darauf zurückzuführen ist, dass sie ihren Körper nicht mehr genügend biegen können, um sich gründlich und an jeder Körperstelle zu reinigen. Wie häufig sich Katzen putzen, ändert sich eigentlich nicht, solange sie nicht wirklich sehr alt sind. Trotzdem lassen sie dabei mit ziemlicher Sicherheit einzelne Körperareale einfach aus. Drei Viertel der Katzen in der Umfrage putzten sich immer noch regelmäßig, 22 % gelegentlich und 2 % hatten ganz damit aufgehört. In dieser letzten Gruppe wurde auch häufig über chronische Erkrankungen und „Toilettenunfälle" berichtet, was die Annahme unterstreicht, dass sich gerade die sehr kranken und sehr alten Tiere nicht putzen. Die meisten älteren Katzen profitieren wirklich sehr davon, wenn ihre Halter sie kämmen und bürsten – allerdings nur, wenn dabei bei den mageren Tieren auf vorstehende Knochen geachtet wird, und nicht zu schroff gebürstet wird. Das nämlich würde den Tieren Unbehagen bereiten.

Toiletten-Gewohnheiten

55 % der alten Katzen hatten eine Katzentoilette zur Verfügung. Die anderen 45 % gingen nach draußen, um sich zu lösen, so berichteten ihre Halter. Bei 29 % der Katzen gab es, seit sie älter geworden waren, hie und da „Toilettenunfälle". Einige Besitzer brachten dies mit Erkrankungen in Verbindung, etwa mit Zystitis, einer Durchfallattacke oder – bei den sehr alten – auch mit einer Inkontinenz. Viele ältere Katzen beginnen drinnen ihre Geschäfte zu verrichten,

was man normalerweise mit der nun zunehmenden Abneigung erklärt, sich draußen zu lösen. Die Gründe dafür können etwa aggressive Katzen in ihrem Revier sein, oder auch eine gesteigerte Empfindsamkeit gegenüber rauen Wetterbedingungen. Stellt man solchen Tieren im Haus eine Katzentoilette bereit, verschwindet das Problem fast immer.

Percy – wenn die ältere Katze das Haus verunreinigt
Es bewegt mich heute noch, wenn ich an einen besonders würdevollen alten „Gentleman" mit Namen Percy denke. Als ich ihn kennen lernte, war er 17 Jahre alt; ein stattlicher, wenn auch etwas schmuddeliger, schwarz-weißer Langhaarkater. Als ich ihn besuchte, begrüßte er mich mit einem lässigen „Kniefall" und einem Willkommens-Schnurren. Er war entzückend, und seine Halterin Joan war genauso nett (wenngleich sie auch nicht vor mir niederfiel und schnurrte).

Joan hatte mich wegen eines Problems angerufen, das in den letzten paar Monaten aufgetreten war. Nach 17 langen Jahren, in denen er draußen gepinkelt und seinen Kot abgesetzt hatte, verlegte sich Percy mit einem Mal darauf, dies nun drinnen und an mehreren ausgesuchten Stellen im gesamten Erdgeschoss ihres hübschen Hauses zu tun. Joan und ihre Familie waren erschüttert und gingen automatisch davon aus, dass es ihm nicht gut ging. Percy litt nämlich unter einer chronischen Nierenfunktionsstörung und seine Nieren waren noch nicht ganz in Ordnung. Deshalb trank und pinkelte er ziemlich viel. Doch sein Tierarzt meinte, die Krankheit sei recht gut unter Kontrolle und wäre wohl nicht für die plötzlichen Verhaltensänderungen verantwortlich. Er schlug Joan deshalb vor, sie möge doch mit mir Kontakt aufnehmen.

Percy und seine Familie lebten in einem Reihenhaus im viktorianischen Stil im Norden Londons. Stets hatte er – mittels Katzenklappe – den freien Zugang zur Außenwelt genießen können. Joan beteuerte, dass Percy sein ganzes Leben lang das perfekte Haustier gewesen sei. Er und seine Schwester Portia waren bei der Familie aufgewachsen, und seit Portias Tod vor zwei Jahren hatte Percy sich mehr schlecht als recht durchs Leben geschlagen. Jeden Morgen ging er raus, sprang über den Zaun und schlenderte dann den Durchgang am Ende des Gartens hinunter, um seine geheimen Stelldicheins wahrzunehmen. Die meiste Zeit seines Erwachsenseins war er dieser Routine gefolgt, doch mittlerweile gab es eine große Zahl von Katzen in diesem Gebiet, und Joan sagte, dass Percy unlängst draußen wüst vermöbelt worden wäre.

Ein paar Monate vor meinem Besuch waren bei Joan ausgedehnte Bauarbeiten durchgeführt und im ganzen Wohnzimmer Laminatboden verlegt worden. Alles sah großartig aus. Doch leider waren die Verschönerungsmaßnahmen zeitlich mit Percys Pfützchen und Häufchen zusammengefallen, welche er regelmäßig in vier oder fünf heimlichen Ecken in der Küche, in der Diele und dem Wohnzimmer absetzte. Joan war entsetzt, und sie hasste es, das wegzuputzen. Ihr Ehemann rief Joan jedes Mal wenn er etwas entdeckt hatte mit einem lauten: „Liebling, Percy hat ein kleines Geschenk für dich hinterlassen!" (Oh, gut. Wenigstens trug er alles mit Fassung.) Das Schlimmste für Joan war, dass sich Percy ganz offensichtlich unwohl fühlte. Er putzte sich nicht mehr so oft wie er es früher getan hatte, und er sah einfach niedergeschlagen aus. Sie tadelte ihn überhaupt nicht; sie wollte einfach nur, dass er sich besser fühlte.

Ich erklärte Joan, dass Katzen, wenn sie älter werden, schlechter mit den Herausforderungen klarkommen, die jeder neue Tag für sie bereithält. Jegliche Veränderung in den Routinen oder in der Lebensweise, sogar ein anderer Fußboden im Wohnzimmer, kann eine Katze dann furchtbar beunruhigen. Percy hatte in der letzten Zeit ziemlich viel durchgemacht. Sein Katzenkumpan war gestorben, er war von anderen Katzen attackiert worden, die Küche hatte sich ungeheuerlich verwandelt und der Boden in seinem Lieblingsaufenthaltsbereich war jetzt so unglaublich rutschig, dass er ihm immens misstraute. Ich war zudem der Meinung, dass wir, könnten wir in Percys Kopf hineinschauen, wahrscheinlich noch Weiteres entdecken würden, was für ihn schwierig geworden war. Was, wenn Percy dachte (freilich auf Katzenart): „Ich schwöre, dass der Zaun am Ende des Gartens höher geworden ist. Ich komme einfach nicht mehr so gut drüber wie früher." Oder: „Ich bin so steif und müde, und draußen ist es so eisig kalt; ich kann mich nun wirklich nicht mit dem Gedanken anfreunden, den ganzen Weg zu laufen, nur um zu pinkeln." Oder sogar: „Was, wenn sich diese schwarze Katze wieder unerwartet auf mich stürzt? Viele Schläge halte ich nicht mehr aus!" Wir waren uns einig, dass sich hier etwas ändern musste. Auch musste sich Joan auf etwas gefasst machen: Percy, dieses liebe schwarz-weiße Kätzchen, das den Kindern immer so großes Vergnügen bereitet hatte, war nun ein alter Mann. Er konnte das, was er früher unternommen hatte, jetzt einfach nicht mehr. Das bedeutete, dass die Familie fortan rücksichtsvoll und mitfühlend sein und Percy all das zur Verfügung stellen musste, was eine ältere Katze eben braucht und auch verdient. Percy war immerhin schon „84" Jahre alt. (Die Formel, mit der man das Katzenalter schätzen kann, lautet wie folgt: Die beiden ersten Jahre entsprechen 24 Menschenjahren, danach wird ein Katzenjahr wie vier Menschenjahre gerechnet.)

Joan machte sich mit großem Eifer an die neue Aufgabe heran. Percy wurden zwei flache unscheinbare Katzentoiletten an abgeschiedenen Plätzen in der Küche und unter der Treppe bereitgestellt. Er bekam vier kleine Mahlzeiten am Tag (anstelle seiner früheren zwei), und jede Mahlzeit war von Liebe und Lob begleitet. Jeden Tag pflegte Joan den Kater, sodass sein Fell glänzte und keine Verfilzungen mehr aufwies. Weil er so alt war, schlief Percy viel. Deshalb richtete Joan ihm mehrere kuschelig warme Katzenbetten an den unterschiedlichsten Stellen in den beiden Etagen ein. So konnte sie sicherstellen, dass er überall im Haus ein heimeliges Plätzchen finden konnte. Einen Teil des neuen Laminatbodens bedeckte Joan mit einem Teppich, der ganz allein für Percy gedacht war. Der Kater nahm in sofort an. Während der nächsten Wochen schien er regelrecht daran festgeklebt zu sein; Joan dachte, er befürchtete vielleicht, sie würden ihm das Stück wieder wegnehmen, wenn er mal nicht hinsah. Das „Therapieprogramm" sah auch vor, dass Joan täglich behutsam mit Percy spielen sollte. Sie bastelte ein Reizangelspielzeug mit zwei Federn am Ende, und Percy schleuderte sich jedes Mal herum (so gut wie man das mit 84 halt noch kann) und versuchte, es zu fangen. Der brave Percy machte nie wieder ins Haus, und Joan meinte, er hätte neuen Lebensmut geschöpft.

Zwei Jahre später erhielt ich einen Anruf von Joan. Ich erinnere mich, dass ich in diesem Augenblick gerade in den Nebenstraßen von Portsmouth herumirrte (weil ich die Adresse eines Kunden suchte) und erst einmal an den Straßenrand lenken musste, um die Neuigkeiten zu hören. Percy ging es nicht gut. Er hatte damit begonnen, seine Katzenstreu zu fressen und verhielt sich allgemein seltsam. Wir redeten kurz und ich riet ihr zu einem Tierarztbesuch, wo sie einige Blutuntersuchungen durchführen lassen sollte, nur für den Fall, dass eine Erkrankung zugrunde läge, die es zu behandeln galt. Ich sprach über senile Veränderungen und quasselte dann über Gott und die Welt, weil ich hoffte, ihr damit etwas Zuversicht zu vermitteln. Sie rief nicht wieder an. Trotzdem dachte ich in den kommenden Wochen viel über Percy nach. In meinem Job heißt es, etwas distanziert zu bleiben. Denn würde ich mit jedem früheren Kunden in Verbindung bleiben, und beispielsweise von mir aus Kontakt aufnehmen, hätte ich weniger Kraft für die Patienten, die ich gerade behandele. Es ist frustrierend, aber ich habe bloß *ein* Gehirn mit einer begrenzten Kapazität! Doch liebend gern hätte ich Joan hinterher angerufen, um herauszufinden, was mit Percy geschehen war. Aber ich wusste, dass ich mich zurückhalten musste. Es ist wirklich nur eine Sicherheitsvorkehrung, meiner eigenen geistigen Gesundheit wegen. Einige Monate später, es war Weihnachten, bekam ich eine Glückwunschkarte und einen Brief von Joan. Percy war friedlich in ihren Armen eingeschläfert worden – im Alter von 19 1/2 Jahren. Sie hatten ihn im Garten neben Portia begraben. Joan wollte sich, bevor sie eine andere Katze ins Haus holte, ein bisschen Zeit lassen, um zu trauern. Doch offensichtlich hatte ihr das Schicksal einen Strich durch die Rechnung gemacht, denn man hatte zwei Kätzchen gefunden, die dringend ein gutes Zuhause brauchten. Joan war der Überzeugung, dass Percy es nicht gewollt hätte, dass sie ihre Katzenliebe verschwendete. Das finde ich auch, Joan. Diese Kitten haben wirklich großes Glück!

Senilität

Viele Halter, die sich an der Umfrage beteiligt hatten, sprachen von einigen Veränderungen im Charakter und von ungewöhnlichen Verhaltensweisen, die sie wohl ziemlich korrekt als Senilität interpretierten. So haben die Tiere einen leeren Gesichtsausdruck, verlaufen sich in einem ihnen bekannten Umfeld, jaulen ständig, putzen sich nur noch selten, streifen unruhig umher und lösen sich an unpassenden Orten; alles ohne erkennbare medizinische Ursachen. Wie es scheint, gibt es außergewöhnliche Ähnlichkeiten zwischen den Symptomen, die ältere Katzen an den Tag legen und denen, die menschliche Demenzpatienten zeigen.

Eine Frau beschrieb das Verhalten ihrer 21-jährigen Katze auf eine Weise, die ein wirklich lebendiges Bild zeichnet: „... *streicht immer hin und her, beginnt im Esszimmer, geht dann direkt durch die Diele, unter dem vorderen Fenster entlang und dann wieder zurück ins Esszimmer. Das geht endlos so weiter. Gelegentlich gibt es eine kleine Veränderung: Während sie vorbeiläuft, springt sie einem auf den Schoß, läuft einfach über einen hinweg, springt hinunter und streicht dann weiter.*

Milly – die senile Katze

Milly war ein süßes, aber altersschwaches und zerbrechlich wirkendes Wesen unbestimmten Alters. Wie sich ihr Verhalten im Verlauf des vergangenen Jahres entwickelt hatte, entmutigte ihre Besitzerin Bernadette immer mehr, denn Milly wurde immer seltsamer. Sie hatte damit angefangen, sich vor den Herd zu stellen bzw. zu setzen und ihn für längere Zeit anzustarren. Tat sie es gerade dann, wenn Bernadette ein Essen zubereiten wollte, war das äußerst lästig. Auch hatte sie ein heulendes Jammergeschrei entwickelt, das nachts nicht nur ihre Halter, sondern auch die Nachbarn auf beiden Seiten ihres Reihenhauses wach hielt. Bernadette stand deshalb nachts oft auf und fand Milly dann wie sie im Wohnzimmer saß und die Wand anstarrte. Die arme Bernadette war von dieser Veränderung der Persönlichkeit ihrer Katze vollkommen frustriert. Sie merkte, dass Milly andauernd irgendwie verwirrt dreinschaute und umschrieb dieses Erscheinungsbild so: „Das Rad dreht sich immer noch, obwohl der Hamster schon längst tot ist." Ich sagte ihr, dass ich genau wusste, was sie meinte, und versuchte mit aller Kraft ihr und ihrer Katze dadurch zu helfen, dass ich sie bat, sich darauf einzustellen, dass im Gehirn von Milly senile Veränderungen stattfanden.

Ist man auf der Suche nach den Ursachen für abnormales Verhalten, sind vor allem im Alter eingehende tierärztliche Untersuchungen vonnöten. Eine Überfunktion der Schilddrüse (verbunden mit einem Tumor), hohen Blutdruck infolge einer Nierenfunktionsstörung und verschiedene andere Erkrankungen hatten wir zuvor bereits ausgeschlossen. Der behandelnde Tierarzt konnte nichts Besonderes entdecken, also hatten wir es mit einem altersbedingten Verhalten zu tun, welches Verständnis und Rücksichtnahme vonseiten der Besitzer verlangte. Milly wurde vergesslich, geistesabwesend, unsicher und ängstlich. Das zeigte sich besonders in der Nacht, wenn es im Haus ruhig war und sie plötzlich aus dem Schlaf erwachte und sich dann vollkommen verlassen in der Dunkelheit wähnte. In dieser vermeintlichen Notlage begann sie zu schreien. Vermutlich versuchte sie auch alles, um herauszufinden, wo sie war. Dann kam ihre Besitzerin, beruhigte sie und vermittelte ihr das Gefühl von Sicherheit. Milly wusste: Wenn ich mich derart komisch fühle, kommt so wenigstens meine Halterin, um für moralischen Beistand zu sorgen.

Wir mussten versuchen, Bernadettes Verständnis für Millys Befinden zu verbessern und damit auch den nächtlichen Aktionen ein Ende zu bereiten. Wir möchten ja alle unsere Katzen trösten, wenn es ihnen nicht gut geht, trotzdem brauchen wir wirklich nicht 24 Stunden pro Tag „abrufbereit" für sie sein. Es galt also einen Plan zu entwerfen, mit dem wir Milly nachts ein größeres Gefühl von Sicherheit vermitteln konnten. Wenn ich einmal davon ausging, dass Millys nächtliche Wanderungen zu ihrer Verwirrung beitrugen, dann müsste sie doch von einem kleinen „Nestgebiet" profitieren, das Behaglichkeit verhieß und in dem sie jeden Winkel kannte. Dort würde sie nachts bestimmt gut schlafen können. Die Küche war ein gemütlicher Raum und auch eines der Lieblingszimmer von Milly. Deshalb schlug ich vor, direkt neben dem Heizkörper ein Katzenbett einzurichten und überdies dort alles bereitzustellen, was Milly sonst noch unbedingt brauchte, also eine Katzentoilette, Futter, Wasser usw. Ich baute Milly einen Schlafplatz aus einem Pappkarton, bei dem ich, damit sie besser hinein- bzw. hinauskam, ein Stück der Frontseite ausgeschnitten hatte. Dieser Karton bot Schutz vor Zugluft, und Milly würde sich bestimmt gern dort hineinkuscheln – auch, weil wir ihn mit einem dicken Kissen, das mit einem wärmenden Schaffell-Imitat überzogen war, ausgelegt hatten. (Solche Schlafdecken, die ein großartiges, waschbares Bett für die ältere Katze abgeben, können Sie bei Ihrem Tierarzt oder in guten Heimtierläden bekommen.) Ich riet Bernadette, Milly häufig kleine Mahlzeiten zu füttern, und sie, kurz bevor sie selbst zu Bett ging, in ihr neues „Schlafzimmer" zu bringen und sie dort sehr liebevoll zu knuddeln. Dann sollte sie die Tür zur Küche über Nacht schließen und bis zum nächsten Morgen jegliches Rufen von Milly ignorieren.

Ein Verhaltenstherapieprogramm, das nur aus einem Pappkarton zu bestehen schien, betrachtete Bernadette mit Argwohn! In Wirklichkeit waren da aber noch viele andere Kleinigkeiten, so etwa, dass Milly nun gestriegelt und mit ihr gespielt wurde. Der Pappkarton allerdings erwies sich tatsächlich als die beliebteste Ergänzung in Millys Leben. Bernadette informierte mich darüber, dass sie Milly in der ersten Nacht hatte schreien hören, aber gemäß meiner Anweisungen im Bett geblieben sei. Wie durch ein Wunder war dies auch das letzte Mal, dass Milly nachts aufschrie. Anscheinend war sie äußerst dankbar für ihr neues behagliches Bett, das sie auch als Ausguck nutzte. Denn sie verbrachte viel Zeit damit, ihren kleinen Kopf an den Rand des Kartons zu lehnen und ihr Reich zu betrachten. Milly fand plötzlich auch Spaß daran, im Garten Frischluft zu schnuppern, und, wenn ihr danach war, mit der Pfote nach einer Spielzeugmaus zu tatschen. Bernadette sagte, das Leben mit ihr sei so „wie wenn man sich um einen gealterten Verwandten kümmert". All ihre Abneigungen gegen Millys kleine Schwächen verschwanden. Bernadette versuchte, in ihrem Haushalt eine strenge Routine einzuhalten, und Milly verbrachte ihr letztes Lebensjahr in einer behaglichen und liebevollen Umgebung.

Alterskrankheiten
Im letzten Teil der Umfrage ging es darum, ob die alten Katzen der Befragten an speziellen Krankheiten litten. Wie weiter oben bereits besprochen wurde, können chronische Erkrankungen im hohen Alter zu Verhaltensänderungen der Tiere beitragen. Nierenkranke

Katzen etwa trinken mehr, taube reagieren kaum noch und werden überdies sehr „gesprächig". 83 % der Katzen in der Umfrage litten an chronischen oder unheilbaren Krankheiten. Die häufigsten (gemäß der Kommentare der Besitzer selbst und nicht ihrer Tierärzte) sind in absteigender Reihenfolge: Arthritis, chronische Nierenfunktionsstörungen, Taubheit, Erblinden, Schilddrüsenüberfunktion, Bronchitis, Zahnprobleme. Die Krankheit an Platz Nummer Eins überraschte mich, denn erst seit kurzem sehen Tierarzneimittelfirmen die Arthritis bei älteren Katzen als ein bedeutendes Problem an. Nun werden Schmerzmittel entwickelt, um gerade diese Symptome zu behandeln.

Leben mit einer älteren Katze

Auf die Frage „Macht Ihnen Ihre Katze jetzt, da sie älter ist, immer noch genau so viel Freude?" antworteten 97 % der Halter mit Ja. Die meisten sagten, dass ihre Katze ein Familienmitglied sei, das für so wenig so viel gäbe. Vielen Haltern gefiel es, dass ihre Katze sie nun mehr brauchte.

Nach 12 ½ Jahren ist er ein Teil von uns, wie ein altes Kind ... er ist wirklich überhaupt keine Last, und wir bekommen so viel als Gegenleistung.

Während der zehn Jahre, in denen wir sie haben, ist nicht ein Tag vergangen, an dem sie uns nicht ihre Liebe und ihren Dank gezeigt hätte.

Das Verhalten der Katze hängt auch vom Halter ab, der ihr Gesellschaft bietet und sie aktiv hält, indem er sie z. B. an einem sonnigen Tag nach draußen trägt, und indem er sich freudig mit ihr unterhält.

Ich liebe sie inniglich – sie liebt mich inniglich, und wir knuddeln uns oft. Sie kann sehr lustig sein, und das weiß sie auch.

Eine sehr liebevolle Schoßkatze – sehr abhängig und dankbar.

Nur 3 % sagten, ihre Katze sei keine Freude mehr für sie, denn sie sei *anspruchsvoller und nicht mehr so interessant* oder *sie schliefe immer*. So antworteten aber nur sehr wenige der Befragten, und ich hoffe für sie, dass derjenige, der sich um sie kümmern wird, wenn sie einmal alt sind, nicht so hohe Erwartungen hat.

Über 50 Fragebögen betrafen Katzen, die bereits gestorben waren. Es überrascht nicht, welche enorme Rolle die ältere Katze innerhalb der Familie spielt und wie groß die Trauer ist, wenn sie dann geht. *Obwohl der Tierarzt alles nur Mögliche versucht hat, ist sie an einem der schrecklichsten Nachmittage, die ich je erlebt habe, in meinen Armen gestorben.*

Wir hoffen, dass wir bald über all die kleinen Sachen, die sie gemacht hat, lachen können. Wir danken ihr für all die Jahre der Freude, die sie uns gegeben hat.

Ziemlich häufig sind diese Katzen zusammen mit den Kindern der Familie groß geworden, oder sie stellen eine Verbindung zu einem verstorbenen Partner dar oder werden mit glücklicheren Zeiten verknüpft. Wenn die Katze dann stirbt, zerreißt auch das Band zur Vergangenheit oder zu diesem ganz besonderen Geliebten, was ein scheinbar unüberwindbares Trauergefühl hervorrufen kann.

Die Versorgung einer älteren Katze

Wie Sie sehen, reagieren Katzen äußerst unterschiedlich, wenn sie älter werden. Die Unterschiede können genetisch bedingt sein, von der Ernährungsweise abhängen, oder viele andere Gründe haben. Manche Katzen sehen mit zehn älter aus als andere mit 20. Die einzige Folgerung, die man aus dieser Umfrage ziehen kann, ist (als ob wir das nicht schon wüssten): Jede Katze ist einzigartig, und das ändert sich auch im Alter nicht. Die meisten Verhaltensmuster, die bei älteren Katzen so deutlich zu Tage treten, haben ihren Ursprung in physiologischen Veränderungen und dem generellen Alterungsprozess. Andere gehen auf die unglaubliche Fähigkeit von Katzen zurück, Menschen zu erziehen!

Trotz allem ist es möglich, Haltern von älteren Katzen allgemein gültige Ratschläge zu erteilen. Diese sind speziell darauf zugeschnitten, Tieren in ihren „Dämmerjahren" ein Zuhause zu schaffen, in dem man sie versteht und sich richtig um sie kümmert.

▶ Lassen Sie jedes Jahr einen Check-up beim Tierarzt machen. Manche Tierärzte empfehlen für ältere Katzen eine halbjährliche Untersuchung.

▶ Für ältere Katzen sind häufige kleine Mahlzeiten meist besser.

▶ Sie sollten Ihrer Katze vielleicht die Krallen schneiden. Ältere

Tiere können ihre Krallen nicht mehr so gut einziehen, sodass sie sich verfangen. Die Katze mag dann nicht mehr so gern im Haus umherlaufen.

▶ Richten Sie mehrere warme, weiche und ruhige Ruheplätze für Ihre Katze ein, wo sie sich lange Zeit aufhalten kann. Liegen diese Plätze etwas erhöht, werden einige Stufen benötigt, damit es auch arthritische Gelenke hinauf schaffen.

▶ Regen Sie die geistige Aktivität Ihrer älteren Katze weiterhin an – sanfte Spiele eignen sich besonders gut dafür.

▶ Vielleicht wendet sich Ihre Katze an Sie, um Behaglichkeit oder Sicherheit zu bekommen. Tragen Sie es mit Geduld und erfreuen Sie sich an dieser Extraportion Liebe und Zuneigung.

▶ Pflegen Sie Ihre Katze regelmäßig mit weichen Bürsten und Kämmen, besonders um die Wirbelsäule herum und an den anderen Stellen, die sie selbst nicht mehr erreichen kann. Meiden Sie dabei Stellen, an denen die Knochen vorstehen, weil dies schmerzhaft sein könnte.

▶ Denken Sie sorgfältig nach, bevor Sie eine weitere Katze anschaffen. Wenn es einer älteren Katze nach dem Tod eines Kameraden offenbar nicht gut geht, oder wenn sie einsam erscheint, lassen Sie längere Zeit verstreichen, bevor Sie Ersatz in Betracht ziehen. Die Reaktion Ihrer Katze könnte auch (wegen der veränderten Routine) eher Angst sein als wirkliche Einsamkeit.

▶ Tagesroutinen sind besonders wichtig, gerade in den Zeiten, in denen die Familienmitglieder nicht zu Hause sind. Ist die Katze nicht daran gewöhnt, oft in Tierpensionen untergebracht zu sein, sollte man Freunde bitten oder einen professionellen Haussitter engagieren. Sie können die ältere Katze dann in ihrem eigenen Zuhause betreuen, damit sie nicht den Stress einer Umgebungsveränderung ertragen muss.

▶ Stellen Sie im Haus Katzentoiletten auf, speziell dann, wenn Sie den Verdacht haben, dass die ältere Katze draußen tyrannisiert wird, oder wenn sie bei schlechtem Wetter nur widerwillig rausgeht.

▶ Für sehr alte Katzen, deren Welt sich von Tag zu Tag immer mehr zu verkleinern scheint, sollten Sie Schlafplatz, Futter, Wasser und Katzentoilette so in Reichweite aufstellen, dass sie alles leicht erreichen können (dies ist vermutlich die einzige Ausnahme von der Regel, die Toilette und das Futter möglichst weit voneinander entfernt aufzustellen).

▶ Wenn Ihre Katze nachts durchdringend ruft, suchen Sie tierärztlichen Rat.

Man kann selbstverständlich noch vieles andere tun – was genau, hängt von der jeweiligen Katze ab. Es gibt mehrere gute Informationsquellen über die ältere Katze wie beispielsweise Tierarztpraxen, Züchter, Katzenhilfen und Heimtierverhaltensberater. Beim Umgang mit der älteren Katze ist es wichtig, aufmerksam zu bleiben und zu realisieren, dass die meisten alten Tiere sich nicht beschweren und eine stoische Ruhe an den Tag legen, selbst dann, wenn es ihnen schlecht geht. Ich bin der Meinung, die alten Tiere verdienen es, sich so wohl und so zufrieden wie möglich zu fühlen, oder?

* * *

Kurz nachdem Spooky gestorben war, wurde Hoppy krank; die beiden waren sehr vertraut miteinander, weshalb ich denke, dass Stress für diese Erkrankung verantwortlich war. Hoppy entwickelte eine Schilddrüsenüberfunktion, die aber durch eine Operation erfolgreich behandelt werden konnte. Leider gab es offensichtlich noch andere Probleme, denn nach fünf Jahren bei uns wurde Hoppy auf einmal blind. Wir können uns die gravierenden Auswirkungen eines solchen plötzlichen Verlusts der Sehkraft nur schwer vorstellen. Deshalb machte ich mir Sorgen, dass seine Lebensqualität stark leiden würde. Doch die Besorgnis wäre nicht nötig gewesen, denn er kam ausgezeichnet zurecht und verlor in der Gruppe nie seinen Status. Die Sinne einer Katze sind, verglichen mit den unsrigen, so scharf, dass sie den Verlust der Seh- oder auch Hörfähigkeit leicht kompensieren können. Wie jede andere blinde Katze suchte sich Hoppy seinen Weg, indem er auf Geräusche und Schwingungen achtete und seine hoch empfindlichen riesigen Schnurrhaare einsetzte. Dadurch wurde es ihm möglich, Gegenstände und enge Öffnungen wahrzunehmen und genauso wie zuvor durch die Gegend zu humpeln. Sollten Sie je mit einer Katze zusammenleben, die wegen eines Unfalls oder einer Erkrankung erblindet, verzweifeln Sie nicht. Halten Sie sich einfach an diese „Goldenen Regeln":

► Blinde Katzen können weiterhin eine gute Lebensqualität haben. Denken Sie also nicht, dies sei das Ende!

► Versuchen Sie im Haus Kontinuität zu wahren und vermeiden Sie es, Möbel umzustellen.

► Machen Sie sich bewusst, dass neue Gegenstände und ungewohnte Gerüche größere Auswirkungen auf Ihre blinde Katze haben. Versuchen Sie also, Neues nur schrittweise einzuführen.

► Spielen Sie weiterhin mit Ihrem Tier – es wird immer noch in der Lage sein, Spielzeuge zu jagen, denn es setzt dazu andere Sinne ein als sein Augenlicht.

► Die Schnurrhaare Ihrer Katze sind jetzt entscheidend für die Orientierung. Stellen Sie deshalb sicher, dass diese nie geschnitten oder von einem Katzenkumpan abgekaut werden (manche Katzen lieben es nämlich, ihren Kameraden in übereifrigen Putz-Ekstasen die Vibrissen zu bekauen).

Hoppy wurde so etwas wie eine lokale Berühmtheit und ein Liebling vieler Freunde und Besucher. Bevor er krank wurde, brachten der *Daily Telegraph* und die Zeitungen in Cornwall ein Foto von ihm groß heraus. Und ich bekam viele Briefe, in denen sein gutes Aussehen und sein würdevoller Ausdruck gelobt wurden. Ich möchte den Leuten eigentlich gar nicht erzählen, dass der selbstsichere Blick Richtung Kamera in Wirklichkeit auf ein Stück Schinken gerichtet war, das über dem Kopf des Fotografen baumelte!

Sechs wunderbare Jahre lang war uns Hoppys Gesellschaft vergönnt, bis er eines Tages einen schweren Schlaganfall erlitt und starb. Das war für jeden ein furchtbarer Schock, und die ganze Familie, Katzen wie Menschen, brauchten lange, um sich mit seinem Tod abzufinden. An diesem Tag verloren wir alle eine große Katzenpersönlichkeit, die nie ihresgleichen finden wird.

KAPITEL 9
Verlustbewältigung

Puddys Geschichte

Vor einigen Jahren kamen ein paar Kollegen, die im Südosten gut gehende Tierverhaltenspraxen betrieben, auf mich zu. Sie fragten, ob ich bereit wäre, ihre Katzen-Fälle zu übernehmen, sodass sie diese an mich überweisen könnten. Der Zeitpunkt schien gut zu sein und so willigte ich ein. Als ich meine Katzen verlassen musste, um zurück nach Kent zu ziehen, war mir der Gedanke zuwider, sie würden mich vermissen. Oft hatte ich Menschen dahingehend beraten, selbstlos alles zu tun, was für ihre Katzen gut wäre. Ich konnte also nicht das eine predigen und selber das Gegenteil davon tun. Ich hätte Puddy niemals auch nur annähernd diese Art von Leben bieten können, das sie in Cornwall hatte. Ich wusste, dass ich in einer bescheidenen Wohnung leben musste und ich konnte von Puddy unmöglich erwarten, sich daran anzupassen. Es ist vollkommen in Ordnung, mit Katzen aus einer Wohnung in Kent in ein ländliches Kleinod in Cornwall zu ziehen, doch gewiss nicht andersherum! Das Entscheidendste aber war, dass ich ihr außer mir selbst nichts anderes hätte bieten können, und das war einfach nicht genug.

Als ich ein tränenreiches Auf Wiedersehen (niemals ein „goodbye") winkte, grämte mich nichts mehr als der Gedanke, dass mich meine goldigen Katzen nicht wieder erkennen würden, wenn ich sie besuchen käme. Doch ich hätte mir keine Sorgen zu machen brauchen, dass Puddy so reagieren könnte. So oft es mir möglich war, fuhr ich nach Hause, und jedes Mal, wenn sie mich sah, strahlte sie über ihr ganzes kleines Gesichtchen. Sofort drehte sie sich um und drückte ihr Hinterteil an mich, damit ich ihr einen Klaps geben konnte! Ich weiß nicht, wie ich darauf gekommen bin, dass sie es mochte, wenn man sie dort tüchtig tatschte. Denn es ist nicht eben jener Kontakt mit einer Katze, den man normalerweise ausprobieren würde, nach dem Motto: Gebe ich meiner Katze doch mal einen ordentlichen Klaps auf den Po, und gucke, ob ihr das gefällt. Also vermute ich, dass es sich einfach aus dem gewöhnlichen Streicheln und Knuddeln ergeben hat, kombiniert mit meinem besseren Verständnis für das, was sie wollte. Ein kräftiges festes Rubbeln und ein freundlicher Klaps einmal von der linken und einmal von der rechten Seite, sodass sie abwechselnd in meine rechte und meine linke Hand fiel – und Puddy war im siebten Himmel. Seither habe ich herausgefunden, dass viele Katzen es mögen, auf ähnlich masochistische Art und Weise geliebt zu werden. Merkwürdige Wesen.

Als Puddy ein Kitten war, machten wir uns immer Sorgen, dass sie vielleicht stumm sein könnte. Sie rannte stets auf mich zu, sah mir in die Augen, öffnete ihren kleinen Mund und sagte: „–." Absolut nichts. Zweifelsohne beherrschte Puddy das stille Miau. Das war wirklich eine liebenswerte Eigenschaft, doch insgeheim hoffte ich, dass sie eines Tages ihr „erstes Wort" von sich geben würde (hat sich hier etwa ein kleiner Anthropomorphismus eingeschlichen?). Bis zu ihrem 2. Geburtstag musste ich darauf warten, doch das war es wert. Ich erinnere mich noch genau, wie ich eines Tages den Kühlschrank öffnete (eigentlich eine prima Möglichkeit, sämtliche Katzen aus unterschiedlichen Richtungen herbeizulocken) und umrundet war von vieren von ihnen, alle offensichtlich gerade am Verhungern. Ein misstönender Reigen zweifelhafter Harmonien setzte ein, in dem alle darum wetteiferten, den größten Eindruck zu machen. Mit einem Mal herrschte Stille, und drei der „Sänger" des Quartetts wandten sich Puddy zu, die tief einatmete. Sie wirkte äußerst konzentriert, öffnete ihr Mäulchen und machte „a". Dann sprang sie zurück, genauso überrascht wie die anderen, dass wirklich etwas herausgekommen war. Das „mi" und das „u" wurden für den Rest ihres Lebens nicht gehört, was mir aber egal war. Puddy und ich, wir konnten uns schließlich richtiggehend unterhalten, und wir beide taten das wechselseitig, denn sie holte am Ende die verlorene Zeit nach, indem sie ein echtes Plappermaul wurde. Sie hörte nicht mehr auf zu „reden" bis kurz vor ihrem Tod.

Am 27. Februar brachte ich meinen Liebling Puddy zum Tierarzt. Sie hatte nämlich begonnen, ein bisschen zu sabbern, sträubte sich aber dagegen, dass ich ihr Maul öffnete, um es zu untersuchen. Weil

ich mit nichts Schlimmerem als einem entzündeten Zahn gerechnet hatte, war ich schockiert, als er mir sagte, dass sie einen sehr
bösartigen Tumor in der Mundhöhle hätte. Als ich mit dieser Nachricht konfrontiert wurde, versuchte ich sehr vernünftig und profes-
sionell vorzugehen und besprach mit dem Arzt jede Möglichkeit einer Behandlung. Er meinte, dass die Kombination von Steroiden
und Antibiotika ihre Schmerzen (durch die Infektion, die den Tumor begleitete) lindern würden, dass eine Operation oder Heilung
aber nicht möglich sei. Er schickte Puddy und mich nach Hause, wo
ich sie solange knuddeln und beobachten sollte, bis der Tag gekommen war, an dem wir beide für den letzten Gang bereit waren. Ich
war entsetzt und wollte es nicht wahrhaben, dass ich jetzt dem nahe bevorstehenden Tod meiner besten Freundin ins Auge sehen
musste; ich war ja noch nicht einmal über den Verlust von Zulu und
Bln in den letzten drei Monaten hinweg. Als ich von der Tierarztpraxis im Auto nach Hause fuhr, sah Puddy zu mir hoch und sagte
„a", und ich hatte wirklich das Gefühl, sie wollte mich trösten. Unsinn, ich weiß. Doch das Gehirn findet einen Weg, um sich in
furchtbaren Situationen seinen Trost zu holen. Was mich aber tatsächlich tröstete, war die Tatsache, dass ich wusste, dass Katzen
nichts über ihre Vergänglichkeit wissen. Sie fühlen, wenn sie
Schmerzen haben, und wahrscheinlich merken sie auch, wenn das
Ende naht. Doch das Unvermeidliche kümmert sie nicht. In diesem
Moment habe ich mir geschworen, meine eigenen Gefühle beiseite-
zuschieben und mich darauf zu konzentrieren, dass Puddy nicht leiden musste und ich dann den letzten Schritt gehen wollte, wenn *sie*
dazu bereit war.

* * *

In jenem Jahr mussten wir diesen schrecklichen letzten Augen-
blicken schon zu oft ins Auge sehen. Doch irgendwie kamen Peter
und ich zurecht, indem wir uns auf das Wohlergehen unserer geliebten Katzen konzentrierten und versuchten, ihre Lebensqualität
am Schluss objektiv zu betrachteten. Eine der schwierigsten Ent-
scheidungen, die ein Heimtierhalter jemals zu treffen hat, ist die,

den richtigen Zeitpunkt auszumachen, an dem er sein Tier schließlich einschläfern lässt. Als Tierarzthelferin und Katzenverhaltensberaterin habe ich Tierhaltern immer gesagt, wie wichtig es ist, das Tier loszulassen, um ihm Leiden zu ersparen. Zu diesem emotionalen Thema hat jeder seine eigenen Ansichten, trotzdem muss man eine sachlich begründete Entscheidung treffen können. Tierärzte und Tierarzthelferinnen haben es bei ihrer Arbeit mit vielen Todesfällen zu tun und sehen unsagbares Leid. Es ist nicht alles so rosarot wie bei *Animal Hospital*. Das unvermeidliche Ende kommt immer, und manchmal gibt es Situationen, in denen man Heimtiere zu lange leben und leiden lässt. Das hat mich stark berührt und meine Ansichten über meine eigenen Heimtiere deutlich beeinflusst. Sie haben mir über die Jahre so viel Liebe, Zuneigung und Treue entgegengebracht, dass es der größte Liebesbeweis meinerseits ist, ihnen Todesqualen zu ersparen und sie sanft in meinen Armen einschläfern zu lassen. Wir haben nicht das Recht, zu diesem Zeitpunkt nur an uns zu denken.

Glücklicherweise bin ich in der Lage, die Physiologie und die Gefühlslage meiner Tiere zu begreifen. Die meisten Halter aber wissen nicht unbedingt, wie es ihrem sterbenskranken Heimtier tatsächlich geht. Ich rate in solchen Situationen immer, sich von seinem Tierarzt leiten zu lassen. Doch die nebenstehende Tabelle zeigt Ihnen, wie Sie sich aktiv in diese Entscheidung mit einbringen können. Das ist vielleicht nicht das, was alle Halter für gut erachten. Viele wollen nämlich lieber gar nicht derartig eingebunden werden, wenn es darum geht, das geliebte Tier nun einschläfern zu lassen oder nicht. Ich akzeptiere natürlich, dass jeder Mensch anders reagiert, und es auch nicht einfach ist, mit dem Tod der Katze zurechtzukommen. Es wird immer wehtun, und man wird sich elend fühlen, trotzdem bin ich der festen Überzeugung, dass unsere Gefühle in diesem Augenblick zweitrangig sind. Denken Sie an all die unbeschreiblichen Glücksmomente, die uns unsere Heimtiere in all den Jahren geschenkt haben. Sind wir es ihnen nicht schuldig, jetzt nur an sie zu denken?

Schmerz und Leiden

Ob Katzen Schmerzen haben, ist wirklich schwer zu bestimmen, vor allem wenn es sich um chronische oder krankheitsbedingte Schmerzen handelt. Schmerzen können das Verhalten einer Katze ebenso beeinflussen wie ihren normalen Tagesablauf. Manche dieser Veränderungen sind sehr offensichtlich (denken Sie an Muffin in Kapitel 3), andere sind viel subtiler. Hat eine Katze Skelett- oder Muskelschmerzen, möchte sie weder klettern, springen noch spielen (oder sie kann das jetzt auch nicht mehr so gut), zudem können solche Schmerzen zu Lahmheit oder einem ungewöhnlichen Gang führen. Das Einzige, was man vielleicht bemerkt, ist, dass die Katze nicht mehr auf ihr Lieblingsfensterbrett springt. Oft sind Katzen dann weniger aktiv und schlafen mehr. Möchte man Schmerzen beurteilen, ist es wichtig, sowohl das Verhalten des Einzeltieres zu kennen, als auch zu wissen, wie Katzen normalerweise reagieren. Verlassen Sie sich also auch auf Ihr Bauchgefühl, wenn Sie herausfinden möchten, ob etwas bei Ihrem Tier nicht stimmt.

Es ist sehr schwierig, eine Katze kurz zu beobachten und dann sichere Schmerzanzeichen auszumachen. Hier kann das „Aktivitätsmuster", das ich in Kapitel 4 beschrieben habe, sehr nützlich sein. Veränderungen in den Tagesroutinen und Aktivitäten einer Katze sind mögliche Indizien dafür, dass sich etwas verschlechtert. Möchte man anhand eines Aktivitätsmusters herausfinden, ob eine Katze Schmerzen hat und wie stark diese sind, dann ist es unumgänglich, dass man weiß, was die Katze rund um die Uhr tut, wenn sie fit und gesund ist. Auf die folgenden Faktoren sollten Sie dabei Ihr Augenmerk richten:

Schlaf, dazu zählen:
- ▶ Tiefschlaf
- ▶ Schlaf, aus dem die Katze leicht aufgeweckt werden kann
- ▶ Ruhen mit geschlossenen Augen

Interaktion mit der Umgebung, dazu zählen:
- ▶ Aus den Fenstern schauen
- ▶ Ruhen mit geöffneten Augen
- ▶ Hoch gelegene Aussichtspunkte aufsuchen

Aufenthalt im Freien, dazu zählen:

- ▶ Erkunden
- ▶ Jagen
- ▶ Markieren
- ▶ Nahrung suchen oder stöbern
- ▶ Soziales Interagieren oder Ruhen außerhalb des Gebietes, das Sie einsehen können

Soziale Interaktion, dazu zählen:

- ▶ Vom Menschen ausgehende Zuwendung
- ▶ Andere Katzen putzen oder sich an ihnen reiben
- ▶ Solitäres Beutefangspiel
- ▶ Sozialkampfspiel
- ▶ Spiel mit Gegenständen
- ▶ Von der Katze eingeleitete Zuwendung des Menschen

Körperpflege, dazu gehören

- ▶ Putzen drinnen
- ▶ Putzen draußen, innerhalb der Sichtweite des Besitzers

Fressen

Ist Ihre Katze krank, kommen zu den oben genannten Faktoren in ihrem Tagesablauf noch allgemeine Verhaltensweisen hinzu, die möglicherweise mit Schmerzen in Verbindung stehen.

Charakterveränderungen

- ▶ Angst
- ▶ Aggression
- ▶ Aversion gegen Berührungen

Gesichtsausdruck

- ▶ In Falten gelegte Stirn
- ▶ Hängender Kopf
- ▶ Glasiger Ausdruck

Körperhaltung

- ▶ Liegt auf dem Brustbein (ruht also aufrecht auf der Brust)
- ▶ Hinterleib hoch gestreckt
- ▶ Wirbelsäule leicht gekrümmt

Gang

- ▶ Lahmheit

- ▶ Steifheit

Ungewöhnliches Verhalten
- ▶ Reiben
- ▶ Presst den Kopf an etwas

Beginnendes „Problemverhalten"
- ▶ Sich lösen an ungeeigneten Stellen (das Haus verunreinigen)
- ▶ Aggression
- ▶ Übermäßiges Putzen an einzelnen Körperstellen

Lautäußerungen
- ▶ Veränderungen der Geräusche
- ▶ Verstärktes oder vermindertes Auftreten

Leider bekam ich die Möglichkeit, diese Methode der Schmerzbestimmung einem Test unterziehen zu können. In den letzten 40 Tagen ihres Lebens habe ich Puddy vorsichtig und diskret beobachtet. Dabei wurde immer deutlicher, dass sich ihr Zustand verschlechterte. Sie war stets eine liebevolle und anhängliche kleine Katze gewesen, die mehrmals am Tag mit einem nachdrücklichen „a" zu mir kam, um diesen besonderen Liebesklaps zu bekommen, den sie so mochte. Innerhalb nur weniger Tage hörte dieses soziale Verhaltensmuster auf, und Puddy wurde still und zog sich zurück. Die gute Beziehung, die sie früher zu den anderen Katzen hatte, wurde gespannt, und sie zischte und knurrte diese an, wann immer sie sich ihr näherten. Ich hätte mir so sehr gewünscht, dass ich sie in diesen letzten paar Wochen hätte umarmen und halten können. Zärtlich liebende Pflege ist wichtig, wenn Katzen krank sind, doch Puddy wollte sich lieber zurückziehen und allein sein.

Ich hatte angenommen, sie würde mehr schlafen, sobald die Schmerzen stärker würden. Doch stattdessen schlief sie nun weniger und verbrachte die Zeit damit, aufrecht zu ruhen und ausdruckslos in die Gegend zu starren. Sogar in ihren letzten Tagen fraß sie weiterhin, aber nur aus der Hand. Es schien fast, als täte sie dies für mich und nicht, weil sie einen starken Überlebenswillen hatte. Nach und nach hörte Puddy auf, sich zu putzen, stellte alle sozialen Interaktionen sowohl mit ihren Katzenkameraden als auch mit uns ein und ging auch nicht mehr nach draußen. Es gab jedoch vereinzelte Momente, in denen ihr gewohnte Aktivitäten Freude zu bereiten schienen. Bis zum 40. Tag hatte sich ihr Zustand immer mehr verschlechtert. Schließlich verstummte sie und hatte nun so starke Schmerzen, dass ihre Lebensqualität über die Maßen beeinträchtigt war. Kurz vor ihrem 13. Geburtstag schlief sie nach einer Spritze von ihrem Tierarzt ruhig und friedlich ein.

Es war nicht gerade leicht, Puddy in den letzten Wochen ihres Lebens zu überwachen, und manchmal kam ich mir distanziert und kühl analysierend vor. Doch rückblickend bin ich froh, dass ich in der Lage war, dies zu tun. Es war mir schon ein Trost, dass ich mich in dieser einfühlenden Weise einbringen konnte, um den richtigen Zeitpunkt des Abschieds für sie zu finden. Es ist nie einfach, das letzte Goodbye zu sagen, und nicht jeder wird sich wohl dabei fühlen, am Ende solch eine aktive Rolle zu spielen. Alle wünschen sich nichts sehnlicher, als dass ihre Haustiere friedlich im Schlaf dahinscheiden, doch dies kommt nur selten vor. Der Tod kommt kaum jemals friedlich oder im Schlaf. Er ist eher unsauber, entwürdigend, unangenehm und schmerzhaft. Wir sollten es unseren Lieblingen nicht zumuten, ihr wundervolles Leben so zu beenden. „Lebensqualität" ist ein viel benutzter Ausdruck, über den es sich lohnt, einmal kurz nachzudenken. Denn was verstehen wir eigentlich darunter? Ich stelle mir Lebensqualität immer als ein Gleichgewicht vor. Denn Leben ist nie perfekt. Wäre es perfekt, hätten wir alle keine Schmerzen, keinen Stress und kein Unbehagen. Unser Leben wäre ein einziges Freudenfest und wir würden nie Angst, Furcht, Frustration oder Leid kennen lernen. Wir würden vermutlich sehr bald verrückt werden, denn wie kann man Wohlergehen beurteilen, wenn man nichts Negatives hat, an dem man es messen kann? Also ist Lebensqualität ein Gleichgewicht zwischen Gutem und Schlechtem, zwischen angenehm und unangenehm. Geht die Balance in Richtung der schönen Dinge, kann man von Lebensqualität sprechen. Ist das einzig „Erfreuliche", dass man eben noch lebt, dann gibt es keine Rechtfertigung dafür, diesen Zustand fortzusetzen. Dies werde ich immer im Hinterkopf behalten, wenn es dann für mich an der Zeit ist, für Bakewell, Annie, Lucy und Bink die Entscheidung zu treffen.

Es gibt viele mit dem Tod verbundene Rituale, die ein sehr persönliches Gefühl von Trost vermitteln. Manche Menschen möchten ein Stückchen Fell ihres Tieres behalten; andere müssen einfach etwas Zeit mit den kleinen Körpern ihrer Lieben verbringen. Oft hilft es, als Andenken an die Katze einen besonderen Baum im Garten zu pflanzen, dort, wo das Tier am liebsten geruht hat. Einige Leute legen Sammelalben mit Fotografien an, die ihnen helfen, sich an den Spaß und die Freuden, die die Katze der Familie all die Jahre gemacht hat, zu erinnern. Ich selbst mache gern Kollagen aus Fotografien, die ich in einem Bilderrahmen zusammenstelle und in meinem Büro aufhänge. So habe ich meine verstorbenen Katzen immer bei mir. Ich denke auch, dass ein schönes, nach einer Fotovorlage angefertigtes Ölgemälde eine wundervolle Erinnerung sein kann. Ich habe in meinem Schlafzimmer ein reizendes Porträt von Spooky, das von einer Künstlerin in St. Ives gemalt worden ist. Ich mochte diese Künstlerin sehr. Sie stellte mir auch Fragen zu Spookys Persönlichkeit, damit sie etwas von ihrem Charakter in das Gemälde einbringen konnte. Und sie hat das wirklich getan: Spooky sieht so wunderbar aus; jeden Tag gefällt sie mir aufs Neue.

Ich erinnere mich an ein besonderes Ritual, das einer Roma sehr wichtig war. Ich lernte sie kennen, als ich in einer Tierarztpraxis in Cornwall arbeitete. Sie hatte ein sehr krankes Kaninchen zur Behandlung gebracht, und es war bald klar, dass das arme Würmchen es wahrscheinlich nicht schaffen würde. Als ich das Kaninchen nahm, um es zu behandeln, musste ich ihr versprechen, dass ich im Falle seines Todes etwas für sie tun würde. Ihrem Glauben nach war es so, dass die Geister der Toten aus dem Körper entlassen werden mussten, damit sie nicht bis in alle Ewigkeit zu leiden hatten. Sie bat mich, seinen Körper draußen gen Himmel zu halten, damit die Geister entfliehen konnten. Wie befürchtet, starb das Kaninchen leider, und wie sie es sich gewünscht hatte, trug ich seinen Körper in unseren kleinen Vorgarten und hielt ihn hoch. Sie war sehr dankbar, dass ich das getan hatte. Und ich muss zugeben: Da war ein sehr beruhigendes Gefühl von Endgültigkeit und Frieden, als ich es tat. Seither muss ich immer an diese Roma und ihr Kaninchen denken, wenn eines meiner Tiere stirbt. Der Himmel ist in Cornwall sehr klar und immer sternenbedeckt. Es ist herrlich, nach oben zu sehen und zu spüren, dass alle ihre Seelen dort droben wohnen. Klingt das verrückt?

Es ist wirklich nicht einfach, klar über alles nachzudenken, was am Ende notwendig wird. Der Tierarzt wird Ihnen erklären, welche Möglichkeiten es gibt (Begräbnis, Feuerbestattung). Doch wenn man mit der schroffen Realität konfrontiert ist, dass das Haustier gerade im Sterben liegt, ist es ausgesprochen schwierig, sich tatsächlich darauf zu konzentrieren. Ich habe für solche Fälle stets vorgesorgt, was mir auch immer sehr geholfen hat. Unser Haus in Cornwall steht sehr sicher auf Granit, weshalb es für mich nicht möglich ist, meine Tiere dort in der Erde zu bestatten. Und so habe ich immer die Einzel-Einäscherung gewählt (also keine Verbrennung mit Heimtieren anderer Leute zusammen), bei der die Asche in einem kleinen Eichenfässchen nach Hause zurückkommt. Sogar bezüglich meines lieben alten Pferdes Naiad (zurzeit 28 Jahre alt und bei guter Gesundheit) habe ich mich bei diesem Krematorium erkundigt, nur, damit ich nicht in der Stunde seines Todes die schreckliche Entscheidung treffen muss. Während viele Heimtierhalter die „Vogel-Strauß-Methode" bevorzugen, habe ich mit dem „Vorausplanen" die besten Erfahrungen gemacht. Wollen wir hoffen, dass ich nun für eine Weile keinen dieser „Pläne" mehr in die Tat umzusetzen brauche.

Schmerzlicher Verlust und Trauer

Wir müssen uns nicht nur mit den praktischen Auswirkungen, die der Tod unserer Heimtiere zur Folge hat, auseinander setzen, sondern auch mit der betäubenden schmerzlichen Trauer, die sich anschließt. Jeder, der eine Katze verliert, erfährt in irgendeiner Weise Kummer. Wie wir diesen ausdrücken, hängt von unserer Persönlichkeit ab, von unserer Erziehung, den Lebenserfahrungen und einigen anderen Faktoren – nicht zuletzt auch von der Intensität der Beziehung, die wir zu der verstorbenen Katze hatten. Für viele genügt es, wenn sie sich den Schmerz darüber, dass ein guter Kumpel, mit dem sie so viel Spaß hatten, für immer gegangen ist, einfach lauthals von der Seele schreien. Und kurze Zeit später schon gehen sie in ein Tierheim, um sich eine neue kleine Katze zu holen, die sie dann in ihr Herz schließen. Dass es solchen Menschen nach einer kurzen Trauerphase schon wieder besser geht, macht sie nicht zu schlechten Haltern. Sie gehen eben nur auf ihre individuelle Art und Weise mit dem Verlust um.

Ich denke nicht, dass ich mit Puddys Ableben derart gefasst umgegangen bin. Nachdem ich Zulu und Bln so kurz hintereinander verloren und überdies noch von Lucys Erkrankung erfahren hatte, war ich emotional kaum mehr belastbar, um auch noch den Tod meiner Lieblingskatze angemessen zu verarbeiten. Meine Trauer über meine Tiere war so gewaltig, dass ich sie fast nicht mehr hätte bewältigen können. Ich hatte das unumstößliche Gefühl, dass aus diesen paar scheußlichen Monaten in der Geschichte meiner Katzen etwas Gutes resultieren musste. Um meinem Kummer Herr zu werden, schrieb ich einen Artikel über Euthanasie und darüber, wie man mit todkranken Katzen umgeht. In erster Linie wollte ich damit den Leuten von Puddy erzählen, und Haltern in ähnlichen Situationen helfen. Als der Artikel veröffentlicht wurde und Leute mir sagten, dass er ihnen über eine sehr schwierige Zeit hinweggeholfen hatte, war das ein gutes Gefühl. Diese Erfahrung war wie eine Katharsis, sodass ich mit dem Schreiben weitermachte – so begann dieses Buch. Es war mein Gegenmittel für meine ganz persönliche Trauer. An Puddy habe ich heute nur die zärtlichsten und positivsten Erinnerungen, und jedes Mal, wenn ich an sie denke, lächele ich.

Weil Trauer eine sehr persönliche Angelegenheit ist, ist es sehr schwer zu sagen, ob das, was wir beim Verlust unserer Katze erfahren, normal ist. Eigentlich möchte man sich vor Dingen, die schmerzlich und quälend sind, lieber verstecken, doch manchmal ist es besser, ihnen die Stirn zu bieten. Als ich jünger war, hatte ich einen immer wiederkehrenden Traum, in dem ich von einem abscheulichen Monster gejagt wurde. Irgendjemand, der es gut mit mir meinte, riet mir, ich solle mich, wenn ich das nächste Mal diesen Traum hätte, einfach umdrehen und ihm mit frechem Hohn gegenübertreten. Genau das machte ich. Das Monster löste sich in Rauch auf und ich träumte den Traum nie wieder. Lassen Sie uns also diesem Monster gemeinsam gegenübertreten und schauen, was passiert.

Trauer

Man kennt verschiedene Stadien von Trauer, die Menschen durchleben, wenn sie einen ihrer Lieben verloren haben. Mensch, Hund, Katze – der Verlauf ist der Gleiche. Ich werde mich hier allerdings auf die Katzen beschränken. Realisieren wir das erste Mal, dass unsere Katze tot ist, sind wir furchtbar erschüttert und wollen das Ganze nicht wahrhaben. Ich erinnere mich, dass ich nahezu unfähig war, meine Gedanken auf das Thema Tod zu konzentrieren und darauf, dass ich meine liebe Katze nie mehr wiedersehen würde. Als Hoppy so plötzlich starb, war das Gefühl, dies leugnen zu wollen, so stark, dass ich seinen kleinen zusammengerollten Körper einen ganzen Tag lang in seinem Katzenkorb liegen ließ und ihn nur von Zeit zu Zeit anstarrte, bis ich mich schließlich aus meinem Jammertal befreien konnte und mir klar darüber wurde, dass ich nun das Nötige arrangieren musste. Nach dieser Phase, in der man alles leugnen will und sich fühlt wie erstarrt, kommt der Abschnitt des Ärgerns. Das ist eine Zeit, in der man ungeheure Schuldgefühle hegt und sich fragt, ob man am Tod der Katze mitschuldig ist, weil man etwas versäumt oder übersehen hat. „Hätte ich mehr tun können?", „Hätte ich die Anzeichen früher erkennen müssen?" oder sogar „Wieso habe ich sie in dieser verhängnisvollen Nacht draußen gelassen?" Hat man sich dann genug gegrämt, kommt ein überwältigendes Gefühl der Niedergeschlagenheit. Alles scheint in schwarze Wolken gehüllt und man kann sich unmöglich vorstellen, jemals wieder glücklich zu sein. (Ich habe das schon durchgemacht!) Wenn Sie Glück haben, und von vielen verständnisvollen Freunden und Familienmitgliedern unterstützt werden, wachen Sie schließlich eines Morgens auf und haben das aufrichtige Bedürfnis, nun zur Normalität zurückzukehren – das erste Mal seit dem Tod Ihrer Katze. Tritt dies ein, wissen Sie (egal wie sehr Sie ihre Katze auch geliebt haben), dass sie den Verlust endgültig akzeptiert haben.

Viele hinterbliebene Halter sind nicht in der glücklichen Lage, Menschen um sich zu haben, die sie unterstützen. Sie müssen ihre Trauer dann vollkommen allein bewältigen. Das ist für jeden, sei er auch noch so stark, eine unbeschreiblich schwierige Aufgabe. In dieser schwersten Zeit rate ich immer dazu, sich Hilfe zu suchen. Moderne Tierarztpraxen sollten in der Lage sein, Ihnen Kontaktadressen von örtlichen Selbsthilfegruppen zur Verlustbewältigung zu geben; Sie müssen nur danach fragen. Auch ihr Hausarzt kann Ihnen ähnliche Informationen geben. Mit wem auch immer Sie reden, er wird einen vergleichbaren Verlust erlebt haben und sofort mit Ihnen fühlen. Scheuen Sie sich nie, um Hilfe zu bitten.

Manchmal genügt es auch, wenn man weiß, dass die seltsamen körperlichen und emotionalen Symptome, die man durchlebt, normal sind, und das Millionen anderer Menschen das bereits durchgestanden und bewältigt haben. Wenn Sie aber ehrlich glauben, dass Sie hierbei eine einmalige Erfahrung machen, verängstigt Sie das eher.

Ausdruck von Trauer

Wie sich Trauer äußert, ist von Mensch zu Mensch sehr unterschiedlich. Jedes der nachfolgend aufgeführten Symptome kann als Teil des völlig normalen, aber schmerzvollen Weges durchlebt werden – bis hin zur Bewältigung.

Körperliche Anzeichen
▶ Schockiertsein
▶ Weinkrampf / ständiger Kloß im Hals
▶ Kurzatmigkeit / Enge in der Brust
▶ Übelkeit
▶ Appetitlosigkeit / verstärkter Appetit
▶ Erschöpfung
▶ Schwindelanfälle
▶ Schmerzen (als Attacke oder länger anhaltend)
▶ Schlafstörungen / Schlaflosigkeit

Emotionale Anzeichen
- ▶ Traurigkeit
- ▶ Wut
- ▶ Niedergeschlagenheit
- ▶ Schuldgefühle
- ▶ Angst
- ▶ Erleichterung
- ▶ Einsamkeitsgefühle
- ▶ Reizbarkeit
- ▶ Hilflosigkeit

Verstandesmäßige Anzeichen
- ▶ Verwirrung
- ▶ Konzentrationsstörungen
- ▶ Halluzinationen
- ▶ Bedürfnis danach, mit jemandem über den Verlust zu sprechen
- ▶ Bedürfnis danach, den Verlust rational zu erklären
- ▶ Beschäftigung mit dem Tod und dem Leben nach dem Tod

Soziale Anzeichen
- ▶ Rückzug von den Mitmenschen
- ▶ Ablehnung von Hilfeleistungen durch andere

Schon beim Durchlesen dieser Liste kann ich mit Fug und Recht sagen, dass ich nach dem Tod von Spooky, Hoppy, Zulu, Bln und Puddy viele dieser Symptome erfahren habe. Ich erinnere mich deutlich daran, dass ich Hoppy nachts rufen hörte, lange nachdem er gestorben war. Auch sah ich Bln in den ersten Wochen nach seinem Tod häufig aus meinen Augenwinkeln heraus. Zum Glück konnte ich verstehen, dass das, was ich da durchmachte, ein Teil des Trauerprozesses und somit vollkommen normal war. Ich fühlte mich auch schrecklich schuldig, als Spooky starb, weil ich im Grunde ein Gefühl von Erleichterung verspürte als sie ging. Sie hatte am Ende so schlimm gelitten, dass ich wünsche, ich hätte den „Schlussstrich" früher gezogen. Ich erinnere mich auch, dass ich irgendwie wütend war, als Zulu starb, und mich dabei auf die Tierärztin konzentrierte, die ihn in der Notaufnahme behandelt hatte. Sie hätte doch sicher noch mehr tun können? Was Puddys Tod anbelangt, denke ich, habe ich wohl jedes nur denkbare Symptom durchlitten! Trotz alledem bin ich immer noch hier, und für all diejenigen, die jetzt gerade leiden, heißt das, es gibt auch ein Leben nach der Trauer.

Es gibt viele Faktoren, die die Trauer deutlich verstärken oder verlängern können, etwa wenn man

▶ keine Erfahrung mit Verlusten hat
▶ zeitgleich den Verlust eines anderen Familienmitgliedes erleidet
▶ beim Tod nicht anwesend war
▶ Zeuge eines traumatischen oder schmerzvollen Todes wurde
▶ einen plötzlichen oder unerklärlichen Tod des Tieres erlebte
▶ allgemein nur schlecht Probleme bewältigen kann
▶ keine Unterstützung erfährt
▶ sich Kommentare von Leuten anhören muss, die den Verlust bagatellisieren

Dies sind nur ein paar Beispiele, doch alle können sie dem Bewältigungsprozess im Weg stehen. Für den Gang durch die Trauer gibt es weder einen Plan noch ein spezielles Muster. Manche Besitzer bewegen sich zwischen verschiedenen Stadien hin und her oder bleiben für eine unglaublich lange Zeit im Stadium der Wut stecken. Was auch immer passiert, man sollte akzeptieren, dass Trauer unvermeidlich ist, und sie zulassen. Es kann nämlich zu Problemen kommen, lässt man seinen Gefühlen nicht freien Lauf. Unbewältigte Trauer ist in den westlichen Gesellschaften ein übliches Problem, weil es in vielen Ländern Tradition ist, starke Gefühle nicht öffentlich auszudrücken. Ich habe häufig mit Besitzern zu tun gehabt, deren Heimtiere eingeschläfert worden waren und deren Tränen danach auch vielen anderen Gründen galten, nicht nur ihrer verlorenen Katze. Mir scheint oft, als wären wir eine Gesellschaft, die das öffentliche Zur-Schau-Stellen von Trauer für eine Katze mehr toleriert als die für den Tod von Menschen.

Schließlich verschwinden Traurigkeit und Tränen. Herzhaftes Lachen und Lächeln lösen sie ab, wenn wir an die glückliche Zeit denken, die wir zusammen verbracht haben. Das ist es, weshalb wir

Katzen haben. Nicht wegen des Schmerzes, sie zu verlieren, sondern wegen der Freuden, die sie uns bereiten, solange sie leben!

Trauerarbeit

▶ Planen Sie voraus, und überlegen Sie sich beizeiten eine Vorgehensweise für das Ende: Begräbnis, Einäscherung, die sterblichen Überreste (Asche) in einer Urne aufbewahren, etc.

▶ Akzeptieren Sie, dass Trauer absolut normal ist.

▶ Lassen Sie Hilfe von der Familie und von Freunden zu und nehmen Sie sich nicht zu Herzen, was jemand sagt, der Halter-Tier-Beziehungen nicht versteht.

▶ Leben Sie normalerweise recht isoliert, scheuen Sie sich nicht, mit dem Personal Ihrer Tierarztpraxis, Ihrem Pfarrer oder einem professionellen Trauerfallberater über Ihre Gefühle zu sprechen.

▶ Legen Sie ein Sammelalbum an, oder lassen Sie Ihre Lieblingsfotos Ihres Heimtiers vergrößern und einrahmen; das kann helfen.

▶ Kümmern Sie sich um sich selbst, während Sie trauern; der Schmerz verschwindet nicht, wenn Sie nichts mehr essen.

▶ Lassen Sie sich Zeit zu trauern, aber versuchen Sie, so bald wie möglich zum normalen Tagesgang zurückzufinden.

▶ Machen Sie sich klar, dass die Bewältigung des Kummers nicht bedeutet, dass Sie Ihre Katze vergessen oder sie weniger lieben.

▶ Über die Anschaffung einer anderen Katze nachzudenken, ist gegenüber der gestorbenen nicht respektlos. Es ist ein Kompliment!

* * *

Nach Puddys Tod ging das Leben weiter, doch ich gebe zu, einige Zeit im Zustand tiefer Niedergeschlagenheit zugebracht zu haben. Glücklicherweise habe ich einen Beruf, in dem ich im Leben anderer Menschen etwas verändern kann, und das hat mir außerordentlich viel geholfen. Ich habe andere weiterhin darin unterstützt, das Wohlergehen ihrer Katzen zu verbessern, und bald kehrte meine positive Einstellung zurück. Trotz allem vergeht kein Tag, an dem ich nicht an Puddy denke. Ich vermisse sie sehr.

Nachwort

So, nun ist fast alles gesagt. Sie haben die neun Katzen kennen gelernt, mit denen ich mein Leben geteilt habe bzw. noch teile, und ich hoffe, ihre Geschichten haben Ihnen geholfen, Ihre eigenen Katzen etwas besser zu verstehen. Bakewell, Annie, Lucy und Bink leben immer noch bei uns und sind wohlauf. Bakewell hat sich nun von seiner jüngst durchgemachten Krankheit erholt und Lucy ist wegen ihrer FIV medikamentös gut eingestellt. Weil sie ja an Arthritis leidet, ist Annie morgens immer noch sehr steif, und wir versuchen momentan, die beste Behandlung für sie ausfindig zu machen, um ihre Schmerzen zu lindern. Ihr typisch herzhaftes Köpfchengeben zur Begrüßung schafft sie immer noch, weshalb ich denke, es geht ihr nicht allzu schlecht. Bink verhält sich nach wie vor komisch, aber ich schwöre, dass sie mit dem Alter reifen wird! Trotz all meiner Bemühungen in den vergangenen Jahren kann ich nicht behaupten, ich würde Katzen jemals in Gänze verstehen. Je mehr ich weiß, umso mehr Fragen tun sich auf. Doch ich werde weiterhin Erfahrungen und Wissen sammeln, damit noch mehr Katzen ein möglichst angenehmes Leben zusammen mit ihren Menschen führen können (und natürlich auch umgekehrt). Was die Arbeit mit Katzen so schwierig macht, ist, dass sich keine verhält wie die andere. Keine von ihnen hat die Lehrbücher studiert, in denen da steht, wie sie sich unter bestimmten Umständen zu verhalten haben. Bo-Bo, der Kater meiner Tante, wurde mit einer Diät aus roher Leber, kalorienarmer Sahne und Caramac-Schokolade 21 Jahre alt. Niemand hatte ihm je gesagt, dass er bei dieser Art von Ernährung schon 18 Jahre früher hätte sterben müssen. Jetzt im Ernst: Machen Sie das bitte niemals nach! Denn Bo-Bo hat nur überlebt, weil er sein Futter mit einer Unmenge an Mäusen ergänzt hat.

Wann immer ich einen Vortrag halte oder mit Katzenbesitzern spreche, hüte ich mich möglichst davor, Absolutheiten zu verbreiten. Behauptet man, Katzen mögen keine Alufolie, so gibt es mit Sicherheit jemanden, der zu berichten weiß, dass seine Katze nichts lieber mag, als zusammengerollt auf eben einer solchen zu schlafen. Wenn ich anmerke, dass Katzen es nicht gern haben, mit Wasserstrahlen besprüht zu werden, dann werde ich garantiert mit konträren Aussagen über Katzen bombardiert, die liebend gern duschen, baden und schwimmen. Also stelle ich keine Fakten mehr in den Raum, sondern verallgemeinere. Das ist viel ungefährlicher. Es gibt kein irgendwie geartetes Standardprogramm, wie man bei „Urin versprühen" vorgeht, und auch keine Schnelllösung für das Problem „Aggressionen zwischen Katzen". Jede Situation ist einmalig, weil auch jede Katze einmalig ist. Wenn es also in diesem Buch irgendwelche Verallgemeinerungen gibt, mit denen sie nicht übereinstimmen, dann wissen Sie jetzt warum. Katzen sind keine Maschinen, die man einfach durch Nachlesen im „Benutzerhandbuch" reparieren kann; wäre dies der Fall, hätte man nicht halb so viel Spaß mit ihnen.

In meinem ständigen Streben nach Wissen und Aufklärung finde ich eine Sache aber doch ein bisschen entmutigend. Sobald ich nämlich damit beginne, die Gründe für bestimmte Verhaltensweisen meiner vierbeinigen Patienten zu erklären, sehe ich in den Gesichtern der Halter oft den Ausdruck völliger Bestürzung. Wenn ich die wirkliche Natur ihrer Katze untersuche, zerstöre ich nämlich häufig die beliebten Mythen, auf deren Basis ihre Beziehung fußt. In den vielen Geschichten, die mir die Leute erzählen, spielt der als außerordentlich wichtig angesehene sechste Sinn ihrer Tiere eine elementare Rolle. Was sie dann allerdings hauptsächlich beschreiben, sind bloß weitläufige Ebenen der anderen fünf. Bei manchen Menschen zerstört ein besseres Verständnis ihres Tieres tatsächlich einen für die Bindung wichtigen Bestandteil, und ich habe das Gefühl, dass sie eine Analyse regelrecht ablehnen und die Wahrheit einfach nicht akzeptieren wollen. Denn da ist die Sorge, dass die Katze immer mehr an Mystik und Rätselhaftigkeit verliert, je mehr wir über sie wissen. Das ist aber überhaupt nicht der Fall! Ich kann ehrlich sagen, dass meine Kenntnis (oder das, was ich für richtig erachte) die Beziehung zu meinen Katzen sogar vertieft hat und die zwischenartliche Kommunikation noch viel beglückender hat werden lassen. Jeden Tag lerne ich weitere erstaunliche Fakten über die Hauskatze dazu. Zudem entdecke ich, wie wenig wir eigentlich über diese Tiere wissen mit denen wir unser Leben verbringen. Für viele gründet die gute Beziehung zu ihrem Tier mehr auf Glück als auf Verstand, denn die Katze sagt etwas, der Mensch sagt etwas anderes, niemand versteht etwas, und doch scheint das Ganze irgendwie zu funktionieren. Ich jedenfalls würde es wenigstens versuchen, kätzisch zu erlernen.

Der Beruf des Tierverhaltensberaters liegt zurzeit sehr im Trend. In den letzten Jahren haben sich viele Neulinge mittels beglaubigter Lehrgänge und Urkunden diesem Fachgebiet zugesellt. Wie effektiv all diese Menschen arbeiten, wird sehr unterschiedlich sein und von ihrem theoretischen Wissen und ihrer praktischen Erfahrung, vor allem aber von ihrer Einfühlsamkeit dem jeweiligen Tierhalter gegenüber abhängen. Seien wir mal ehrlich: Die gängige Vorstellung von der „Katze auf der Couch" funktioniert so einfach nicht. Für den Erfolg einer Verhaltenstherapie ist fast nichts wichtiger als eine gute Beziehung zwischen dem Berater und dem Halter. Und diese ist es, die ich bei meiner Arbeit in all den Jahren am meisten pflege. Ich respektiere alle meine Kunden und nehme sie sehr ernst. Fast alle Kunden, mit denen ich zu tun hatte, waren aufrichtige, freundliche Menschen. Viele hatten auch einen außergewöhnlichen Sinn für Humor, und ich hoffe, ihnen gefällt die Art, in der ich dieses Buch geschrieben habe. In all den Jahren bin ich in viele Geheimnisse eingeweiht worden, und mir ist es wichtig, jedem zu versichern, dass diese Geheimnisse auch geheim bleiben. Alle Geschichten, von denen ich in diesem Buch berichtet habe, basieren auf realen Fällen. Indem ich Elemente aus mehreren Fällen sorgfältig vermischt und passend arrangiert habe, habe ich die Wirklichkeit allerdings so stark verfremdet, dass sich niemand in irgendeiner Weise verraten fühlt.

Meine Beratungsgespräche bleiben für alle Zeit vertraulich. Der einzige Grund, weshalb hier überhaupt solche „gereinigten Versionen" erörtert wurden, ist der, anderen zu helfen.

Liebend gern würde ich meine Geschichte mit dem ultimativen Wissensstatement über Katzen beenden; vielleicht mit einer schlauen kleinen Phrase, bei der jeder Katzenliebhaber zustimmend nicken und sagen würde „Genau, das kenne ich nur zu gut". Ich habe mir lange den Kopf darüber zerbrochen, bin nun aber zu dem Schluss gekommen, dass dies nur in einer weiteren meiner Verallgemeinerungen enden würde. Eine Sache jedoch gibt es, die bei meiner Arbeit über die Jahre immer und immer wieder aufgetreten ist. Es ist vermutlich etwas, bei dem sich jeder wundert, dass ich damit konfrontiert werde. Doch es existiert tatsächlich. Und jene Halter, die darunter leiden, wissen, wie absolut vernichtend es sein kann. Interessanterweise wird es wohl der einzige Kommentar in diesem Buch sein, den ich speziell an Männer richte. Wie Sie inzwischen sicher bemerkt haben, sind die meisten meiner Kunden Frauen. Die meisten Katzenhalter sind eben Frauen. Das heißt nun nicht, dass jeder gute Katzenhalter weiblich sein muss – schauen Sie sich Peter an. Doch um der Angelegenheit etwas mehr Ausgewogenheit zu verschaffen, hier ein Ratschlag, ausschließlich für die Männer. Sagen Sie niemals: „Entweder die Katze oder ich!"

Das ist der einzige Kampf zwischen den Geschlechtern, den der Mann mit Sicherheit jedes Mal verlieren wird. Ich bin oft gebeten worden, Beziehungsprobleme zwischen Mann und Katze zu lösen. Sie bestanden überwiegend hierin: *Meine Katze hasst meinen neuen Freund/Ehemann/Lebenspartner* oder *Meine Katze hat Angst vor meinem neuen Freund/Ehemann/Lebenspartner.*

Ich erinnere mich an einen Fall, bei dem sich der Freund (der bald der Ehemann werden sollte) so sehr darum bemühte, in die Pflegemaßnahmen des geliebten Katers seiner Freundin eingebunden zu werden, dass er sich pflichtbewusst bereit erklärte, den Kater bei der Eingabe einer Entwurmungstablette festzuhalten. Leider packte er, bei seinem übereifrigen Wunsch zu gefallen, den Kater mit einem schraubstockähnlichen Griff, welcher das arme Tier derartig in Schrecken versetzte, dass es fortan unter posttraumatischen Stresssymptomen litt, wenn es dieses Mannes auch nur ansichtig wurde. Wie es sich gehört, wurde ich gebeten, die Dinge wieder zu richten. Logisch, dass der Freund erpicht darauf war, sein Verhalten zu verbessern. Heute fühle ich mich ein bisschen schuldig, denn ich musste ihn bitten, einiges zu tun, was ein strammer Rugbyspieler normalerweise ziemlich anrüchig finden musste. Er sollte sich nämlich ganz ruhig fortbewegen, mit hoher Stimme sprechen, sei-

ne Körpersprache feminisieren, die Kleidung seiner Freundin an-
ziehen und sich auch sonst auf dem Altar der Peinlichkeiten opfern.
Doch dieser Typ von Mann war derart aufopferungsbereit, dass er
beinahe seine Männlichkeit verlor, nur um die Liebe dieser Katze zu
gewinnen. Es funktionierte, und das Paar erfreute sich bald einer
harmonischen *ménage à trois* (Dreierbeziehung; Anm. d. Ü.), weil
der Kater seine Meinung änderte. Er war offensichtlich mit sich
übereingekommen, dass sein neuer Daddy klasse sei, und dass es
nichts Schöneres auf der Welt geben könnte, als nachts tüchtig ge-
knuddelt zu werden. Das einzig Unglückliche an der Sache war,
dass der Freund des Bräutigams die ganze Geschichte mit all ihren
blutigen Details als Teil seiner Hochzeitsrede zum Besten gab.
Manchmal werde ich in Angelegenheiten hineingezogen, von denen ich lieber die Finger lassen sollte. Ich erhielt einen Anruf von
einer sehr unglücklichen Frau, die berichtete, dass sich ihre ältere
Katze nach der Hochzeit nicht gut im neuen gemeinsamen Zuhause eingelebt hätte. Es war wohl so, dass ihr neuer Ehemann ihre Katze hasste, und sie nicht in der Lage war, seine Ansichten zu ändern.
Die beiden „Menschen", die sie auf der Welt am meisten liebte,
führten demnach Krieg gegeneinander. Ich weiß wirklich nicht, was
ich zu erreichen erwartete, doch die Frau war so deprimiert und
drängte mich so sehr, dass ich einfach nicht NEIN sagen konnte, als
sie mich bat, sie zu besuchen.
Als ich ankam, erwartete sie mich schon an der Haustür. Sie schien
sehr erleichtert zu sein mich zu sehen, wenn auch etwas aufgeregt.
Sie geleitete mich in ihr Wohnzimmer, um mich ihrem Ehemann
vorzustellen. Auf den ersten Blick sah dieser aus wie eine große Zeitung mit einem Paar überkreuzter Beine daran. Er senkte weder seinen *Daily Telegraph,* noch erwiderte er es, als seine Frau mich vorstellte. Ich muss zugeben, dass ich mich hinsetzte und mich fragte,
ob ich mich zwei Stunden lang durch den Verkehr gequält hatte, nur
um diese Antwort zu bekommen. Doch neugierig war ich logischerweise schon. Ein Mann, der gewillt war, so unhöflich zu sein,
hatte wahrscheinlich ein sehr großes Problem mit irgendetwas. Seine Frau verließ den Raum, um eine Tasse Kaffee zu kochen, und ich
wandte mich ihm zu und sagte: „Ist schon verrückt sein ganzes Le-

ben lang Katzenpsychiaterin zu sein, oder?" Er senkte die Zeitung gerade so weit, dass er mir sagen konnte, er gehe jetzt raus, um Golf zu spielen. Nun, ob mit fairen oder unfairen Mitteln, es gelang mir, sein Spiel hinauszuzögern. Wir redeten über Golf, Autos und Motorsport. Ich war fest entschlossen, nicht über Katzen zu sprechen bis ich mir sicher war, ihn auf meiner Seite zu haben. Seine Frau war kurz zurückgekehrt und hatte, als sie sah, dass sich die Dinge scheinbar besserten, den Raum wieder verlassen, um Chiquita, ihre kleine Katze, zu suchen.

Nach und nach entspannte sich die Körpersprache des Ehemannes so weit, dass ich annahm, das Gesprächsthema jetzt auf das gefürchtete Tabuthema bringen zu können. So schwierig konnte das doch nicht sein? Es war ja schließlich nur ein kleiner Buchstabentausch – von „car" nach „cat". Er würde es vielleicht gar nicht bemerken. Also ging mein nächster Satz ziemlich glatt vom Auto zur Katze über. Wie ich vermutet hatte, war sein Hass auf Chiquita überhaupt gar keiner. Stattdessen hatte er fürchterliche Angst vor ihr, und war außer Stande, seiner wunderbaren neuen Frau dies einzugestehen. Er war ein großer starker Mann; wie hätte er bloß zugeben können, vor einem kleinen pelzigen Wesen Angst zu haben? Er erzählte mir, dass er Chiquita, als er sie das erste Mal sah, ignoriert und gehofft hatte, sie würde weggehen. Was er Chiquita damit zeigte, war freilich eine überaus verlockende Körpersprache und sie sprang sofort auf seinen Schoß und schmiegte ihr kleines getigertes Gesicht direkt an seines. Seine Beschreibung des Grauens, das er dabei erfahren hatte, war unglaublich lebhaft. Hier handelte es sich um einen echten Katzenphobiker. Es wurde bald klar, dass dieser arme Mann in seiner Kindheit – er war damals sieben Jahre alt – eine ziemlich unangenehme Begegnung mit einer Katze gemacht hatte. Auf einer Mauer hatte er eine kleine rote Katze sitzen sehen. Er näherte sich ihr, weil er sie streicheln und freundlich knuddeln wollte. Was zu seinem Verdruss allerdings bekam, war eine volle Ladung Klauenhiebe übers Gesicht. Sie und ich wissen, dass dies nur die Reaktion einer einzelnen Katze war, die sich gegen eine Interaktion mit einem Menschen gesträubt hat. Vielleicht war sie schlecht mit Menschen sozialisiert oder ängstlich. Leider hat dieses

Einzelereignis die Einstellung eines Menschen sämtlichen Katzen gegenüber für immer geprägt: Katzen sind bösartig, unberechenbar und man sollte ihnen nicht trauen.

Ich empfand großes Mitgefühl für diesen Mann. Was auch immer wir von Katzen halten, es gibt viele Menschen, die wirklich Angst vor ihnen haben. Ich bin keine professionelle Verhaltensberaterin für menschliche Patienten oder eine Psychologin, und ich habe keine Übung im Umgang mit menschlichen Phobien. Und das erklärte ich ihm und seiner Frau dann auch (ich freute mich sehr, dass er sich schließlich dazu entschlossen hatte, ihr über seine Phobie zu erzählen). Nachdem wir uns einige Zeit unterhalten hatten, sah es so aus, als ob es keine Rolle spielte, dass ich nicht helfen konnte. Mein Honorar verdiente ich mir dann damit, dass ich Chiquitas Ernährung und Lebensweise besprach und verschiedene Vorschläge machte, wie ihr Leben erfüllter und noch unterhaltsamer werden konnte. Ich nahm mir auch kurz Zeit, um dem Ehemann zu erklären, warum diese rote Katze vor all den Jahren so bösartig auf ihn reagiert hatte. Jeder schien entspannt und glücklich als ich ging; ich war mir sehr sicher, dass das Ganze kein großes Problem mehr sein würde. In den nächsten Wochen erfuhr ich am Telefon von einer schrittweisen Verbesserung. Es war dem Ehemann zwar immer noch nicht möglich, Chiquita anzufassen, er konnte aber schon im selben Raum mit ihr bleiben, ohne ängstlich zu sein. Als die acht Wochen vorbei waren, begrüßte er sie, wenn sie den Raum betrat, und glaubte sogar, dass es nicht mehr lange dauern würde, bis er sie streicheln könnte. Er war wirklich ein sehr netter Mann; es kann einen schon ziemlich stutzig machen, wie man vom ersten Eindruck her eine Einschätzung einer Person vornimmt, die hinterher nicht einmal annähernd zutrifft. Ich frage mich oft, wie alles gelaufen wäre, wäre Jenny so wie diese kleine rote Mieze gewesen. Ich wäre wahrscheinlich Steuerberaterin geworden.

Jenny war es zweifellos, die dafür sorgte, dass dies nicht so kam und ich stattdessen Katzenverhaltensberaterin wurde. In all den Jahren meiner Tätigkeit stand ich in vielen Staus, habe viele Tassen Tee getrunken und bin auf der Jagd nach Urin über viele Teppiche gekrochen. Und nun bin ich, obwohl ich meine Arbeit liebe, an einem

Punkt angelangt, der mich entmutigt. Denn eigentlich dreht sich mein Leben ja unweigerlich nur darum, die Scherben aufzusammeln, wenn etwas schief geht. Bestimmt werde ich niemals gänzlich damit aufhören, Menschen zu beraten (ich glaube, nach all den Jahren ist dies ein wesentlicher Teil von mir geworden), trotzdem gefällt mir der Gedanke, lieber präventive Verhaltenstherapie zu betreiben als kurative. Es ist ein sehr aufregender Ansatz, Probleme dadurch zu verhindern, dass man sie kennt und versteht, und eine große Herausforderung, diese Idee des Vorgehens allgemein bekannt zu machen. Ich kann immer noch kaum glauben, dass ich all das einfach so in Angriff genommen habe. Mit dem Schreiben an diesem Buch habe ich vor allem deswegen begonnen, weil es mir selbst half, mit dem Verlust so vieler meiner Katzen innerhalb einer solch kurzen Zeitspanne überhaupt zurechtzukommen. Zu Anfang war ich dabei nur in meine eigenen Gedanken versunken und konnte so Licht in meine persönliche Beziehung zu meinen wunderbaren Katzen bringen. Doch mit einem Mal, ich kann mich nicht mehr genau erinnern, wann es passierte, merkte ich, dass ich ja anderen Katzenliebhabern etwas Nützliches mitteilen konnte. Warum die Erfahrungen nicht teilen? Alle Leute, die ich im Verlauf meiner Arbeit getroffen hatte, meinten, ich solle unbedingt ein Buch schreiben, und es schien, dass die Zeit dafür nun gekommen war. Keine Ausflüchte mehr! Nun, so schrieb ich weiter, und es wurde nicht nur eine Geschichte daraus, sondern ein „Präventiv-Handbuch", dass mögliche Antworten auf viele (aber sicherlich nicht alle) Fragen enthielt, die Katzenhalter stellen können. Aber noch weit wichtiger war, dass es sich zu einer Erforschung der faszinierenden emotionalen Beziehung gewandelt hatte, die zwischen Frau/Mann und Katze entstehen kann. Denn das ist für mich der eigentlich spannende Teil meiner Arbeit.

Es ist sehr schwierig, den richtigen Weg zu finden, um ein Buch zu beenden, das als solches schon zu einem so wichtigen Wendepunkt in meinem Leben geworden ist. Es ist nicht leicht, die passenden Worte zu finden. Nach einiger Überlegung bin ich nun zu dem Schluss gekommen, es mit einer kurzen Begebenheit zu beenden, die alles was ich zu sagen versucht habe, wunderbar illustriert.

Meine lieben Freunde (ihr wisst, wer gemeint ist!) liebten Katzen schon immer. Vor einigen Jahren starb die letzte ihrer Katzen und sie beschlossen, sich keine weitere mehr anzuschaffen. Sie standen kurz vor dem Ruhestand und meinten, dass die offensichtlichen Einschränkungen, die eine verantwortungsbewusste Heimtierhaltung mit sich brachte, ihren Plänen, zu reisen und die Welt zu sehen, im Weg stehen könnten. Aus irgendeinem Grund verloren wir für ein paar Jahre den Kontakt, bis ich eines Tages zufällig in einem Haus, das nur eine Straße von ihrem Zuhause entfernt lag, eine Beratung durchführte. Ich entschloss mich, mal reinzuschauen und sie zu besuchen (eigentlich war ich mir nicht mal sicher, ob sie überhaupt noch dort wohnten). Glücklicherweise waren sie da und freuten sich, dieses Gesicht von früher zu sehen. Wir schwatzten kurz und vereinbarten, uns am nächsten Sonntag zu treffen.

Als ich ankam, war ich erstaunt, eine gebrechliche schmuddelige alte Katze zu sehen, die eng zusammengerollt auf einem dicken karmesinfarbenen Kissen auf dem Sofa ruhte. Sie schlief fest und war wohl stocktaub. Was um sie herum geschah, beachtete sie nicht. Ich erinnerte meine Freunde gleich an ihr Versprechen, wegen ihrer Reisepläne keine Katzen mehr halten zu wollen. Und sie beeilten sich noch mehr mit ihrer Antwort, und sagten, dass dies ihre gar nicht sei. Die Katze lebte scheinbar im Haus gegenüber, war kürzlich über die Straße gelaufen und hatte ihr Verlangen geäußert, ihr Haus betreten zu wollen. Pflichtgemäß taten sie ihr den Gefallen und sie schien sehr interessiert an den Inhalten ihres Kühlschranks. So entdeckten sie ihre Vorliebe für Garnelen. Als die Miez genug gefuttert hatte, zeigte sie unmissverständlich an, nun auf dem Sofa Platz nehmen zu wollen. Und so nahmen sie die Katze hoch und legten sie sanft auf die Sitzbank. Bald machte sie ihnen klar, dass sie etwas benötigte, das ein wenig besser gepolstert wäre – daher das karmesinrote Kissen – und sie rollte sich zusammen, um für den Rest des Nachmittages dort zu schlafen. Von diesem Tag an kam sie jeden Morgen um elf Uhr und blieb bis abends um sechs. Dann nämlich schaute sie auf und jammerte kläglich. Meine Freunde hoben nun mit etwas Feierlichkeit das karmesinfarbene Kissen hoch und schritten Seite an Seite langsam und mit melan-

cholischem Ausdruck mit der auf ihrem Thron ruhenden wertvollen Fracht über die Straße zu ihrem Nachbarn. Dort bekam sie dann ihr Abendessen und ließ sich für die Nacht nieder, bis sie am nächsten Morgen um elf Uhr wieder am Haus meiner Freunde nach Garnelen rief. So ging das Tag für Tag. Man braucht eigentlich nicht zu erwähnen, dass meine Freunde jetzt nicht viel verreisen. Wie sollten sie das auch, wenn sie jeden Tag zwischen elf Uhr morgens und sechs Uhr abends zu Hause sein müssen?
Quod erat demonstrandum!

Dank

Ein Dank geht an meine Vermittlerin Mary Pachnos für ihre unschätzbare Hilfe dafür, dass dieses Buch hat Wirklichkeit werden können, und ebenso an Helen Newey von Good Relations, dass sie uns beide miteinander bekannt gemacht hat. Dank auch an Francesca Liversidge und das Transworld-Team für ihre Unterstützung und ihre Begeisterung. Zudem möchte ich den Tierärzten danken, die meine Tätigkeit als Haustierverhaltensberaterin all die Jahre unterstützt haben. Dieses Buch wäre bestimmt nie geschrieben worden, wenn es all meine wunderbaren Kunden und ihre Katzen nicht gegeben hätte. Ihr alle habt einen besonderen Platz in meinem Herzen. Ein großes Dankeschön an Peter, den brillanten „Behüter" meiner eigenen Katzen; ohne dich hätte ich das nie gekonnt. Danke auch an Sharon Maidment, Diane Sexton, Pat und Richard Shoebridge, Ruth Yates, Lee Boulton, Jean Perry, Danielle und Frank Gunn-Moore, Valerie Walter und Mark Evans, dass sie mir Zuversicht und Ansporn gaben, sowie an Sharon Cole, die stets an den richtigen Stellen zu lachen wusste. Eine große Dankesschuld habe ich gegenüber Janet Valentine, die die ganze Katzen-Verhaltens-Geschichte 1983 ins Rollen gebracht hat. Schließlich noch ein ganz besonderes Dankeschön an Nick Murphy, den besten Freund, den eine Frau überhaupt haben kann, denn er hat niemals den Glauben daran aufgegeben, dass ich dieses Buch schreiben könnte.

Service

Zum Weiterlesen

Ratgeber und Sachbücher über Katzen aus dem Kosmos-Verlag:

Bailey, Gwen: Was denkt meine Katze. Katzenverhalten auf einen Blick. 2005.

Bessant, Claire: Die Geheimnisse der Katzensprache. 2004.

Brehmer, Marion: Bach-Blüten für die Katzenseele. 2006.

Cryer, Max: Kosmos Katzen-Sammelsurium. 2008.

Grimm, Hannelore: Kätzchen. 2007.

Grimm, Hannelore: Wohnungskatzen. 2008.

Grimm, Hannelore & Lauer, Isabella: Katzen. Richtig halten und verstehen. 2008.

Halls, Vicky: Neues von der Katzenflüsterin. 2008.

Johnson, Pam: Katzenpsychologie. Ratschläge und Erfahrungen einer Katzenpsychologin 1999.

Lauer, Isabella: Zwei Katzen – doppeltes Glück. Auswahl, Eingewöhnung und harmonisches Zusammenleben. 2004.

Lauer, Isabella: Warum Katzen immer auf den Pfoten landen. 222 Fragen und Antworten rund um die Katze. 2006.

Leyhausen, Paul: Katzenseele. Wesen und Sozialverhalten. 2. Auflage 2005.

Metz, Gabriele: Katzen. Was Samtpfoten glücklich macht. 2008.

Metz, Gabriele: Katzenrassen. 2006.

Rüegg, Kathrin, Kathrin Rüeggs Katzengeschichten. 2006.

Seidl, Denise: Mit Katzen leben. 2007.

Seidl, Denise: Wenn meine Katze Probleme macht. Katzenverhalten verstehen, Probleme lösen. 2008.

Turner, Dr.med.vet. Dennis: Turners Katzenbuch. 2004.

Turner, Dr. med. vet. Dennis: Katzen lieben und verstehen. Ein humorvoller Wegweiser für Katzenfreunde. 2006.